# 金属工艺设计训练

主　编　佟永祥
副主编　吴　滨　韩勇杰　赵立红
主　审　任正义

HEUP 哈尔滨工程大学出版社

## 内容简介

本书是根据国家教育部金工课指组最新颁布的课程基本要求编写的，内容涵盖了材料成形和机械加工主要工艺方法的工艺设计内容。通过大量实例分析，易于建立机械制造生产工艺过程全局概念，注重思维方法的训练。

本书的主要内容有：金属工艺设计基本知识、砂型铸造工艺设计训练、锻造工艺设计训练、板料冲压工艺设计训练、焊接工艺设计训练、机械加工工艺设计训练等内容。

本书可作为高等工科院校机械制造工艺教材，也可作为机械类专业师生、工程技术人员和技术工人的参考书。


**图书在版编目(CIP)数据**

金属工艺设计训练/佟永祥主编. —哈尔滨：哈尔滨工程大学出版社，2015. 7(2018. 7 重印)
ISBN 978 - 7 - 5661 - 1094 - 7

Ⅰ. ①金… Ⅱ. ①佟… Ⅲ. ①金属加工 - 工艺学
Ⅳ. ①TG

中国版本图书馆 CIP 数据核字(2015)第 176116 号

---

出版发行 哈尔滨工程大学出版社
社　　址 哈尔滨市南岗区东大直街 124 号
邮政编码 150001
发行电话 0451 - 82519328
传　　真 0451 - 82519699
经　　销 新华书店
印　　刷 黑龙江龙江传媒有限责任公司
开　　本 787 mm × 1 092 mm 1/16
印　　张 13
字　　数 339 千字
版　　次 2015 年 7 月第 1 版
印　　次 2018 年 7 月第 5 次印刷
定　　价 28.00 元
http://www.hrbeupress.com
E-mail: heupress@hrbeu.edu.cn

# 前　言

哈尔滨工程大学工程训练中心自2003年5月成立以来,以“工程”“实践”和“创新”为主题,以“知识”“素质”和“能力”的培养为主线,在人才培养方面形成了独具特色的工程实践教育理念和工程实践教学模式。2006年12月,哈尔滨工程大学工程训练中心被评为国家级实验教学示范中心;2007年10月,哈尔滨工程大学工程训练中心“工程训练课程”被评为国家级精品课程;2008年10月,哈尔滨工程大学工程训练中心“工程实践创新教学团队”被评为国家级教学团队;2009年6月,哈尔滨工程大学工程训练中心“机械制造基础课程”被评为省级精品课程。就是在这样一种背景下,哈尔滨工程大学工程训练中心先后编写了工程训练系列教材《工程材料》《材料成形技术基础》《机械制造工艺基础》《工程实践》《工程实践训练报告》等。本书也是系列教材之一,由具有多年工程经历和实践经验的教师编写,突出了鲜明的工程特色。

《金属工艺设计训练》一书主要是针对高校的工程训练(包括“金工实习”)进行机械加工工艺设计编写的。本书的主要特点是以零件的机械加工全过程为主线,以几种典型零件为案例,介绍零件的毛坯加工、切削加工以及热处理等方面的工艺知识。通过对典型零件的实例分析学习各种工艺方法、加工方案等工艺理论知识在实际生产中的应用,以达到对简单零件进行工艺设计的能力。

本书注重学生分析问题和解决问题能力的提高,注重质量、效率、成本意识等工程技术素质的培养。通过学习学生将会初步树立市场、信息、质量、成本、效益、安全和环保等工程意识。

本书共分6章,主要内容是第1章金属工艺设计基本知识、第2章砂型铸造工艺设计训练、第3章锻造工艺设计训练、第4章板料冲压工艺设计训练、第5章焊接工艺设计训练、第6章机械加工工艺设计训练。

本书由哈尔滨工程大学佟永祥主编和统稿。参加本书编写工作的有哈尔滨工程大学吴滨(第1、2章)、赵立红(第3、4章)、韩永杰(第5章)、佟永祥(第6章)。哈尔滨工程大学的李翀、杨立平、王利民、张艳秋、崔海等为本书的编写提供了大量素材和插图。本书在编写过程中引用和参考了许多相关文献资料,在此对这些文献资料的作者表示感谢。

书中难免有不妥之外,恳请批评指正。

编　者

2015年3月

# 目录
CONTENTS

第1章　金属工艺设计的基本知识 …… 1

1.1　金属工艺设计的概念 …… 1

1.2　常用金属材料简介和毛坯选择 …… 2

1.3　常用金属材料的热处理 …… 8

1.4　加工精度和加工质量简介 …… 11

第2章　砂型铸造工艺设计训练 …… 15

2.1　铸造方法选择 …… 15

2.2　砂型铸造工艺设计 …… 19

2.3　铸件结构工艺性 …… 35

2.4　砂型铸造工艺设计实例 …… 38

第3章　锻造工艺设计训练 …… 69

3.1　锻造概述 …… 69

3.2　自由锻造工艺设计 …… 70

3.3　自由锻造工艺设计实例 …… 78

3.4　模锻工艺设计 …… 84

3.5　锻件结构工艺性 …… 88

第4章　板料冲压工艺设计训练 …… 92

4.1　冲压概述 …… 92

4.2　冲压工艺规程 …… 92

4.3　冲压工艺规程实例 …… 95

4.4　冲压件结构工艺性 …… 96

第5章　焊接工艺设计训练 …… 100

5.1　焊接方法简介 …… 100

5.2　焊接结构工艺设计 …… 102

5.3　焊件结构工艺性 …… 112

5.4　焊接工艺设计实例 …… 118

**第 6 章　机械加工工艺设计训练** ………………………………………………… 134

6.1　切削加工方法简介 ………………………………………………………… 134

6.2　常见表面的加工方案 ……………………………………………………… 138

6.3　机械加工工艺设计 ………………………………………………………… 142

6.4　切削加工零件结构工艺性 ………………………………………………… 152

6.5　机械加工工艺设计实例 …………………………………………………… 156

**参考文献** ………………………………………………………………………… 199

# 第1章　金属工艺设计的基本知识

## 1.1　金属工艺设计的概念

### 1.1.1　制造零件的工艺流程

零件是机器的组成单元。就某一零件的加工制造来说,要涉及许多的制造环节。如图1.1所示,在机械制造业中,从冶炼厂生产的金属铸锭到制造成一台机械产品,要经过诸多生产工艺过程。

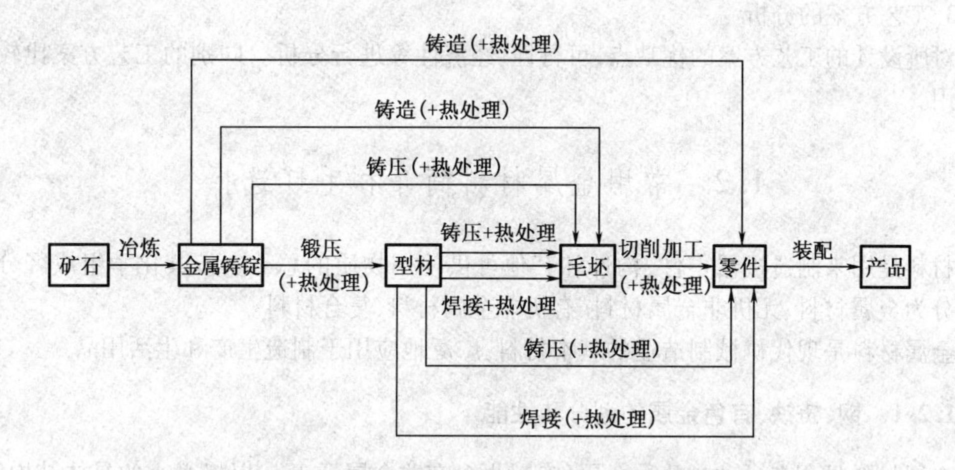


图1.1　机械零件及其产品生产工艺流程图

从图1.1可知,铸造、锻压和焊接等热加工方法与热处理配合使用,不但可以为制造机械零件提供毛坯,而且可以直接提供装配用的零件。但是,目前大多数机械零件还是要经过上述的热加工方法及其经过热处理过程,先获得具有一定形状、尺寸和内在质量的毛坯,再经过冷加工——切削加工和热处理的过程后才能获得供装配用的机械零件。铸造、锻压、焊接、切削加工以及热处理是各类机械制造工厂中不可缺少的重要生产环节。

### 1.1.2　工艺设计的概念及其步骤

为了保证零件的质量、提高生产效率和降低生产成本,在生产零件之前,首先要编制出零件生产工艺过程的有关技术文件,即进行工艺设计。

由图1.1可以看到,某一零件的制造均可以采用几种不同的工艺过程完成,但其中总有一种工艺过程在某一特定条件下是最合理的。工艺人员将合理工艺过程的有关内容写成工艺文件——工艺规程,并按照工厂的相关规定履行审批手续,用于指导生产。

工艺设计就是根据零件图纸、零件的材料牌号和技术要求,结合生产实际来设计该零件的加工工艺方案,并分析零件结构设计合理性的过程,形成供今后制造零件的有关技术文件。具体讲就是确定该零件的毛坯成型方法(铸造、锻压、焊接或组合成型),直至完成后续的切削加工及其热处理,形成一个合理完整的零件加工工艺路线及体现主要的加工工序技术要求。

零件工艺规程是进行技术准备、生产管理、零件检验和经济核算的依据。

在进行零件工艺设计时,必须对零件结构进行具体分析,并考虑零件的质量要求、生产数量和生产条件等因素。工艺设计的内容和步骤可以分为以下三步:

1. 工艺设计前的准备

分析零件图纸、结构工艺性、技术要求、选材合理性、生产类型等。

2. 进行工艺设计

(1)选择加工方法,确定加工路线。

(2)查阅资料并进行必要的计算。

(3)绘制工艺图,如铸造工艺图、锻件图、焊接构件图、切削加工工序简图等。

(4)编写工艺文件,如工艺过程卡、工序卡等。

3. 工艺方案的分析

对所设计的工艺方案的优缺点、可行性、经济性等进行分析。同别的工艺方案比较,择优选用。

## 1.2 常用金属材料简介和毛坯选择

材料是用来制造机器零件、构件和其他可供使用物质的总称。按其化学组成区分,材料可分为金属材料、无机非金属材料、有机非金属材料、复合材料。

金属材料是现代机械制造业的基本材料,广泛地应用于制造生产和生活用品。

### 1.2.1 钢、铸铁、有色金属的划分和性能

金属材料是含有一种或几种金属(有时也含有非金属元素),以极微小的晶体结构所组成的,具有金属光泽的、有良好导电导热性能及一定力学性能的材料。金属材料通常指钢、铁、铝、铜、镁、锌、铅、镍等纯金属及其合金。通常称铁及其合金(钢铁,即 Fe - C 合金)为黑色金属,而把黑色金属以外的金属称为有色金属,也称为非铁金属。

金属材料一般分为四大类:

①工业纯铁,$w_C \leqslant 0.021\,8\%$,一般不用来制造机械零件;

②钢,$0.021\,8\% < w_C \leqslant 2.11\%$;

③铸铁,$2.11\% < w_C \leqslant 6.69\%$;

④有色金属,包括铝、铜、镁、锌、镍、钛及其合金、硬质合金、轴承合金等。

其中钢和铸铁是组成机械零件的主要材料,有色金属根据其性能在不同的场合也得到广泛使用。

金属材料的性能包括使用性能和工艺性能。使用性能是指机器零件在正常工作情况下金属材料应具备的性能,包括力学性能(亦称为机械性能)、物理性能和化学性能。金属材料的使用性能决定了其应用范围、可靠性和使用寿命。工艺性能是指金属材料的零部件在制造过程中金属材料对加工方法的适应能力,包括铸造、锻压、焊接、热处理、切削加工性能等。它体现了金属材料由各种加工方法制成零部件的难易程度。

### 1.2.2 金属材料的选择和应用举例

我国钢材的牌号用国际通用的化学元素符号、汉语拼音字母和阿拉伯数字相结合的方法表示。

碳素结构钢的杂质和非金属夹杂物较多,但冶炼容易,工艺性好,价格便宜,产量大,在性能上能满足一般工程结构及普通零件的要求,因而应用普遍。优质碳素结构钢是按化学成分和力学性能供应的,钢中所含硫、磷及非金属夹杂物量较少,常用来制造重要的机械零件,使用前一般都要经过热处理来改善其力学性能。碳素工具钢是用于制造刀具、模具和量具的钢,含碳量均在0.7%以上,都是优质钢或高级优质钢。铸造用碳钢一般用于制造形状复杂、力学性能要求较高的机械零件。这些零件形状复杂,很难用锻造或机械加工的方法制造,又由于力学性能要求较高,不能用铸铁来铸造。铸造碳钢广泛用于制造重要的、或者是重型机械的某些零件,如机座、变速箱体、连杆、缸体、曲轴、箱体、轴承座、轧钢机机架、水压机横梁、锻锤、砧座、制动轮、大齿轮、辊子等。

低合金结构钢主要用于各种工程结构,如桥梁、建筑、船舶等;机械制造用钢主要用于制造各种机械零件;通常优质或高级优质合金结构钢,按照用途和热处理特点可分为渗碳钢、调质钢、弹簧钢、滚动轴承钢等;合金工具钢用于尺寸大、精度高和形状复杂的模具、量具以及切削速度较高的刀具,按用途可分为合金刃具钢、合金模具钢和合金量具钢;特殊性能钢用于具有特殊物理、化学性能要求的工程结构及零件,在机械制造业中常用的有不锈钢、耐热钢和耐磨钢等。

金属材料牌号的选用应该根据使用性能要求,参考有关的材料手册,结合理论和实践积累来确定。表1.1列举了各类常用结构钢的牌号、热处理要求、力学性能及其用途,表1.2列举了工程用铸造碳钢的牌号、成分和力学性能及用途。

**表1.1 常用结构钢的牌号、热处理要求、力学性能及其用途**

| 牌号 | 热处理方式 | 抗拉强度 $\sigma_b$/MPa | 屈服强度 $\sigma_s$/MPa | 延伸率 $\delta$/% | 应用举例 |
|---|---|---|---|---|---|
| Q235 | 一般在供应状态(热轧或正火)下使用,不热处理 | 375~460 | 235 | 26 | 轻载、不要求耐磨的零件,普通焊接构件 |
| Q295/09MnV | | 390~570 | 235~295 | 23 | 螺旋焊管、冷弯钢建筑结构 |
| Q345/16Mn | | 470~630 | 275~345 | 21 | 桥梁、船舶、车辆建筑结构、压力容器 |
| Q420/15MnVN | | 520~680 | 360~420 | 18 | 大型焊接结构、压力容器 |
| 08F | 正火 | 295 | 175 | 35 | 用于冲压、冷作的零件 |
| 15 | 渗碳 | 375 | 225 | 27 | 用于轻载,表面要求耐磨的简单零件 |
| 45 | 调质 | 600 | 355 | 16 | 承受中等载荷的较简单零件,如齿轮轴 |
| 20Cr | 渗碳淬火 | 835 | 540 | 10 | 机床齿轮,齿轮轴,蜗杆 |
| 20CrMnTi | 渗碳淬火 | 1 080 | 835 | 10 | 汽车拖拉机齿轮,凸轮 |
| 35SiMn | 调质 | 885 | 735 | 15 | 重要结构零件、曲轴、齿轮、连杆螺栓 |
| 40Cr | 调质 | 980 | 785 | 9 | 重要结构零件、曲轴、齿轮、连杆螺栓 |
| 38CrMoAl | 氮化 | 980 | 835 | 14 | 高级氮化钢、制造重要结构零件 |

表 1.1(续)

| 牌号 | 热处理方式 | 抗拉强度 $\sigma_b$/MPa | 屈服强度 $\sigma_s$/MPa | 延伸率 $\delta$/% | 应用举例 |
|---|---|---|---|---|---|
| 40CrMnMo | 调质 | 980 | 785 | 10 | 受冲击高强度零件 |
| 65 | 淬火及中温回火 | 695 | 410 | 10 | 弹簧 |
| 1Cr13 | 淬火回火 | 539 | 343 | 25 | 汽轮机叶片、水压机阀、螺栓螺母 |
| 1Cr18Ni9Ti | 固溶处理 | 520 | 206 | 40 | 焊条芯、耐酸容器、输送管道 |

注:Q295/09MnV、Q345/16Mn、Q420/15MnVN 分别对应新国标 GBT1591—1994 和旧国标 GBT1591—1988 的牌号。

表 1.2　工程用铸造碳钢的牌号、成分和力学性能及用途

| 牌号 | 化学成分 | | | | 室温力学性能(不小于) | | | | | 用途举例 |
|---|---|---|---|---|---|---|---|---|---|---|
| | $w_C$ ≤ | $w_S$ ≤ | $w_{Mn}$ ≤ | $w_S$, $w_P$ ≤ | $\sigma_s(\sigma_{0.2})$ /MPa | $\sigma_b$ /MPa | $\delta$ | $\psi$ | $A_{KV}$ /J | |
| ZG200-400 | 0.20 | 0.50 | 0.08 | 0.04 | 200 | 400 | 25 | 40 | 30 | 良好的塑性、韧性及焊接性,用于受力不大的机械零件,如机座、变速箱壳等 |
| ZG230-450 | 0.30 | 0.50 | 0.90 | 0.04 | 230 | 450 | 22 | 32 | 25 | 一定的强度和好的塑性、韧性及良好的焊接性。用于受力不大、韧性好的机械零件,如砧座、外壳、轴承盖、阀体、犁柱等 |
| ZG270-500 | 0.40 | 0.50 | 0.90 | 0.04 | 270 | 500 | 18 | 25 | 22 | 较高的强度和较好的塑性,良好的铸造性,好的焊接性及切削性,用于轧钢机机架、轴承座、连杆、箱体、曲轴、缸体等 |
| ZG310-570 | 0.50 | 0.60 | 0.90 | 0.04 | 310 | 570 | 15 | 21 | 15 | 强度和切削性良好,塑性、韧性较低,用于载荷较高的大齿轮、缸体、制动轮、辊子等 |
| ZG340-640 | 0.60 | 0.60 | 0.90 | 0.04 | 340 | 640 | 10 | 18 | 10 | 强度和耐磨性高,切削性好,焊接性较差,流动性好,裂纹敏感性较大,用作齿轮、棘轮等 |

铸铁和钢相比，虽然力学性能较低，但是它具有优良的铸造性能和切削加工性能，生产成本低廉，并且具有耐压、耐磨和减震等性能，所以获得广泛应用。表 1.3 列举了常用铸铁的种类、牌号、性能、工艺特点及用途。

**表 1.3 常用铸铁的种类、牌号、性能、工艺特点及用途**

| 种类 | 牌号举例 | 机械性能 | | | | 需要的特殊工艺措施 | 铸造性能 | 用途 |
|---|---|---|---|---|---|---|---|---|
| | | $\sigma_b$ /MPa | $\sigma_{0.2}$ /MPa | $\delta$ /% | HBS | | | |
| 灰口铸铁 | HT100<br>HT150<br>HT200 | 100<br>150<br>200 | | | 143～220<br>168～241<br>170～255 | | 最好 | 适用于中小负荷的零件，如支架、油盘、手轮、底座、齿轮箱、机床床身等 |
| 孕育铸铁 | HT300<br>HT350 | 300<br>350 | | | 187～255<br>197～269 | 孕育处理 | 好 | 适用于高负荷的零件，如齿轮、凸轮、大型曲轴、缸体、缸套、高压油缸等 |
| 可锻铸铁 | KTH370－12<br>KTZ450－6 | 370<br>470 | | 12<br>6 | ≤150<br>150～200 | 扩散退火 | 较差 | 适用于形状复杂、承受冲击载荷的薄壁、中小型零件，如差速器壳、制动器、摇臂等 |
| 球墨铸铁 | QT400－18<br>QT500－7<br>QT700－2<br>QT900－2 | 400<br>500<br>700<br>900 | 250<br>350<br>420<br>600 | 18<br>7<br>2<br>2 | 130～180<br>170～230<br>225～305<br>280～360 | 球墨化处理 | 好 | 适用于受力复杂，强度、硬度、韧性和耐磨性要求较高的零件，如曲轴、凸轮轴、连杆、齿轮、轧辊 |
| 蠕墨铸铁 | RUT380<br>RUT420 | 380<br>420 | 300<br>335 | 0.75<br>0.75 | 193～274<br>200～280 | 蠕化处理 | 好 | 适用于要求强度高或耐磨性高的零件，如活塞、制动盘、制动鼓、玻璃模具 |

有色金属的产量及用量虽不如黑色金属，但由于它具有许多特殊的性能，如导电性和导热性好、密度及熔点较低、力学性能和工艺性能良好，特别是轻有色金属的比强性好，因此，有色金属也是现代工业，特别是国防工业不可缺少的材料。

常用的有色金属有铝及其合金、铜及其合金、钛及其合金和轴承合金等。

表 1.4 列举了常用的纯铝、变形铝合金，表 1.5 列举了常用的铜合金，表 1.6 列举了常用的铸造铝合金、铸造铜合金。

**表 1.4　常用的纯铝、变形铝合金举例**

| 类别 | 牌号<br>新国标/旧国标 | 主要合金元素 | 抗拉强度<br>$\sigma_b$/MPa | 延伸率 $\delta$<br>/% | 硬度 HBS | 应用举例 |
|---|---|---|---|---|---|---|
| 纯铝 | 1070/L1 | Al | 90 | 38 | 28 | 导线、铝箔、电容 |
| 硬铝 | 2A01/LY1 | Al,Cu,Mg | 160 | 24 | 38 | 铝铆钉 |
| | 2A11/LY11 | Al,Cu,Mg,Mn | 180 | 18 | 42～45 | 中强度结构件 |
| | 2A12/LY12 | Al,Cu,Mg,Mn | 180 | 18 | 42 | |
| 防锈铝 | 5A05/LF5 | Al,Mg | 270 | 23 | 70 | 塑性、可焊性均好。薄板容器、导管、焊接油箱、日用器具等 |
| | 5A11/LF11 | Al,Mg | 270 | 23 | 70 | |
| | 3A21/LF21 | Al, Mn | 130 | 20 | 30 | |
| 超硬铝 | 7A04/LC4 | Al,Mg,Cu,Mn,Zn,Cr | 220 | 18 | | 可作主要受力构件,如飞机大梁等 |
| 锻铝 | 2A20/LD2 | Al,Mg,Cu,Mn,Si | 130 | 24 | 30 | 铝锻件、铝冲压件 |

注:①表中机械性能均指退火状态;②新、旧牌号分别摘自 GB/T 3190—1996、GB/3190—1982。

**表 1.5　常用的铜合金举例**

| 类别 | 牌号 | 抗拉强度 $\sigma_b$/MPa | 延伸率 $\delta$/% | 硬度 HBS | 应用举例 |
|---|---|---|---|---|---|
| 纯铜 | T1 | 240 | 45 | 35 | 电线、油管等 |
| 金色黄铜 | H90 | $\frac{260}{480}$ | $\frac{45}{4}$ | $\frac{53}{153}$ | 双金属片、艺术品 |
| 普通黄铜 | H62 | $\frac{330}{600}$ | $\frac{49}{3}$ | $\frac{56}{140}$ | 螺钉、栓圈、弹簧 |
| 铅黄铜 | HPb59－1 | $\frac{400}{650}$ | $\frac{45}{16}$ | $\frac{44}{80}$ | 热冲压及切削加工零件 |
| 锡青铜 | QSn4－3 | $\frac{350}{350}$ | $\frac{40}{4}$ | $\frac{60}{160}$ | 弹性元件、管道配件 |
| 铍青铜 | QBe2 | $\frac{500}{850}$ | $\frac{3}{40}$ | $\frac{84}{247}$ | 重要弹簧、耐磨零件、轴承 |

注:表中力学性能中的分母对压力加工黄铜及青铜为硬化状态(变形程度 50%),对铸造黄铜及青铜为金属型铸造,分子对压力加工黄铜及青铜为退火状态(600 ℃),对铸造黄铜及青铜为砂型铸造。

**表 1.6　常用铸造铝合金、铸造铜合金举例**

| 种类 | 牌号举例 | 力学性能 | | | 需要的特殊工艺措施 | 铸造性能 | 应用举例 |
|---|---|---|---|---|---|---|---|
| | | $\sigma_b$<br>/MPa | $\delta$<br>/% | HBS | | | |
| 铸铜合金 | ZCuZn16Si4<br>ZCuZn31Al2<br>ZCuSn10Pb5<br>ZCuAl9Mn2 | 345<br>295<br>195<br>390 | 15<br>12<br>10<br>20 | | 脱氧及补缩 | 较差 | 耐蚀、耐磨件,如齿轮、衬套、轴瓦、缸套等 |
| 铸铝合金 | ZL101<br>ZL102<br>ZL202 | 160<br>150<br>110 | 2<br>4 | 50<br>50<br>50 | 除气处理 | 稍差 | 承受中低载荷的零件,如飞机、仪器上零件,工作温度<185 ℃的气化器、气密性零件、抽水机壳体等 |

### 1.2.3 材料选择时需要注意的事项

1. 材料的力学性能(机械性能)与尺寸有很大关系。一般地,当零件截面增大时,力学性能会显著下降。手册中的力学性能数据一般是用可以淬透的标准尺寸试样进行试验来测定的。当零件截面尺寸很大时,热处理后不一定能保证全部得到要求的组织,故力学性能会下降,应当采取大一点的安全系数。

2. 材料的性能和它的热处理状态有关。材料经过不同热处理方式处理后,得到相应的组织。不同的组织表现出的性能就会有很大的不同。

3. 零件的形状和工作条件、零件的内在缺陷情况等,都会和材料手册表格中试样的情况不完全一样,故实际能达到的力学性能也会和表格中数值有所不同。

4. 当各项指标都选择得当时,还要留意材料的来源是否有信誉保证。同样牌号的材料,产自不同生产条件的厂家会有不同的质量表现。

### 1.2.4 常用毛坯的类型及其选择

1. 型材

型材指具有各种截面形状和规格的成型轧材。如钢材中的各种圆钢、方钢、槽钢、角钢、工字钢、钢轨、六角钢、钢管、板材等,见表1.7。此外,一些板材、线材,还有用挤压法生产的各种截面的轻合金型材等都属于型材。它可以现货购进,在锻件、焊接件和机械加工件中作为原材料(毛坯)使用。

表1.7 常用型材规格表 单位:mm

<table>
<tr><td rowspan="2">圆钢</td><td>直径</td><td colspan="9">5 5.5 6 6.5 7 8 9 10 11 12 13 14 15 16 17 18 19 20 21<br>22 23 24 25 26 27 28 29 30 31 32 33 34 35 36 38 40 42 45<br>48 50 52 55 56 58 60 63 65 68 70 75 80 85 90 95 100 105 110<br>115 120 125 130 140 150 160 170 180 190 200 210 220 240 250</td></tr>
<tr><td>长度</td><td colspan="9">优质钢2~6 m,普通钢当直径小于25时为4~10 m,小于10时常卷成盘状</td></tr>
<tr><td rowspan="2">薄板</td><td>厚度</td><td colspan="9">0.35 0.4 0.45 0.5 0.55 0.6 0.7 0.75 0.8 0.9 1.0 1.1 1.2 1.25<br>1.4 1.5 1.6 1.8 2.0 2.2 2.5 2.8 3.0 3.2 3.5 4.0</td></tr>
<tr><td>宽度</td><td colspan="9">500 600 710 750 800 850 900 950 1 000 1 100 1 350 1 400 1 500</td></tr>
<tr><td rowspan="2">热轧<br>厚钢板</td><td>厚度</td><td colspan="9">4.5 5 5.5 6 7 8 9 10 11 12 13 14 15 16 17 18 19 20 21<br>22 23 24 25 26 27 28 29 30</td></tr>
<tr><td>宽度</td><td colspan="9">最小宽度为600,宽度间隔为50,最大宽度为3 000</td></tr>
<tr><td rowspan="3">等边角钢</td><td>号数</td><td>2 2.5 3</td><td>4</td><td>4.5 5</td><td>5.6</td><td>6.3</td><td>7</td><td>7.5 8</td><td>9</td><td>10</td></tr>
<tr><td>边宽</td><td>20 25 30</td><td>40</td><td>45 50</td><td>56</td><td>63</td><td>70</td><td>75 80</td><td>90</td><td>100</td></tr>
<tr><td>边厚</td><td>3或4</td><td>3、4、5</td><td>3、4、5、6</td><td>3、4、5、8</td><td>4、5、6、8、10</td><td>4、5、6、7、8</td><td>5、6、7、8、10</td><td>6、7、8、10、12</td><td>6、7、8、10、13、14、16</td></tr>
</table>

表 1.7(续)

| | | |
|---|---|---|
| 槽钢 | 型号 | 8　10　12.6　14a　14b　16a　16　18a　18　20a　20　22a　22 |
| | 高度 | 80　100　126　140　160　180　200　220 |
| | 腰宽 | 41　48　53　58　60　63　65　68　70　73　75　77　79 |
| 工字钢 | 型号 | 10　12.6　14　16　18　20a　20b　22a　22b　25a　25b　28a　28b |
| | 高度 | 100　126　140　160　180　200　200　220　220　250　250　280　280 |
| | 腿宽 | 68　74　80　88　94　100　102　110　112　116　118　122　124 |
| | 腰厚 | 4.5　5　5.5　6　6.5　7　9　7.5　9.5　8　10　8.5　10.5 |
| | 平均腿厚 | 7.6　8.4　9.1　9.9　10.7　11.4　11.4　12.3　12.3　13　13　13.7　13.7 |
| 扁钢 | 宽度 | 20　22　25　28　30　32　36　40　45　50　56　60　63 |
| | 厚度 | 4　5　6　7　8(每一宽度规格均有表中所列各种厚度与之相配) |
| 热轧无缝钢管 | 外径 | 32　38　42　45　50　54　57　60　63.5　68　70　73　76　78　80　83　89　95　102　108　114　121　127　133 |
| | 壁厚 | 4~8 间隔 0.5 |

2. 铸造毛坯

不宜用型材作坯料的场合。零件的形状复杂或者很复杂、而力学性能要求不太高,可以通过铸造成形的,就不用型材,从而节约材料与工时的耗费。

3. 锻压毛坯

不宜用型材作坯料的场合。零件的力学性能要求较高时,利用锻压可以消除某些铸态组织的缺陷,从而提高机械性能的优点。原始原材料(毛坯)采用型材或者是铸锭进行下料。

4. 焊接毛坯

适用于具有一定的尺寸和体积,又不能用铸造或锻压方法制造的构件。如各种容器、桁架结构、较大的箱体、罩壳等。

此外,毛坯形式还有冲压件、挤压件、粉末冶金件等多种形式。在具体选用毛坯件时,可能由于工艺上的限制,或者是使用上的特殊要求,往往将几种毛坯下料方式综合应用,例如铸锻结合、锻焊结合等进行下料。

## 1.3　常用金属材料的热处理

热处理是机械制造过程中的重要工序,正确理解热处理的技术条件,合理安排热处理工艺在整个加工过程中的位置,对于改善工件的切削加工性能,保证零件的质量,满足使用要求,具有重要意义。

### 1.3.1　金属材料的热处理及其作用

如图 1.2 所示,金属材料的热处理是通过对固态金属材料按照一定的规范进行加热、保温和冷却的方法来改变其内部组织结构,从而获得所需性能的一种工艺方法。

热处理在机械制造中起着十分重要的作用，它既可以用于消除上一道工序所产生的金属材料内部组织结构上的某些缺陷，又可以为下一道工序创造条件，更重要的是可进一步提高金属材料的性能，从而充分发挥材料性能的潜力。因此，各种机械中许多重要零件都要进行热处理。常用的热处理分为钢的热处理，有色金属的固溶强化、时效处理等。

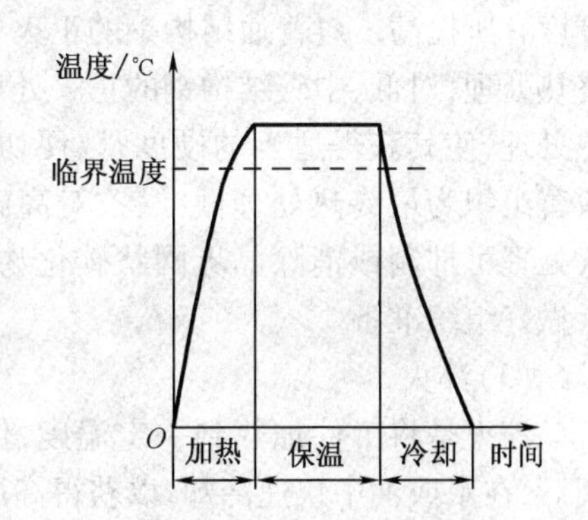


图 1.2 热处理工艺曲线

### 1.3.2 钢的热处理

由于铁具有同素异构现象，从而使钢热处理后发生组织与结构变化。通常将钢的热处理分为普通热处理、表面热处理两大类，如图 1.3 所示。

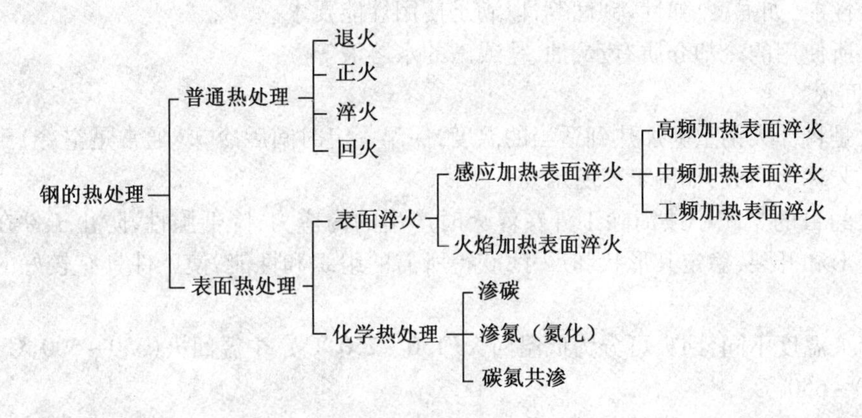


图 1.3 钢的热处理分类

1. 普通热处理

(1) 退火

将钢加热到适当温度，保持一定时间，然后缓慢冷却（一般随炉冷却）的热处理工艺称为退火，如图 1.4、图 1.5 所示。

退火的主要目的是：降低钢的硬度，提高塑性，以利于切削加工及冷变形加工；细化晶粒，均匀钢的组织及成分，改善钢的性能或为以后的热处理做准备；消除钢中的残余内应力，以防止变形和开裂。

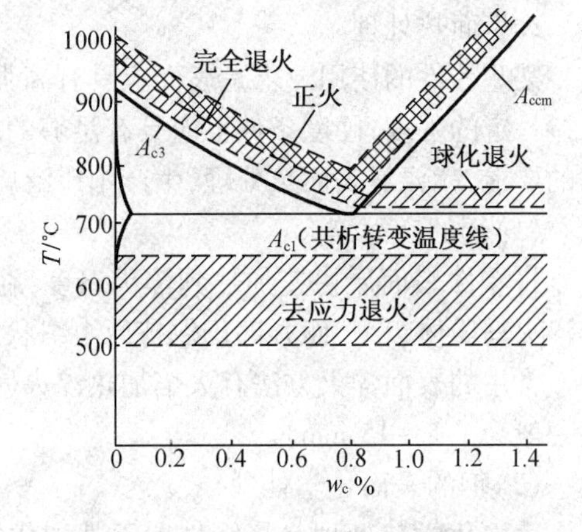


图 1.4 退火与正火的加热温度范围

(2) 正火

正火是将工件加热到一定温度，保温适当的时间，然后在空气中冷却的工艺方法，如图 1.4、图 1.5 所示。

由于正火的冷却速度比退火快，正火得到的组织比退火的更细，所以可使钢的强度和硬度有所提高。对普通结构钢的正火处理作为最终热处理;对低、中碳结构钢的正火处理作为预先热处理,使其获得适当的硬度,以便切削加工,并改善组织为最终热处理做准备;对高碳钢进行正火处理可抑制或消除晶界网状碳化物,为球化退火做好组织准备。

(3)淬火

淬火是将工件加热到一定温度,保温一定时间后,在水或油中快速冷却,以获得高硬度组织的热处理工艺,如图 1.5 所示。

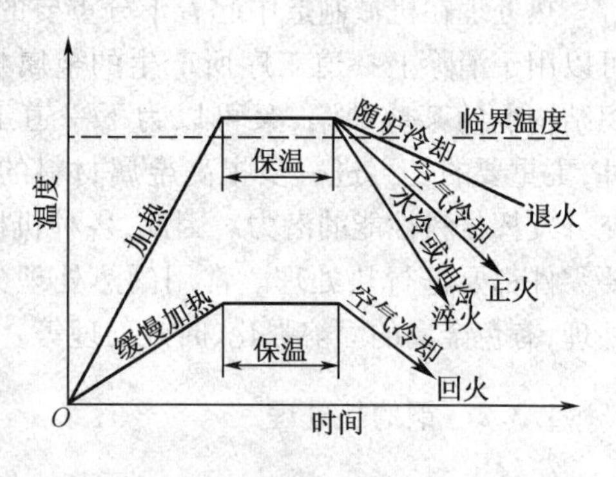


图 1.5　钢的热处理工艺曲线

对于各种工具、量具、模具及轴承等,通过淬火处理可以提高硬度和耐磨性;对于各种结构钢零件,通过淬火和回火的配合可以提高材料的综合性能,如强度、弹性、韧性等,以满足使用性能要求。

淬火所使用的冷却介质有水、油、盐或碱的水溶液等。

(4)回火

回火是将淬火钢重新加热到适当的温度,保温一定时间后冷却(通常是空冷)到室温的热处理工艺称为回火,如图 1.5 所示。

回火的目的是减小或消除工件在淬火时产生的内应力,降低脆性,防止工件在使用过程中的变形和开裂,稳定其形状和尺寸,获得所需的组织和性能,使工件具有较好的综合力学性能。

按回火温度不同,回火可分为低温回火(150 ~ 250 ℃)、中温回火(350 ~ 500 ℃)和高温回火(500 ~ 650 ℃)。

在生产中,将淬火的钢件再进行高温回火称为“调质处理”。调质处理可使在交变载荷下工作的零件获得较高的综合力学性能。齿轮、轴、连杆、螺栓等零件一般都需进行调质处理。

2. 表面热处理

某些零件的使用要求是表面应具有高强度、高硬度、高耐磨性和抗疲劳性能,而心部在保持一定的强度、硬度条件下应具有足够的塑性和韧性使其能够承受冲击载荷。若达到这样的要求,就要靠表面热处理,生产中广泛应用的有表面淬火和表面化学热处理。

(1)钢的表面淬火

将零件表面层快速加热到淬火温度,在热量尚未传入心部时快速冷却,使零件表层获得淬火马氏体组织,而心部仍保持原组织状态。

常用的表面淬火方法有火焰加热淬火(淬硬层一般为 2 ~ 6 mm)和感应加热淬火(淬硬层一般为 1.5 ~ 15 mm)。

(2)钢的表面化学处理

表面化学热处理是将钢件置于某种化学介质中加热、保温,使一种或几种元素渗入钢件表面,改变其化学成分,达到改变表面组织和性能的热处理工艺。

根据渗入元素的不同,表面化学热处理可分为渗碳、渗氮、碳氮共渗、渗铬、渗硼、渗铝等。其中渗碳和渗氮是在生产中比较常用的表面化学热处理方法。

表面化学热处理可以提高零件表面的硬度、耐磨性、耐热性、耐蚀性、抗氧化性及疲劳强度等。

### 1.3.3 热处理的技术条件

热处理技术条件是指工件在热处理后的组织、应当达到的力学性能、精度和工艺性能等要求。热处理的技术条件是根据零件工作特性提出的。一般零件均以硬度作为热处理技术条件；对渗碳零件应标注渗碳层深度，对氮化处理的零件须标出氮化层深度；对某些性能要求较高的零件还须标注力学性能指标或金相组织要求。

标注热处理技术条件时，可用文字在零件图样上扼要说明，也可用热处理工艺代号来表示。

### 1.3.4 热处理的工序位置安排

零件的加工是沿一定的工艺路线进行的，合理安排热处理的工序位置，对于保证零件的质量，改善切削加工性能具有重要意义。根据热处理的目的和工序位置的不同，热处理分为预备热处理和最终热处理两大类。

1. 预备热处理

预备热处理包括退火、正火、调质、时效处理等。退火、正火、时效处理的工序位置通常安排在毛坯生产之后、切削加工之前，目的是消除毛坯的内应力，均匀组织，改善切削加工性，并为以后的热处理做组织准备。对于精度要求高的零件，在半精加工之后还应该安排去应力退火，以消除切削加工的残余应力。调质工序一般安排在粗加工之后、半精加工之前，目的是获得良好的综合力学性能。调质一般不安排在粗加工之前，以免表面调质层在粗加工时被大部分切除，失去调质的作用。

2. 最终热处理

最终热处理包括淬火、回火及表面热处理等。零件经过这类热处理之后，获得所需的使用性能。因其硬度较高，除磨削外，不宜进行其他形式的切削加工，故其工序一般安排在半精加工之后、精加工之前。

对于有些零件性能要求不高时，仅仅要求退火、正火、时效处理或调质处理，这时应该将其视为最终热处理。

对于零件表面需要进行表面处理（如表面镀层、氧化）的，该工序应该安排在最后进行。

## 1.4 加工精度和加工质量简介

零件的加工质量包括加工精度和表面质量两个方面。

### 1.4.1 加工精度

加工精度是指零件在加工以后的实际几何参数（尺寸、形状和相互位置）与图样规定的理想几何参数的符合程度。加工精度包括尺寸精度、形状精度和位置精度。

1. 尺寸精度

尺寸精度指的是零件的直径、长度、表面间距离等尺寸的实际数值与理想数值的接近程度。尺寸精度的高低，用尺寸公差表示。国家标准 GB/T1800.1—2009 规定，极限与配合公称尺寸至 500 mm 内规定了 IT01、IT0、IT1、…、IT18 共 20 个标准公差等级；公称尺寸大于

500～3 150 mm 内规定了 IT1～IT18 共 18 个标准公差等级。IT 表示标准公差，后面的数值越大，精度越低。IT0～IT13 用于配合尺寸，其余用于非配合尺寸。

2. 形状精度

形状精度是零件表面与理想表面之间在形状上接近的程度。评定形状精度的项目有直线度、平面度、圆度、圆柱度、线轮廓度和面轮廓度等 6 项。形状精度是用形状公差来控制的，按 GB/T1182—2008 规定，各项形状公差，除圆度、圆柱度分 13 个精度等级外，其余均分为 12 个精度等级，1 级最高，12 级最低。

3. 位置精度

位置精度是表面、轴线或对称平面之间的实际位置与理想位置的接近程度。评定位置精度的项目按 GB/T1182—2008 规定，其中包括定向精度和定位精度，前者指平行度、垂直度与倾斜度，后者指同轴度、对称度和位置度。各项目的位置公差亦分为 12 个精度等级。

此外，还可以采用包括圆跳动、全跳动和端面跳动的跳动公差控制，这是包含了位置精度、形状精度和尺寸精度的一种综合性的加工精度控制。

### 1.4.2 加工误差

1. 加工误差

任何加工方法都不可能把零件加工得绝对准确，总会产生一些与图样规定的理想几何参数的偏离，这种偏离就是所谓的加工误差。加工误差越小，加工精度越高。

只要零件的加工误差不超过零件图上按零件的设计要求和公差标准所规定的偏差，就算保证了零件的加工精度要求。因此加工精度与加工误差这两个概念是对同一事物从两种观点来评定的，所谓保证和提高加工精度的问题，实际上就是限制和降低加工误差的问题。

2. 加工经济精度

由于在加工过程中有各种因素影响零件的加工精度，所以同一种加工方法在不同的工作条件下所能达到的加工精度也是不相同的。

加工经济精度是指在正常生产条件下（采用符合质量标准的设备、工艺装备和标准技术等级的工人，不延长加工时间）所能保证的加工精度。

### 1.4.3 表面质量

表面质量是指零件在加工后表面层的状况，通常包括表面粗糙度、表面变形强化、残余应力、表面裂纹和金相显微组织变化等。

1. 表面粗糙度

无论用何种加工方法加工，零件表面总会留下微细的凸凹不平的刀痕，出现交错起伏的峰谷现象，这种已加工表面具有的较小间距和微小峰谷的不平度，称为表面粗糙度。

表面粗糙度常用轮廓算术平均偏差 $R_a$ 之值来表示，$R_a$ 值越小，表面越光滑，反之，表面就越粗糙。国标 GB/T 1031—2009 规定了表面粗糙度 $R_a$ 的评定参数及其数值，从 0.012～100 μm。

2. 表面变形强化、残余应力和表面裂纹

在切削过程中，由于前刀面的推挤以及后刀面的挤压与摩擦，工件已加工表面层的晶粒发生很大的变形，致使其硬度比原来工件材料的硬度有显著提高，产生表面变形强化的现象。

由于切削时力和热的作用,在已加工的表面一定深度的表层金属里,常常存在着残余应力和裂纹,影响零件表面质量和使用性能。若各部分的残余应力分布不均匀,还会使零件发生变形,影响工件的尺寸、形状和位置精度。

3. 金相显微组织变化

加工表面温度超过相变温度时,表层金属的金相组织将会发生相变。

设计零件图样时,对于重要零件,除规定表面粗糙度 $R_a$ 值外,还对表面层加工硬化的程度和深度以及残留应力的大小和性质(拉应力还是压应力)提出要求。而对于一般的零件,则主要规定其表面粗糙度的数值范围。

### 1.4.4 加工精度应用范围

1. 尺寸精度等级的选择

在设计零件时,首先应该根据零件尺寸的重要性,来决定选用哪一级精度。其次还应考虑所拥有的设备条件和加工费用的高低。总之,选用精度的原则是在保证能达到技术要求的前提下,选用较低的精度等级。

IT01 和 IT0 在工业中很少用到,IT1 ~ IT4 主要用于高精密零件制造,如量具、测量仪制造中使用。

IT5 ~ IT6 在一般机器制造中用得较少,它主要用于一些精密零件、精密机器和精密仪器中,如高级滚动轴承的轴和孔,活塞销与活塞销孔等。

IT7 ~ IT8 在机床和一般较精密的机器和仪器制造中用得最普遍。例如车床的主轴与轴承座,尾架与套筒;发动机的活塞与气缸,曲轴与轴承座等。

IT9 ~ IT8 在机械制造中属于中等精度。如用于重型机床、蒸汽机等的次要部分;农机、重型机械等的较重要部分。

IT11 ~ IT10、IT13 ~ IT12 用于机车车辆、农业机械等不重要部分,IT13 ~ IT12 还用于铆钉和铆钉孔、螺栓与螺丝孔等。

IT14 以下为非配合尺寸的公差。

2. 粗糙度等级的选择

在设计零件时,粗糙度的等级选择是根据零件在机器中的作用决定的。总的选择原则是在保证满足技术要求的前提下,选用较低的粗糙度等级。

粗糙度等级的一般选择原则是:工作表面比非工作表面的粗糙度 $R_a$ 值要小;摩擦表面的要比非摩擦表面的粗糙度 $R_a$ 值要小;滚动摩擦表面比滑动摩擦表面要求的 $R_a$ 值小;对间隙配合,配合间隙越小,粗糙度 $R_a$ 值应越小;对过盈配合,为保证连接强度的牢固可靠,载荷越高,粗糙度 $R_a$ 值应越小;一般情况间隙配合比过盈配合的 $R_a$ 值要小;配合表面的粗糙度 $R_a$ 值应与其尺寸精度要求相当;配合性质相同时,零件的尺寸越小,则 $R_a$ 值应越小;同一精度等级,小尺寸比大尺寸的 $R_a$ 值要小,轴比孔的 $R_a$ 值要小(特别是 IT8 ~ IT5 的精度);受周期性载荷的表面及可能会发生应力集中的内圆角、凹槽处的 $R_a$ 值应较小。

各种加工方法所能达到的尺寸精度和粗糙度 $R_a$ 值见表 1.8。

**表1.8　各种加工方法所能达到的精度和粗糙度**

| 表面要求 | 加工方法 | 表面粗糙度 | | 表面特征 | 应用举例 | 精度 |
|---|---|---|---|---|---|---|
| | | 代号 | $R_a/\mu m$ | | | |
| 不加工 | | (毛坯面符号) | | 需清除毛刺 | 铸件、锻件 | IT16 ~ IT14 |
| 粗加工 | 粗车、粗铣、粗刨、钻、粗锉 | 50 | >40 ~ 80 | 明显可见的刀纹 | 静止配合面、底板、垫块、垫圈 | IT13 ~ IT10 |
| | | 25 | >20 ~ 40 | 可见刀纹 | 静止配合面、螺钉不结合面 | IT10 |
| | | 12.5 | >10 ~ 20 | 微见刀纹 | 螺母不接合面 | IT10 ~ IT8 |
| 半精加工 | 半精车、半精铣、半精刨、扩孔 | 6.3 | >5 ~ 10 | 可见加工痕迹 | 轴、套不接合面 | IT10 ~ IT8 |
| | | 3.2 | >2.5 ~ 5 | 微见加工痕迹 | 要求较高的轴、套不结合面 | IT8 ~ IT7 |
| | | 1.6 | >1.25 ~ 2.5 | 不见加工痕迹 | 一般的轴、套结合面 | IT8 ~ IT7 |
| 精加工 | 精车、精铣、精刨、精磨、铰孔、刮 | 0.8 | >0.63 ~ 1.25 | 可辨加工痕迹的方向 | 要求较高的结合面 | IT8 ~ IT6 |
| | | 0.4 | >0.32 ~ 0.63 | 微辨加工痕迹的方向 | 凸轮轴轴颈、轴承肉孔 | IT7 ~ IT6 |
| | | 0.2 | >0.16 ~ 0.32 | 不辨加工痕迹的方向 | 活塞销孔、高速轴颈 | IT7 ~ IT6 |
| 光整加工 | 精磨、研磨、镜面磨、超精加工 | 0.1 | >0.08 ~ 0.16 | 暗光泽面 | 阀面 | IT7 ~ IT5 |
| | | 0.05 | >0.04 ~ 0.08 | 亮光泽面 | 滚珠轴承 | IT6 ~ IT5 |
| | | 0.025 | >0.02 ~ 0.04 | 镜状光泽面 | 量规 | IT6 ~ IT5 |
| | | 0.012 | >0.01 ~ 0.02 | 雾状光泽面 | 量规 | — |
| | | — | ≤0.01 | 镜面 | 量规 | — |

# 第 2 章　砂型铸造工艺设计训练

熔炼金属,制造与拟成形的零件形状及尺寸相适应的铸型,并将熔融的金属浇入充满铸型空腔,待其冷却凝固后获得一定形状和性能铸件的成型方法称为铸造。与其他工艺方法(如锻造、机械加工等)相比较,其实质性区别在于铸造是一种充分利用流体性质使金属成形的过程。

铸造的优点:(1)能够制造形状复杂的铸件,尤其是能制造具有复杂内腔的毛坯,如机床床身、箱体、船用螺旋桨等。(2)工艺适应性强,铸件质量、大小、形状及所用合金种类几乎不受限制。如铸件质量可小至几克,大至数百吨;壁厚可从 0.5 毫米至 1 米左右;长度可由几毫米至十几米;所用材料可以是铸铁、铸钢(碳钢、合金钢)及有色金属(铝、铜、镁、锌、钛及其合金等)。(3)所用原材料来源广、价格低,而且铸件的形状和尺寸与零件非常接近,因而节约金属,减少了后续加工费用。

铸造的不足:用同样金属材料制造的铸件,其力学性能不如锻件;铸造工序繁多,且难以精确控制,故铸件质量有时会不够稳定;劳动条件较差等。随着相关科学技术的发展,这些问题正在逐步得到解决。

## 2.1　铸造方法选择

铸造的生产方法很多,通常分为砂型铸造和特种铸造两大类。

### 2.1.1　砂型铸造

砂型铸造就是用型砂造型后浇注成形获得铸件的方法,型(芯)砂通常由原砂、黏结剂、水和附加物按一定的比例混制而成。砂型的造型方法分为手工造型和机器造型两大类。

手工造型是指填砂、紧实、起模等工序主要由手工或手动工具来完成的造型。手工造型操作灵活、工艺装备(模样、芯盒、砂箱等)简单、生产准备时间短、适应性强,造型质量一般可满足工艺要求,但生产率低、劳动强度大、铸件质量较差,所以主要用于单件小批生产。手工造型按模样特征可分为整模造型、分模造型、活块造型、挖砂造型、假箱造型、刮板造型;按砂箱特征可分为两箱造型、三箱造型、脱箱造型、地坑造型。

机器造型是指用机器完成填砂、紧实和起模等造型操作过程。机器造型按紧实的方式不同,主要有压实式造型、震压实式造型、微震压实式造型、气流紧实式造型、射压式造型、抛砂式造型等。与手工造型相比,其特点是生产效率高,铸型质量好,主要表现为紧实度高而均匀和型腔轮廓清晰,因而铸件质量较高,但机器造型的设备和工艺装备费用高,生产准备时间较长,需要专用的设备、砂箱和模板,且只能是两箱造型。它是现代化铸造生产的基本造型方法,适用于中、小型铸件的成批、大量生产。

### 2.1.2　特种铸造

砂型铸造虽然应用十分广泛,但是也存在一些不足。如木制的、铝合金制的实体模样必须起模；砂型一次性使用；重力下浇注和凝固，造成合金液体充型能力差、铸件内部质量一般；生产率低；铸件尺寸精度低、表面粗糙、加工余量大，铸件组织不致密、晶粒粗大、内部缺陷较多、力学性能低；工艺过程复杂，难以实现高度自动化；劳动条件差等。因此，为了克服砂型铸造的缺点，不断涌现出新型的铸造方法，通常将砂型铸造之外的其他铸造方法统称为特种铸造。

特种铸造是在克服砂型铸造缺点的基础上产生和不断完善的。例如：

1. 采用新型的模样材料——蜡模，蜡料熔化后从型腔中流出，即可脱模；泡沫聚苯乙烯塑料制成“汽化”模，造型后不必取出，浇注时模样受金属液的高温作用而汽化逸出。

2. 改变铸型材料及造型方法——采用无黏结剂的石英砂或铁丸作造型材料，借助重力、负压、磁场力来代替黏结剂的作用；采用“泥型”“石墨型”“金属型”，则可增加铸型的使用次数。

3. 在铸件浇注和凝固时借助于重力以外的其他力量——把铸型置于真空中，依靠与外界的负压使型腔吸入金属液，或在金属液上施加压力、惯性离心力等。

特种铸造主要有金属型铸造、压力铸造、离心铸造、熔模铸造、低压铸造、连续铸造、陶瓷型铸造、消失模铸造、磁型铸造、实型铸造等。

### 2.1.3 常用铸造方法的应用范围

一般说来，砂型铸造虽有不少缺点，但其适应性最强，它仍然是目前最基本的铸造方法。特种铸造往往是在某种特定条件下，才能充分发挥其优越性。当铸件批量小时，砂型铸造的成本最低，几乎是熔模铸造的 1/10。金属型铸造和压力铸造的成本，随铸件批量加大而迅速下降，当批量超过 10 000 件以上时，压力铸造的成本反而最低。可以用一些技术经济指标来综合评价铸造技术的经济性（见表 2. 1），供选择铸造方法时参考。

**表 2.1 几种铸造方法经济性的比较**

| 比较项目 | 砂型铸造 | 金属型铸造 | 压力铸造 | 熔模铸造 | 离心铸造 |
|---|---|---|---|---|---|
| 小批量生产时的适应性 | 最好 | 良好 | 不好 | 良好 | 不好 |
| 大量生产时的适应性 | 良好 | 良好 | 最好 | 良好 | 良好 |
| 模样或铸型制造成本 | 最低 | 中等 | 最高 | 较高 | 中等 |
| 铸件的切削加工余量 | 最大 | 较大 | 最小 | 较小 | 内孔大 |
| 金属收得率 | 较差 | 较好 | 较好 | 较差 | 较好 |
| 切削加工费用 | 中等 | 较小 | 最小 | 较小 | 中等 |
| 设备费用 | 低中 | 较低 | 较高 | 较高 | 中等 |

注：$\text{金属收得率}=\dfrac{\text{铸件质量}}{\text{铸件质量}+\text{浇、冒口质量}}\times 100\%$。

表 2. 2 列举了几种常用铸造方法的特点及其适用范围。每种铸造方法都有其优缺点，都有一定的应用条件和范围。最佳的铸造方法的选择，应从技术、成本和本厂生产的具体情况等方面进行综合分析和权衡。总的选择原则是，在现有能够满足质量使用要求的条件下，选择成本最低的铸造方法。

**表 2.2 几种常用铸造方法的特点及其适用范围**

| 铸造方法 | 适于生产的铸件 | | | | | | | | 金属收得率 | 毛坯利用率① | 生产准备 | 生产率（一般机械化程度） | 设备费用 | 应用举例 |
|---|---|---|---|---|---|---|---|---|---|---|---|---|---|---|
| | 合金 | 质量/kg | 最小壁厚/mm | 表面粗糙度 $R_a$/μm | 尺寸公差等级 CT | 形状特征 | 批量 | 内部组织 | | | | | | |
| 砂型铸造 | 所有铸造合金 | 数克至数百吨 | 3.0 | 12.5～50 | CT7～CT13 | 复杂成形铸件 | 单件<br>小批<br>中批<br>大批 | 粗 | 30%～50% | ＜70% | 简单 | 低,中 | 低,中 | 各种铸件 |
| 金属型铸造 | 钢、铁<br>铝合金<br>镁合金<br>铜合金 | 数十克至几百千克 | 合金 2.0<br>合金 3.0<br>合金 5.0 | 3.2～12.5 | CT6～CT9 | 中等复杂成形铸件 | 中批<br>大批 | 细 | 40%～60% | 70% | 较复杂 | 中,高 | 中 | 发动机等零件，飞机、汽车、拖拉机零件，电器、家用机械零件等 |
| 压力铸造 | 锌合金<br>锡合金<br>铝合金<br>镁合金<br>铜合金 | 数克至数千克 | 0.3，最小孔径 0.7，最小螺距 0.75 | 1.6～12.5 | CT4～CT8 | 复杂成形铸件 | 大批 | 表层细，内部多微孔 | 约 60%～80% | 90% | 复杂 | 高 | 高 | 汽车、拖拉机、计算机、电信、仪表、医疗器械、日用五金、航天、航空工业零件等 |
| 熔模铸造 | 耐热合金<br>不锈钢<br>精密合金<br>碳钢<br>钛合金<br>铝合金<br>其他合金 | 数克至数千克 | 约 0.5，最小孔径 0.5 | 1.6～12.5 | CT4～CT7 | 复杂成形铸件 | 小批<br>中批<br>大批 | 粗 | 30%～60% | 90% | 复杂 | 低,中 | 中 | 刀具，发动机叶片，风动工具，汽车、拖拉机、计算机零件，工艺品等 |

表 2.2(续)

| 铸造方法 | 适于生产的铸件 | | | | | | | | 金属收得率 | 毛坯利用率[1] | 生产准备 | 生产率(一般机械化程度) | 设备费用 | 应用举例 |
|---|---|---|---|---|---|---|---|---|---|---|---|---|---|---|
| | 合金 | 质量/kg | 最小壁厚/mm | 表面粗糙度 $R_a$/μm | 尺寸公差等级 CT | 形状特征 | 批量 | 内部组织 | | | | | | |
| 离心铸造 | 铸钢<br>铸铁<br>铝合金<br>铜合金 | 数克至数十吨 | 最小内径 8 | 1.6~12.5 | CT6~CT9 | 特殊适用于管形铸件,也可铸中等复杂形状铸件 | 小批<br>中批<br>大批 | 细<br>缺陷少 | 75%~95% | 70%~95% | 复杂<br>中等<br>复杂 | 中,高 | 高 | 各种套、环、管、筒、辊、叶轮等 |
| 低压铸造 | 钢、铁<br>铝合金<br>镁合金<br>铜合金 | 大件、小件 | 2 | 3.2~12.5 | CT6~CT9 | 中等复杂成形铸件 | 小批<br>中批<br>大批 | 细 | 80%~90% | 70%~80% | 中等<br>复杂 | 中 | 低 | 汽车、拖拉机、船舶、摩托车、发动机、机车车辆、医疗器械、仪表零件 |
| 陶瓷型铸造 | 模具钢<br>碳素钢<br>合金钢 | 数吨至数百吨 | 2 | 3.2~12.5 | CT5~CT8 | 中等复杂成形铸件 | 单件<br>小批 | 粗 | 40%~60% | 90% | 较复杂 | 低 | 低 | 各类模具,如压铸模、金属型、冲压模、热锻模、塑料模等 |
| 实型铸造 | 铸钢<br>铸铁<br>铝合金 | 一千克至数十吨 | 5 | 3.2~12.5 | CT8 | 复杂成形件 | 单件<br>小批<br>中批<br>大批 | 细 | 40%~50% | 约 70% | 中等<br>复杂 | 低、中、高 | 中、高 | 汽车、机动车车辆等交通运输机械,发动机、医疗器械零件等(如锻模、阀门、水轮机转轮等) |

注:①毛坯利用率 = $\frac{\text{零件质件}}{\text{铸件质量}} \times 100\%$

## 2.2 砂型铸造工艺设计

铸件在生产之前,首先应编制出控制该铸件生产工艺过程的科学技术文件,即铸造工艺规程设计,简称铸造工艺设计。铸造工艺规程是生产的指导性文件,也是生产准备、管理和验收的依据。因此,铸造工艺设计的好坏,对铸件质量、生产率及成本起着很大的作用。

前述的各种铸造方法,均有自身的工艺设计特点要求,本节仅仅介绍砂型铸造工艺设计的基本过程。

### 2.2.1 铸造工艺设计的依据、内容和程序

1. 设计依据

(1)生产任务

铸造零件图纸,零件的技术要求(金属材料的牌号、金相组织、力学性能),铸件的尺寸及质量的允许偏差,其他特殊性能要求,零件在机器上的工作条件件等,产品数量及生产期限。

(2)车间生产能力

设备能力,原材料的应用情况和供应情况,工人技术水平和生产经验,模具等工艺装备制造车间的加工能力和生产经验。

2. 铸造工艺设计的内容和程序

(1)铸造工艺设计的内容

铸造工艺设计一般内容:铸造工艺图,铸件(毛坯)图,铸型装配图(合箱图),工艺卡。广义地,铸造工艺装备设计也属于铸造工艺设计的内容,例如模样图、模板图、砂箱图、芯盒图、压铁图、专用量具图及组合下芯夹具图等。

一般大量生产的定型产品、特殊重要的单件生产的铸件,铸造工艺设计制订得细致,内容涉及较多。单件、小批生产的一般性产品,铸造工艺设计的内容可以简化。在最简单的情况下,只拟绘一张铸造工艺图。

(2)铸造工艺设计的一般程序

铸造工艺设计的一般程序随着设计内容进行,列于表2.3。

**表2.3 铸造工艺设计的内容和一般程序**

| 项目 | 内容 | 用途及应用范围 | 设计程序 | 备注 |
|---|---|---|---|---|
| 审核铸件结构 | 审查并改进铸件结构,在不影响使用的前提下,使铸件结构尽量符合铸造工艺性 | | 产品零件的技术条件和结构工艺性分析 | |
| 铸造工艺图 | 在零件图上用规定的红、蓝色等颜色符号表示出:浇注位置和分型面、加工余量、收缩率、拔模斜度、反变形量、分型负数、工艺补正量、浇冒系统、内外冷铁、铸筋、砂芯形状、数量及芯头大小等 | 是制造模样、模板、芯盒等工装进行生产准备和验收的依据;<br>适应于各种批量的生产 | ①产品零件的技术条件和结构工艺性分析;<br>②选择铸造及造型方法;<br>③确定浇注位置和分型面;<br>④选用工艺参数;<br>⑤设计浇冒口、冷铁和铸筋;<br>⑥砂芯设计; | |

表 2.3(续)

| 项目 | 内容 | 用途及应用范围 | 设计程序 | 备注 |
|---|---|---|---|---|
| 铸件图 | 把经过铸造工艺设计后,改变了零件形状、尺寸的地方都反映在铸件图上 | 是铸件验收和机械加工夹具设计的依据;<br>适用于成批、大量生产或重要铸件 | ⑦在完成铸造工艺图的基础上,画出铸件图 | |
| 铸型装配图 | 表示出浇注位置,砂芯数目、固定和下芯顺序,浇冒口和冷铁布置,砂箱结构和尺寸大小等 | 是生产准备、合箱、检验、工艺调整的依据;<br>适用于成批、大量生产的重要件,单件的重型铸件 | ⑧通常在完成砂箱设计后画出 | |
| 铸造工艺卡片 | 说明造型、造芯、浇注、开箱、清理等工艺操作过程及要求 | 是生产管理的重要依据;<br>根据批量大小填写必要内容 | ⑨综合整个设计的内容 | |
| 工艺验证 | 检查铸件尺寸、表面品质(质量),内部缺陷等品质(质量)情况是否合格。验证工艺要求、操作要点是否合理。反复修改工艺及装备,直到铸件品质(质量)合格 | 对所设计的工艺方案、工艺装备、铸件品质(质量)进行验证;<br>适用于成批和大量生产及单件生产的重要铸件 | ⑩根据生产情况进行工艺调整 | |

### 2.2.2 砂型铸造工艺设计的基本过程

1. 浇注位置的选择

浇注位置是指浇注时铸件在铸型中所处的空间位置。浇注位置的选择应尽量遵循下述原则。

(1)质量要求高的重要加工面、受力面应尽量朝下放置

图 2.1 的车床床身的导轨面是重要受力面,应该选择朝下放置。图 2.2 所示的平台类铸件,其大平面是重要面,应选择向下放置的浇注位置。

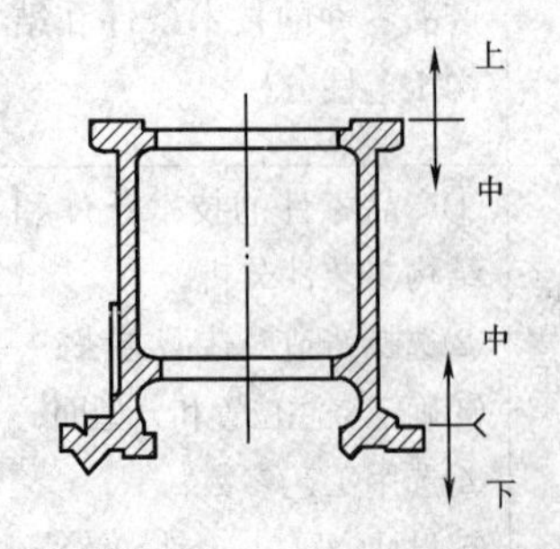


图 2.1　车床床身的浇注位置图

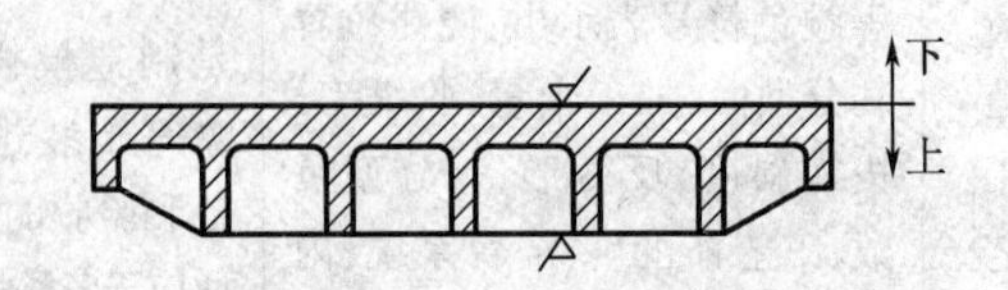


图 2.2　平台类铸件的浇注位置

(2)厚大部分放在上面或侧面

图2.3的铸钢双排链轮的厚大部位朝上放置,便于冒口的补缩,从而克服缩孔或缩松的缺陷。

(3)大而薄的平面朝下,或侧立、倾斜

图2.4(a)采取的浇注位置,容易产生浇不足、冷隔等铸造缺陷,而图2.4(b)可以避免上述缺陷。

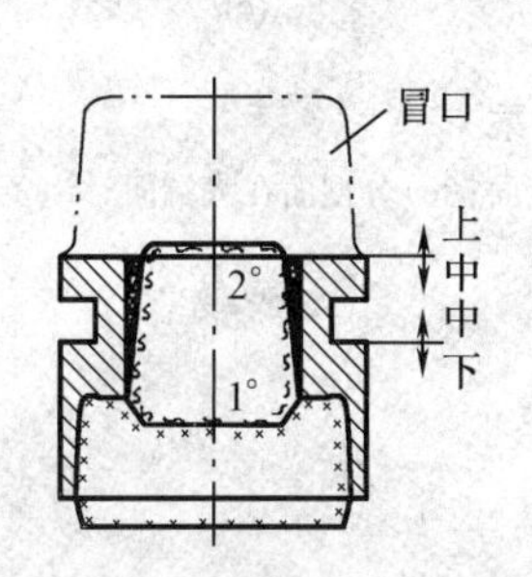


图2.3 铸钢双排链轮的浇注位置

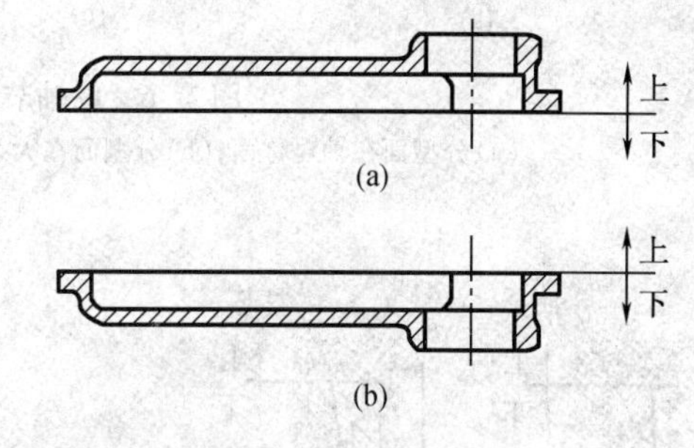


图2.4 曲轴箱的浇注

(4)应充分考虑型芯的定位、稳固和检验方便

图2.5(a)为吊芯,不易型芯的固定与合箱,图(b)为悬臂型芯,也不易型芯的固定,容易偏斜,图(c)采取坐立在下箱的放置形式,便于型芯的固定和合箱。

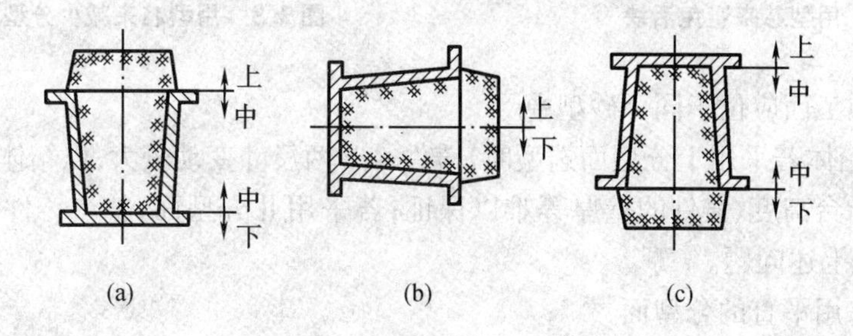


图2.5 箱体的浇注位置

2.分型面的选择

分型面是指铸型之间的结合面。如果选择不当,不仅影响铸件质量,而且还将使制模、造型、造芯、合型或清理,甚至机械加工等工序复杂化。选择分型面时一般应遵循如下原则:

(1)便于起模

分型面一般设在铸件的最大截面处,尽量把铸件放在一个砂箱内,而且尽可能放在下箱,以方便下芯和检验,减少错箱和提高铸件精度。如图2.6所示联轴节零件选(c)方案最合理。

(2)减少分型面和活块的数量

图2.7(a)的凸台影响起模,需要增加活块,只能进行手工造型,不能够进行机器造型。改成图2.9(b)的外砂芯结构形式后,方便了造型。图2.8(a)需要三箱造型,改为图2.10(b)后,采取外砂芯的形式,则变为两箱造型,减少了分型面的数量。

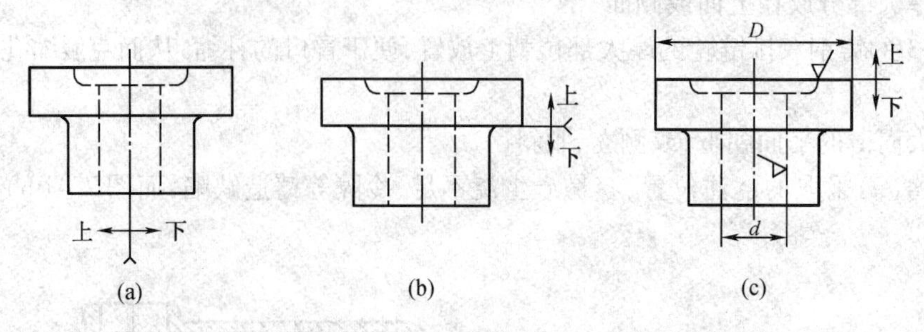


**图 2.6 联轴节的分型方案**

(a)分型面在轴对称面;(b)分型面在大小柱体交接面;(c)分型面在大端面

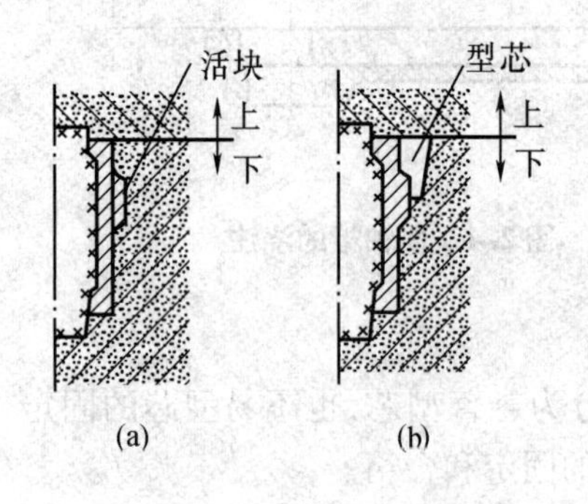


**图 2.7 用型芯来避免活块**

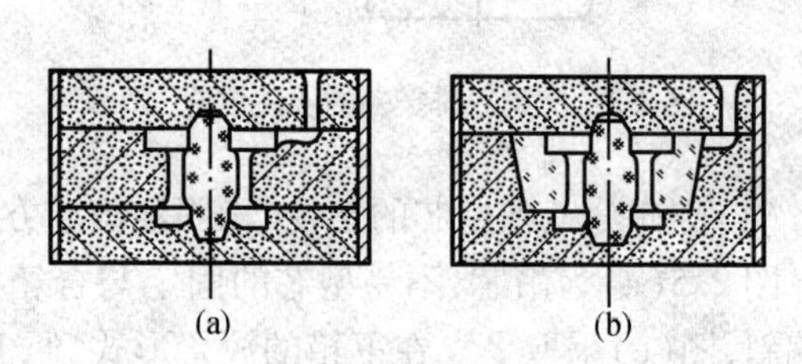


**图 2.8 用型芯来减少分型面**

(3)重要加工面应位于同一砂型中

图 2.9 的箱体若采用Ⅰ分型面选型时,铸件 a、b 两尺寸变动较大,以箱体地面为基准加工 $A$、$B$ 面时,凸台高度、铸件的壁厚等难以保证;若采用Ⅱ分型面,整个铸件位于同一砂箱中,则不会出现上述问题。

(4)尽量采用平直的分型面

图 2.10 中起重臂铸件外形尺寸较大,选择Ⅰ方案,必须采用挖砂或假箱造型;而选择Ⅱ方案,可采用分模造型,使造型工艺简化。

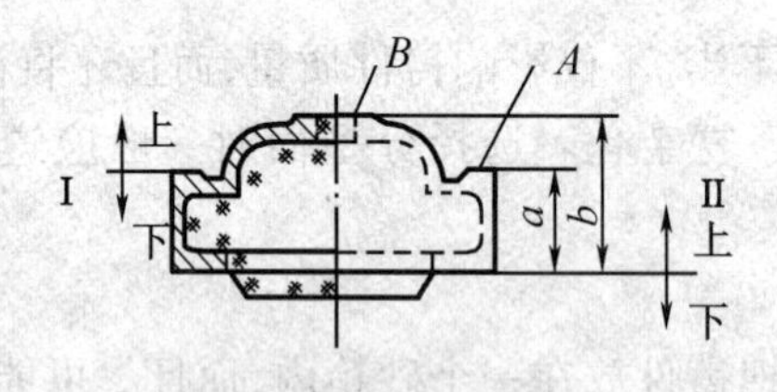


**图 2.9 箱体铸件分型图**

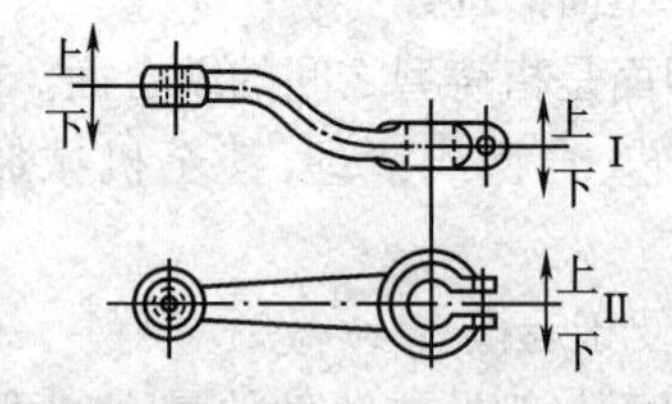


**图 2.10 起重臂铸件**

(5)减少砂芯数量,同时注意下芯、合型及检验的方便

图 2.11 所示接头铸件,若采用分型面Ⅰ,则要使用型芯。以Ⅱ为分型面,则内孔的型芯可由上、下型上相应的凸起部分代替,实现“以型代芯”,而且铸件外形整齐,易清理。

图 2.12(a)所示箱体铸件分型面取在箱体开口处,整个铸件位于上型中,虽然下芯方便,但合型时无法检验型芯位置,易产生箱体四周壁厚不均现象,不够合理,应改为图 2.12(b)所

示的分型方案。

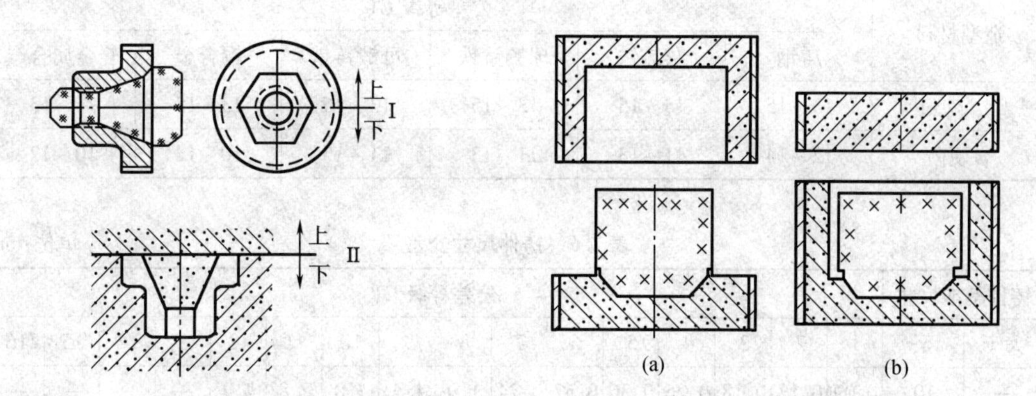


图 2.11 接头铸件分型方案的比较

图 2.12 箱体铸件分型方案的比较

3. 确定铸造工艺参数

铸造工艺参数包括:铸件尺寸公差和质量公差、机械加工余量、铸造收缩率、起模斜度、最小铸出孔和槽、铸造圆角。在有些情况下,还有工艺补正量、分型负数、砂芯负数、反变形量等。

(1)铸件尺寸公差

铸件的尺寸公差是指铸件基本尺寸允许的变动量。铸件的尺寸公差由国标GB/T6414—1999《铸件尺寸公差与机械加工余量》进行规定。铸件尺寸公差等级分为16级,表示为CT1 ~ CT16,1级精度最高,16级精度最低。铸件尺寸公差等级的选取可参考表2.4,表2.5。铸件尺寸公差具体数据见表2.6。

表 2.4 实际批量生产中铸件的尺寸公差等级

| 铸造方法 | 公差等级 CT | | | | | | | | |
|---|---|---|---|---|---|---|---|---|---|
| | 铸件材料 | | | | | | | | |
| | 钢 | 灰铸铁 | 球墨铸铁 | 可锻铸铁 | 铜合金 | 锌合金 | 轻合金 | 镍基合金 | 钴基合金 |
| 砂型铸造手工造型 | 11 ~ 14 | 11 ~ 14 | 11 ~ 14 | 11 ~ 14 | 10 ~ 13 | 10 ~ 13 | 9 ~ 12 | 11 ~ 14 | 11 ~ 14 |
| 砂型铸造机器造型和壳型 | 8 ~ 12 | 8 ~ 12 | 8 ~ 12 | 8 ~ 12 | 8 ~ 10 | 8 ~ 10 | 7 ~ 9 | 8 ~ 12 | 8 ~ 12 |
| 金属型铸造 | — | 8 ~ 10 | 8 ~ 10 | 8 ~ 10 | 8 ~ 10 | 7 ~ 9 | 7 ~ 9 | — | — |
| 压力铸造 | — | — | — | — | 6 ~ 8 | 4 ~ 6 | 4 ~ 7 | — | — |
| 熔模铸造 水玻璃 | 7 ~ 9 | 7 ~ 9 | 7 ~ 9 | — | 5 ~ 8 | — | 5 ~ 8 | 7 ~ 9 | 7 ~ 9 |
| 熔模铸造 硅溶胶 | 4 ~ 6 | 4 ~ 6 | 4 ~ 6 | — | 4 ~ 6 | — | 4 ~ 6 | 4 ~ 6 | 4 ~ 6 |

注:本数据是指在大批量生产条件下,铸件尺寸精度的因素已经得到充分改进时,铸件通常能够达到的公差等级。

表 2.5　单件、小批量生产中铸件的尺寸公差等级

| 造型材料 | 公差等级 CT | | | | | |
|---|---|---|---|---|---|---|
| | 铸钢 | 灰铸铁 | 球墨铸铁 | 可锻铸铁 | 铜合金 | 轻金属合金 |
| 干、湿型砂 | 13～15 | 13～15 | 13～15 | 13～15 | 13～15 | 11～13 |
| 自硬砂 | 12～14 | 11～13 | 11～13 | 11～13 | 10～12 | 10～12 |

表 2.6　铸件尺寸公差　　单位:mm

| 铸件基本尺寸 | | 公差等级 CT | | | | | | | | | | | | | | | |
|---|---|---|---|---|---|---|---|---|---|---|---|---|---|---|---|---|---|
| 大于 | 至 | 1 | 2 | 3 | 4 | 5 | 6 | 7 | 8 | 9 | 10 | 11 | 12 | 13 | 14 | 15 | 16 |
| — | 10 | 0.09 | 0.13 | 0.18 | 0.26 | 0.36 | 0.52 | 0.74 | 1.0 | 1.5 | 2.0 | 2.8 | 4.2 | — | — | — | — |
| 10 | 16 | 0.1 | 0.14 | 0.20 | 0.28 | 0.38 | 0.54 | 0.78 | 1.1 | 1.6 | 2.2 | 3.0 | 4.4 | — | — | — | — |
| 16 | 25 | 0.11 | 0.15 | 0.22 | 0.30 | 0.42 | 0.58 | 0.82 | 1.2 | 1.7 | 2.4 | 3.2 | 4.6 | 6 | 8 | 10 | 12 |
| 25 | 40 | 0.12 | 0.17 | 0.24 | 0.32 | 0.46 | 0.64 | 0.90 | 1.3 | 1.8 | 2.6 | 3.6 | 5.0 | 7 | 9 | 11 | 14 |
| 40 | 63 | 0.13 | 0.18 | 0.26 | 0.36 | 0.50 | 0.70 | 1.0 | 1.4 | 2.0 | 2.8 | 4.0 | 5.6 | 8 | 10 | 12 | 16 |
| 63 | 100 | 0.14 | 0.20 | 0.28 | 0.40 | 0.56 | 0.78 | 1.1 | 1.6 | 2.2 | 3.2 | 4.4 | 6 | 9 | 11 | 14 | 18 |
| 100 | 160 | 0.15 | 0.22 | 0.30 | 0.44 | 0.62 | 0.88 | 1.2 | 1.8 | 2.5 | 3.6 | 5.0 | 7 | 10 | 12 | 16 | 20 |
| 160 | 250 | — | 0.24 | 0.34 | 0.50 | 0.70 | 1.0 | 1.4 | 2.0 | 2.8 | 4.0 | 5.6 | 8 | 11 | 14 | 18 | 22 |
| 250 | 400 | — | — | 0.40 | 0.56 | 0.78 | 1.1 | 1.6 | 2.2 | 3.2 | 4.4 | 6.2 | 9 | 12 | 16 | 20 | 25 |
| 400 | 630 | — | — | — | 0.64 | 0.90 | 1.2 | 1.8 | 2.6 | 3.6 | 5 | 7 | 10 | 14 | 18 | 22 | 28 |
| 630 | 1 000 | — | — | — | 0.72 | 1.0 | 1.4 | 2.0 | 2.8 | 4.0 | 6 | 8 | 11 | 16 | 20 | 25 | 32 |
| 1 000 | 1 600 | — | — | — | 0.80 | 1.1 | 1.6 | 2.2 | 3.2 | 4.6 | 7 | 9 | 13 | 18 | 23 | 29 | 37 |
| 1 600 | 2 500 | — | — | — | — | — | — | 2.6 | 3.8 | 5.4 | 8 | 10 | 15 | 21 | 26 | 33 | 42 |
| 2 500 | 4 000 | — | — | — | — | — | — | — | 4.4 | 6.2 | 9 | 12 | 17 | 24 | 30 | 38 | 49 |
| 4000 | 6300 | — | — | — | — | — | — | — | — | 7.0 | 10 | 14 | 20 | 28 | 35 | 44 | 56 |
| 6 300 | 10 000 | — | — | — | — | — | — | — | — | — | 11 | 16 | 23 | 32 | 40 | 50 | 64 |

2. 机械加工余量

为了保证铸件加工面尺寸和零件精度,在铸造工艺设计时预先增加的而在机械加工时要切除的金属层厚度,称之为机械加工余量。图 2.13 为尺寸公差、极限尺寸和机械加工余量的图示以及相互间的关系,图中 RMA 为机械加工余量。图 2.14 为错型值的图示。

机械加工余量由国标 GB/T6414—1999《铸件尺寸公差与机械加工余量》进行规定。其等级由精到粗分为 A,B,C,D,E,F,G,H,J 和 K 共 10 个等级。确定机械加工余量前需要确定机械加工余量等级。各种铸造合金及铸造方法的加工余量等级列于表 2.7,加工余量的具体数据按表 2.8 选取。

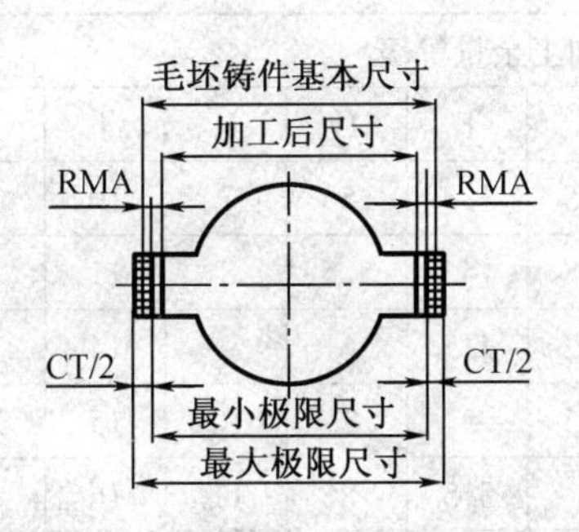


图 2.13 铸件尺寸公差与极限尺寸

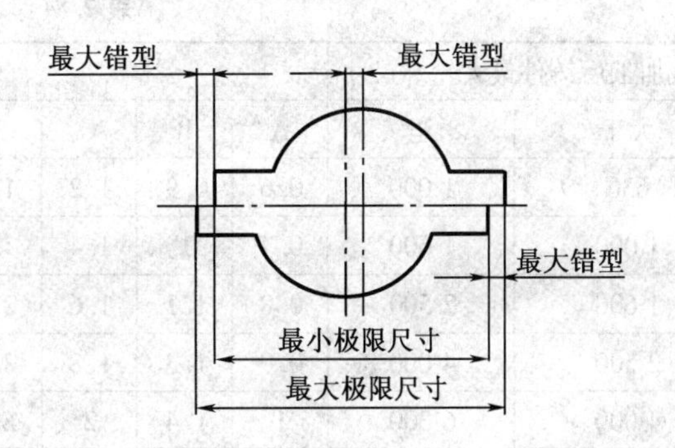


图 2.14 铸件的错型值

表 2.7 毛坯铸件的机械加工余量等级

| 铸造方法 | 机械加工余量等级 | | | | | | | | |
|---|---|---|---|---|---|---|---|---|---|
| | 铸件材料 | | | | | | | | |
| | 钢 | 灰铸铁 | 球墨铸铁 | 可锻铸铁 | 铜合金 | 锌合金 | 轻合金 | 镍基合金 | 钴基合金 |
| 砂型铸造手工造型 | G ~ K | F ~ H | F ~ H | F ~ H | F ~ H | F ~ H | F ~ H | G ~ K | G ~ K |
| 砂型铸造机器造型和壳型 | F ~ H | E ~ G | E ~ G | E ~ G | E ~ G | E ~ G | E ~ G | F ~ H | F ~ H |
| 金属型（重力铸造和低压铸造） | — | D ~ F | D ~ F | D ~ F | D ~ F | D ~ F | D ~ F | — | — |
| 压力铸造 | — | — | — | — | B ~ D | B ~ D | B ~ D | — | — |
| 熔模铸造 | E | E | E | — | E | — | E | E | E |

表 2.8 铸件机械加工余量(RMA) 单位:mm

| 机械加工后铸件最大轮廓尺寸 | | 机械加工余量等级 | | | | | | | | | |
|---|---|---|---|---|---|---|---|---|---|---|---|
| 大于 | 至 | A | B | C | D | E | F | G | H | J | K |
| — | 40 | 0.1 | 0.1 | 0.2 | 0.3 | 0.4 | 0.5 | 0.5 | 0.7 | 1 | 1.4 |
| 40 | 63 | 0.1 | 0.2 | 0.3 | 0.3 | 0.4 | 0.5 | 0.7 | 1 | 1.4 | 2 |
| 63 | 100 | 0.2 | 0.3 | 0.4 | 0.5 | 0.7 | 1 | 1.4 | 2 | 2.8 | 4 |
| 100 | 160 | 0.3 | 0.4 | 0.5 | 0.8 | 1.1 | 1.5 | 2.2 | 3 | 4 | 6 |
| 160 | 250 | 0.3 | 0.5 | 0.7 | 1 | 1.4 | 2 | 2.8 | 4 | 5.5 | 8 |
| 250 | 400 | 0.4 | 0.7 | 0.9 | 1.3 | 1.4 | 2.5 | 3.5 | 5 | 7 | 10 |
| 400 | 630 | 0.5 | 0.8 | 1.1 | 1.5 | 2.2 | 3 | 4 | 6 | 9 | 12 |

表 2.8(续)

| 机械加工后铸件最大轮廓尺寸 | | 机械加工余量等级 | | | | | | | | | |
|---|---|---|---|---|---|---|---|---|---|---|---|
| 大于 | 至 | A | B | C | D | E | F | G | H | J | K |
| 630 | 1 000 | 0.6 | 0.9 | 1.2 | 1.8 | 2.5 | 3.5 | 5 | 7 | 10 | 14 |
| 1 000 | 1 600 | 0.7 | 1 | 1.4 | 2 | 2.8 | 4 | 5.5 | 8 | 11 | 16 |
| 1 600 | 2 500 | 0.8 | 1.1 | 1.6 | 2.2 | 3.2 | 4.5 | 6 | 9 | 14 | 18 |
| 2 500 | 4 000 | 0.9 | 1.3 | 1.8 | 2.5 | 3.5 | 5 | 7 | 10 | 15 | 20 |
| 4 000 | 6 300 | 1 | 1.4 | 2 | 2.8 | 4 | 5.5 | 8 | 11 | 16 | 22 |
| 6 300 | 10 000 | 1.1 | 1.5 | 2.2 | 3 | 4.5 | 6 | 9 | 12 | 17 | 24 |

(3)最小铸出孔

铸件上较大的孔和沟槽,直接铸出可节约金属和加工工时,但对于较小的孔和沟槽如果采用铸造来生成,这不一定是最经济合理的工艺。最小铸出孔就是界定铸件上适合铸出的最小尺寸的孔。按铸件材料种类划分,铸件的最小铸出孔的数据见表 2.9 和表 2.10。

表 2.9　铸铁和有色合金铸件最小铸出孔尺寸　　单位:mm

| 铸件材料种类 | 壁厚 | 最小铸出孔直径 |
|---|---|---|
| 铸铁 | 8~10 | 6~10 |
| | 20~25 | 10~15 |
| | 40~50 | 15~30 |
| | 50~100 | 35~50 |
| 铝合金或镁合金 | | 20 |
| 铜合金 | | 25 |

注:球墨铸铁件取上限。

表 2.10　铸钢件最小铸出孔尺寸　　单位:mm

| 孔深 $H$ | 孔壁厚度 $\delta$ | | | | | | | |
|---|---|---|---|---|---|---|---|---|
| | ≤25 | 26~50 | 51~75 | 76~100 | 101~150 | 151~200 | 201~300 | >300 |
| | 最小铸出孔直径 $d$ | | | | | | | |
| ≤100 | 60 | 60 | 70 | 80 | 100 | 120 | 140 | 160 |
| 101~200 | 60 | 70 | 80 | 90 | 120 | 140 | 160 | 190 |
| 201~400 | 80 | 90 | 100 | 110 | 140 | 170 | 190 | 230 |
| 401~600 | 100 | 110 | 120 | 140 | 170 | 200 | 230 | 270 |
| 601~1 000 | 120 | 130 | 150 | 170 | 200 | 230 | 270 | 300 |
| >1 000 | 140 | 160 | 170 | 200 | 230 | 260 | 300 | 330 |

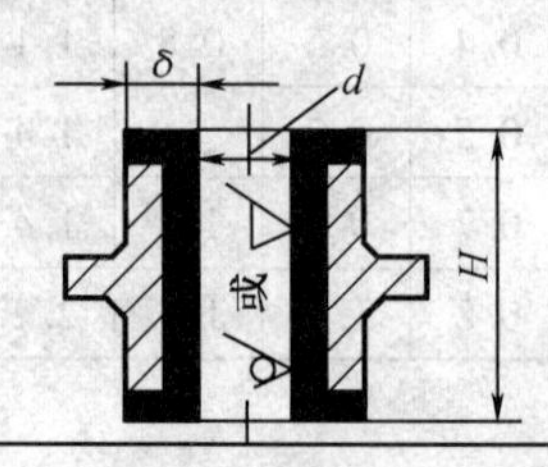

(4)铸造收缩率

铸件线收缩率 $\varepsilon_l = (L_{模} - L_{件}) / L_{件} \times 100\%$

铸件冷却后,因为合金的线收缩会使铸件尺寸变得比模样小一些,所以制造模样时其尺寸要比铸件放大一些。放大的比例主要根据铸件在实际条件下的线收缩率,即铸件线收缩率来确定。铸件的实际受阻收缩率与合金种类有关,同时还受铸件结构、尺寸、铸型种类等因素的影响。表2.11为砂型铸造时几种合金的铸件线收缩率。

**表2.11 砂型铸造时几种合金的铸件线收缩率**

| 合金种类 | | 铸件线收缩率 | |
|---|---|---|---|
| | | 自由收缩 | 受阻收缩 |
| 灰铸铁 | 中小型铸件 | 0.9% ~1.1% | 0.8% ~1.0% |
| | 中大型铸件 | 0.8% ~1.0% | 0.7% ~0.9% |
| | 特大型铸件 | 0.7% ~0.9% | 0.6% ~0.8% |
| 球墨铸铁 | | 0.9% ~1.1% | 0.6% ~0.8% |
| 碳钢和低合金钢 | | 1.6% ~2.0% | 1.3% ~1.7% |
| 锡青铜 | | 1.4% | 1.2% |
| 无锡青铜 | | 2.0% ~2.2% | 1.6% ~1.8% |
| 硅黄铜 | | 1.7% ~1.8% | 1.6% ~1.7% |
| 铝硅合金 | | 1.0% ~1.2% | 0.8% ~1.0% |

(5)起模斜度

为了在造型和造芯时便于起模,应该在模样或芯盒的起模方向上加上一定的斜度,即起模斜度,亦称为拔模斜度。若铸件本身没有足够的结构斜度,就要在铸造工艺设计时给出铸件的起模斜度。

起模斜度在工艺图上用倾斜角度 $\alpha$ 表示,或用起模斜度使铸件增加或减少的尺寸 $a$ 表示。起模斜度的大小应根据模样的高度、模样的尺寸和表面粗糙度以及造型方法来确定,如表2.12所示,摘自JB/T5105—1991。

(6)铸造圆角

铸件上相邻两壁之间的交角,应做出铸造圆角,以防止在尖角处产生冲砂及裂纹等缺陷。圆角半径一般约为相交两壁平均厚度的1/5 ~1/3。

4.型芯的设计

型芯设计的主要内容包括:确定型芯的形状和数量、芯头设计、芯内排气系统的设计等方面。这里仅介绍芯头的设计。

根据型芯所处的位置不同,芯头分为垂直芯头和水平芯头两大类(分别见图2.15、图2.16)。

表 2.12　起模斜度(JB/T5105—1991)

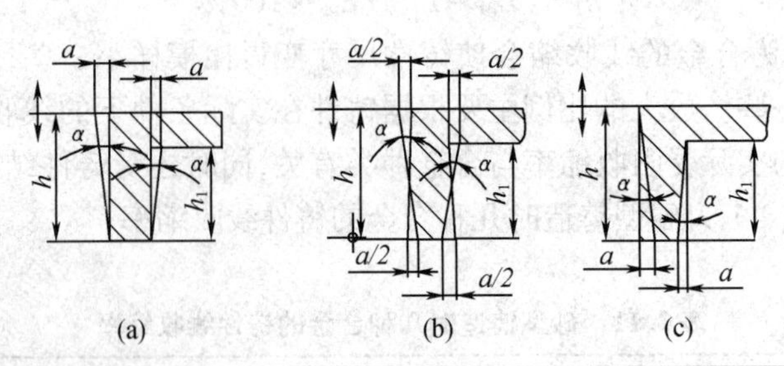


| h 或 $h_1$ 高度 /mm | 黏土砂造型,外表面 | | | | 黏土砂造型,内表面 | | | | 自硬砂造型 | | | |
|---|---|---|---|---|---|---|---|---|---|---|---|---|
| | 金属模 | | 木模 | | 金属模 | | 木模 | | 金属模 | | 木模 | |
| | α | a | α | a | α | a | α | a | α | a | α | a |
| ≤10 | 2°20′ | 0.4 | 2°55′ | 0.6 | 4°35′ | 0.8 | 5°45′ | 1.0 | 3°00′ | 0.6 | 4°00′ | 0.8 |
| 10 ~ 40 | 1°10′ | 0.8 | 1°25′ | 1.0 | 2°20′ | 1.6 | 2°50′ | 2.0 | 1°50′ | 1.6 | 2°5′ | 1.6 |
| 40 ~ 100 | 0°30′ | 1.0 | 0°40′ | 1.2 | 1°5′ | 2.0 | 1°15′ | 2.2 | 0°50′ | 1.6 | 0°55′ | 1.6 |
| 100 ~ 160 | 0°25′ | 1.2 | 0°30′ | 1.4 | 0°45′ | 2.2 | 0°55′ | 2.6 | 0°35′ | 1.6 | 0°40′ | 2.0 |
| 160 ~ 250 | 0°20′ | 1.6 | 0°25′ | 1.8 | 0°40′ | 3.0 | 0°45′ | 3.4 | 0°30′ | 2.2 | 0°35′ | 2.6 |
| 250 ~ 400 | 0°20′ | 2.4 | 0°25′ | 3.0 | 0°40′ | 4.6 | 0°45′ | 5.2 | 0°30′ | 3.6 | 0°35′ | 4.2 |
| 400 ~ 630 | 0°20′ | 3.8 | 0°20′ | 3.8 | 0°35′ | 6.4 | 0°40′ | 7.4 | 0°25′ | 4.6 | 0°30′ | 5.6 |
| 630 ~ 1 000 | 0°15′ | 4.4 | 0°20′ | 5.8 | 0°30′ | 8.8 | 0°35′ | 10.2 | 0°20′ | 5.8 | 0°25′ | 7.4 |
| 1 000 ~ 1 600 | — | — | 0°20′ | 9.2 | — | — | 0°35′ | — | — | — | 0°25′ | 11.6 |
| 1 600 ~ 2 500 | — | — | 0°15′ | 11.0 | — | — | 0°35′ | — | — | — | 0°25′ | 18.2 |
| ≥2 500 | — | — | 0°15′ | | — | — | — | — | — | — | 0°25′ | — |

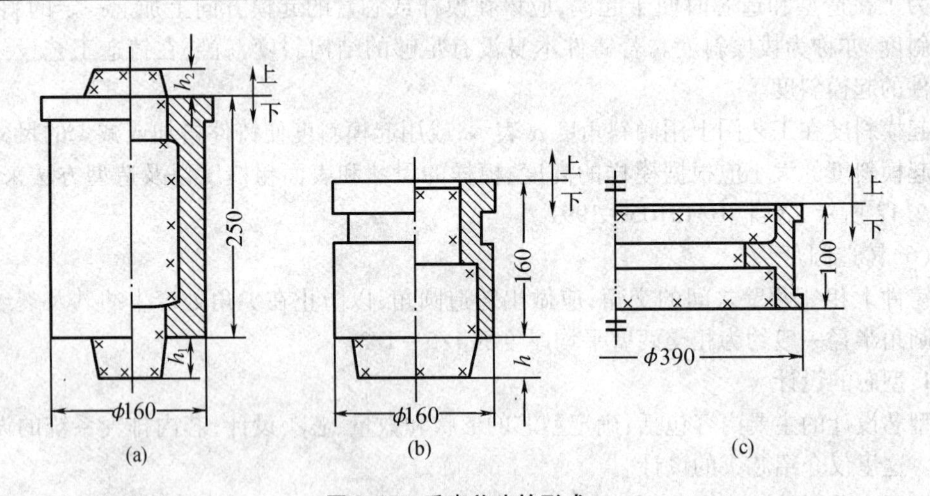


**图 2.15　垂直芯头的形式**

(a)具有上、下芯头;(b)只有下芯头;(c)无芯头

垂直芯头一般都有上、下芯头(图 2.15(a))。为了型芯安放和固定的方便,下芯头要比上芯头高一些,斜度要小一些,并且要在芯头和芯座之间留一定间隙。截面较大、高度不

大的型芯可只有下芯头或没有芯头，如图 2.15(b)和(c)。水平芯头一般也有两个芯头，当型芯只有一个水平芯头，或虽有两个芯头仍然定位不稳定而易发生转动或倾斜时，还可采用联合芯头、加长或加大芯头、安放型芯撑支撑型芯等措施，如图 2.16 所示。

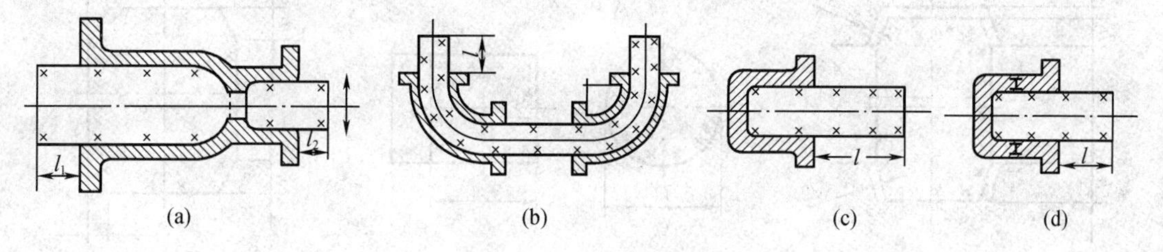


**图 2.16　水平芯头的形式**

芯头的设计主要涉及芯头长度、芯头斜度、芯头与芯座的安装间隙配合。表 2.13 和表 2.14 分别给出了水平型芯和垂直型芯的图表，根据此表可以确定型芯芯头的各项参数。

**表 2.13　水平芯头与芯座之间的配合尺寸参考值**　　单位：mm

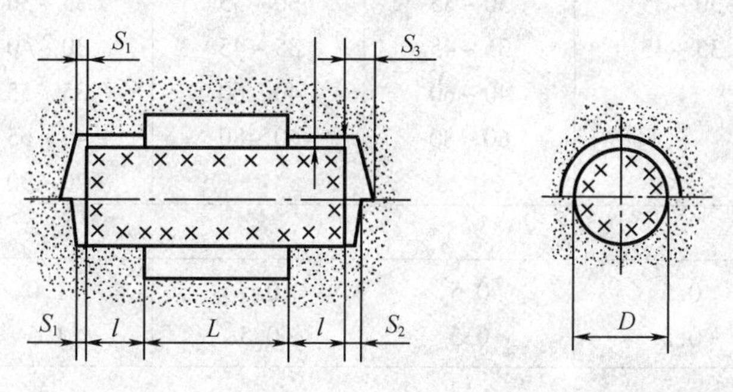


| | | $L$ | $D$ 或 $(A+B)/2$ | | | | | | | |
|---|---|---|---|---|---|---|---|---|---|---|
| | | | ≤25 | 26 ~ 50 | 51 ~ 100 | 101 ~ 150 | 151 ~ 200 | 201 ~ 300 | 301 ~ 400 | 401 ~ 500 |
| 芯头长度 $l$ | | ≤100 | 0 | 25 ~ 35 | 30 ~ 40 | 35 ~ 45 | 40 ~ 50 | 50 ~ 70 | 60 ~ 80 | |
| | | 101 ~ 200 | 25 ~ 35 | 30 ~ 40 | 35 ~ 45 | 45 ~ 55 | 50 ~ 70 | 60 ~ 80 | 70 ~ 90 | 80 ~ 100 |
| | | 201 ~ 400 | | 35 ~ 45 | 40 ~ 60 | 50 ~ 70 | 60 ~ 80 | 70 ~ 90 | 80 ~ 100 | 80 ~ 100 |
| | | 401 ~ 600 | | 40 ~ 60 | 50 ~ 70 | 60 ~ 80 | 70 ~ 90 | 80 ~ 100 | 90 ~ 110 | 100 ~ 120 |
| | | 601 ~ 800 | | | 60 ~ 80 | 70 ~ 90 | 80 ~ 100 | 90 ~ 110 | 100 ~ 120 | 110 ~ 130 |
| | | 801 ~ 1 000 | | | | 80 ~ 100 | 90 ~ 110 | 100 ~ 120 | 110 ~ 130 | 120 ~ 140 |
| 间隙 | 湿型 | $S_1$ | 0.5 | 0.5 | 0.5 | 1.0 | 1.0 | 1.5 | 1.5 | 2.0 |
| | | $S_2$ | 1.0 | 1.0 | 1.5 | 1.5 | 1.5 | 2.0 | 2.0 | 3.0 |
| | | $S_3$ | 1.0 | 1.5 | 2.0 | 2.0 | 2.0 | 3.0 | 3.0 | 4.0 |
| | 干型 | $S_1$ | 1.0 | 1.0 | 1.5 | 1.5 | 1.5 | 2.0 | 2.0 | 2.5 |
| | | $S_2$ | 1.5 | 1.5 | 2.0 | 2.0 | 3.0 | 3.0 | 4.0 | 4.0 |
| | | $S_3$ | 2.0 | 2.0 | 3.0 | 3.0 | 4.0 | 4.0 | 6.0 | 6.0 |

**表 2.14　垂直芯头与芯座之间的配合尺寸参考值**　单位:mm

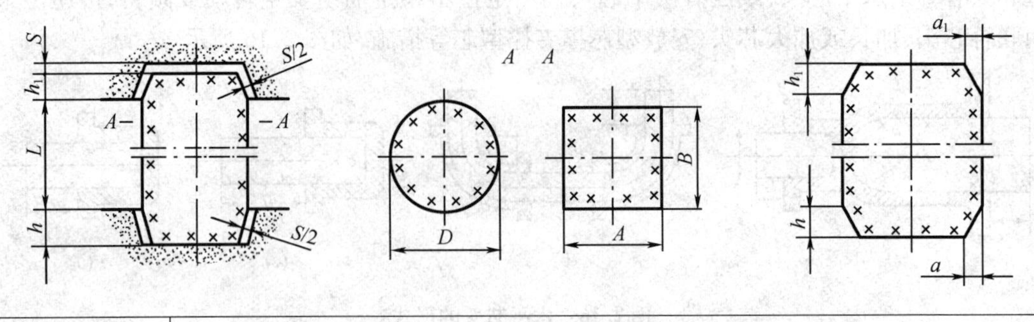


| L | D 或(A+B)/2 | | | | |
|---|---|---|---|---|---|
| | ≤30 | 31~60 | 61~100 | 101~150 | 151~300 |
| | 下芯头高 h | | | | |
| ≤30 | 15 | 15~20 | | | |
| 31~50 | 20~25 | 20~25 | 20~25 | | |
| 51~100 | 25~30 | 25~30 | 25~30 | 220~25 | 20~25 |
| 101~150 | 30~35 | 30~35 | 30~35 | 25~30 | 25~30 |
| 151~300 | 35~45 | 35~45 | 35~45 | 30~40 | 30~40 |
| 301~500 | | 40~60 | 40~60 | 35~55 | 35~55 |
| 501~700 | | 60~80 | 60~80 | 45~65 | 45~65 |
| 701~1 000 | | | | 70~90 | 70~90 |
| 间隙 S | | | | | |
| 湿型 | 0.5 | 0.5 | 0.5 | 1.0 | 1.5 |
| 干型 | 0.5 | 0.5 | 0.5 | 1.5 | 2.0 |

| 由 h 查 $h_1$ | | | | | | | | | | | | | | |
|---|---|---|---|---|---|---|---|---|---|---|---|---|---|---|
| 下芯头高 h | 15 | 20 | 25 | 30 | 35 | 40 | 45 | 50 | 55 | 60 | 65 | 70 | 80 | 90 |
| 上芯头高 $h_1$ | 15 | 15 | 15 | 20 | 20 | 25 | 25 | 30 | 30 | 35 | 35 | 40 | 45 | 50 |

| | 垂直芯头的斜度上增减值 $a$、$a_1$ | | | | | | |
|---|---|---|---|---|---|---|---|
| 芯头高 | 15 | 20 | 25 | 30 | 35 | 40 | 用 $a/h$ 或 $a_1/h$ 表示时 |
| 上芯头 $a_1$ | 3 | 4 | 5 | 6 | 7 | 8 | 1/5 |
| 下芯头 a | 1.5 | 2.0 | 2.5 | 3.0 | 3.5 | 4.0 | 1/10 |

5. 浇注系统的设计

浇注系统是为合金液体填充型腔和冒口而开设于铸型中的一系列通道,也叫浇口。一般包括外浇口、直浇道、横浇道和内浇道等。图 2.17 所示为常用的浇铸系统结构形式。但是,有些小型铸件所使用的浇注系统只有外浇口、直浇道和内浇道,而不用横浇道。

(1) 浇注系统的类型与应用

浇注系统的分类方法有两种:一种是根据各组元断面比例关系的不同分类;另一种是按内浇道在铸件上相对位置的不同类型。

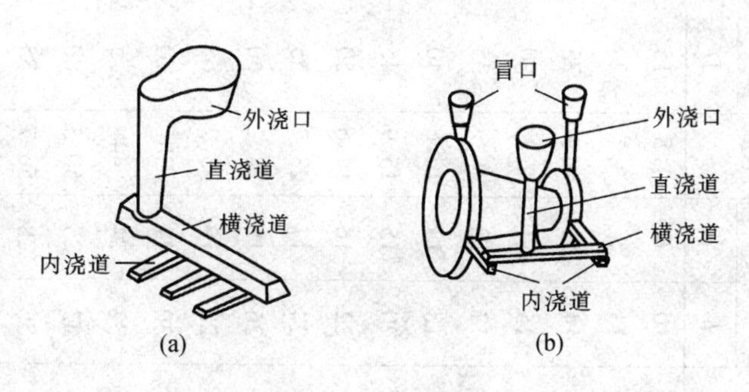


**图 2.17 浇注系统的组成**

(a)带盆形外浇口的浇注系统;(b)带漏斗形外浇口的浇注系统

①按断面比例关系分类

浇铸系统各浇道的截面积(用符号 $A$ 表示)应有一定的比例关系,据此将浇注系统分为三种类型:

a. 封闭式:$A_{直} > \sum A_{横} > \sum A_{内}$,特点是挡渣能力强,但对铸型冲刷力大。适用于黑色金属的浇注。

b. 开放式:$A_{直} < \sum A_{横} < \sum A_{内}$,特点是充型平稳,但挡渣作用较差,适用于有色金属的浇注。

c. 半封闭式:$\sum A_{内} < A_{直} < \sum A_{横}$,作用介于上述两者之间。

对于大铸件、铸件上厚大的部位或收缩率大的合金铸件,凝固时收缩大,为使其能够及时得到金属液体的补充而增设补缩用的冒口。冒口有明冒口和暗冒口两种:明冒口一般设在铸件的最高部位,同时具有排气、浮渣及观察浇铸情况等作用;暗冒口被埋在铸型中,由于散热较慢,补缩效果比明冒口好。

②按内浇道在铸件上的注入位置分类

按内浇道位置来分有顶注式、中注式、底注式、阶梯式和圆形铸件切向导入式等类型,图 2.18 是几种形式的浇注系统举例。

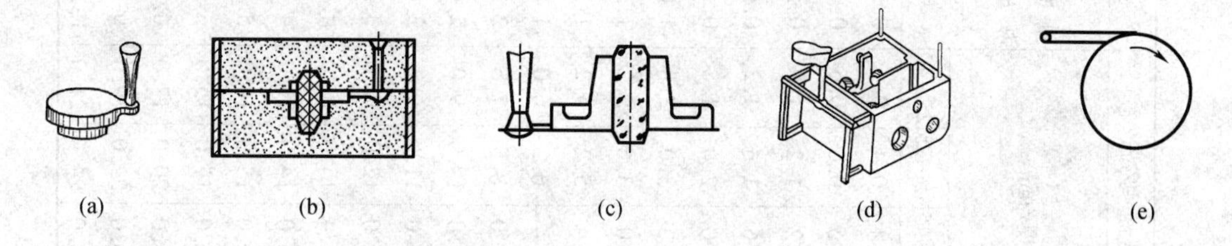


**图 2.18 几种形式的浇注系统举例图**

(a)顶注式浇口;(b) 中间注入式浇口;(c) 底注式浇口;(d) 阶梯式浇口;(e)切向导入式浇口

(2)浇注系统的设计与计算

浇注系统截面积目前尚没有完善的理论计算方法,生产中常利用各种图表和经验公式进行近似计算。计算时,首先确定内浇道的最小横截面积,然后再根据经验比例确定横浇道和直浇道的横截面积。

这里介绍一种查表法(表 2.15),其步骤如下:

表 2.15　适用于中小铸件的浇注系统截面尺寸

| 铸件质量/g | 内浇口总截面积/cm² | | | | | 内浇口截面尺寸 | | | | | | | 横浇口截面尺寸 | | | | | | | 直浇口 | |
|---|---|---|---|---|---|---|---|---|---|---|---|---|---|---|---|---|---|---|---|---|---|
| | 铸件壁厚/mm | | | | | 截面积 $F_{内}$/cm² | （梯形） | | | （梯形） | | | 截面积 $F_{横}$/cm² | （梯形） | | | （半圆头形） | | | 截面积 $F_{直}$/cm² | （圆形） |
| | <5 | 5~10 | 10~15 | 15~25 | 25~40 | | $a$ | $b$ | $c$ | $a$ | $b$ | $c$ | | $a$ | $b$ | $c$ | $a$ | $b$ | $r$ | | D |
| <1 | 0.6 | 0.6 | 0.4 | 0.4 | 0.4 | 0.3 | 11 | 9 | 3 | 6 | 4 | 6 | 1.0 | 11 | 9 | 10 | 18 | 10 | 6 | 1.8 | 15 |
| 1~3 | 0.8 | 0.8 | 0.6 | 0.6 | 0.6 | 0.4 | 11 | 9 | 4 | 7 | 5 | 7 | 2.0 | 15 | 10 | 16 | 20 | 13 | 8 | 3.1 | 20 |
| 3~5 | 1.6 | 1.6 | 1.2 | 1.2 | 1.0 | 0.5 | 11 | 9 | 5 | 8 | 6 | 7 | 2.4 | 16 | 11 | 18 | 22 | 14 | 10 | 4.9 | 25 |
| 5~10 | 2.0 | 1.8 | 1.6 | 1.6 | 1.2 | 0.6 | 11 | 9 | 6 | 8.5 | 6.5 | 8 | 3.0 | 17 | 13 | 20 | 24 | 15 | 11 | 7.1 | 30 |
| 10~15 | 2.6 | 2.4 | 2.0 | 2.0 | 1.8 | 0.8 | 14 | 12 | 6 | 10 | 8 | 9 | 3.6 | 19 | 14 | 22 | 28 | 17 | 12 | 9.6 | 35 |
| 15~20 | 4.0 | 3.6 | 3.2 | 3.0 | 2.8 | 1.0 | 15 | 13 | 7 | 11 | 9 | 10 | 4.0 | 20 | 15 | 23 | 30 | 18 | 13 | 12.6 | 40 |
| 20~40 | 5.0 | 4.4 | 4.0 | 3.6 | 3.2 | 1.2 | 18 | 14 | 7.5 | 12 | 10 | 11 | 5.0 | 24 | 16 | 25 | 35 | 20 | 15 | 15.9 | 45 |
| 40~60 | 7.2 | 6.8 | 6.4 | 5.2 | 4.2 | 1.5 | 20 | 18 | 8 | 14 | 11 | 12 | 6.0 | 27 | 17 | 28 | 36 | 22 | 16 | 19.6 | 50 |
| 60~100 | | 8.0 | 7.4 | 6.2 | 6.0 | 1.8 | 21 | 19 | 9 | 16 | 12 | 13 | 7.0 | 28 | 18 | 30 | 38 | 24 | 17 | 23.7 | 55 |
| 100~150 | | 12.0 | 10.0 | 8.6 | 7.6 | 2.2 | 23 | 21 | 10 | 17 | 13 | 15 | 8.0 | 30 | 20 | 32 | 40 | 26 | 18 | 28.2 | 60 |
| 150~200 | | 15.0 | 12.0 | 10.0 | 9.0 | 2.6 | 25 | 23 | 11 | 17.5 | 13.5 | 17 | 9.0 | 32 | 22 | 34 | 42 | 28 | 19 | 33.2 | 65 |
| 200~250 | | | 14.0 | 11.0 | 9.4 | 3.0 | 28 | 24 | 12 | 18 | 14 | 19 | 11 | 36 | 24 | 37 | 45 | 30 | 21 | 38 | 70 |
| 250~300 | | | 15.0 | 12.0 | 10.0 | 3.4 | 32 | 25 | 12 | 19 | 15 | 20 | 13 | 38 | 27 | 40 | 52 | 32 | 24 | 44 | 75 |
| 300~400 | | | 15.4 | 13.0 | 12.0 | 4.0 | 38 | 30 | 12 | 21 | 15 | 22 | 13.8 | 38 | 28 | 42 | 55 | 33 | 25 | 50.3 | 80 |
| 400~500 | | | 16.0 | 14.0 | 13.0 | 4.5 | 40 | 36 | 12 | 22 | 16 | 24 | 17 | 44 | 30 | 46 | 60 | 36 | 28 | 56.7 | 85 |
| 500~600 | | | 18.0 | 15.0 | 14.0 | 5.0 | 42 | 38 | 12.5 | 23 | 17 | 25 | 19.5 | 46 | 32 | 50 | 65 | 39 | 30 | 63.7 | 90 |
| 600~700 | | | 20.0 | 17.0 | 15.0 | 5.4 | 44 | 40 | 13 | 24 | 18 | 25.5 | 24 | 52 | 36 | 54 | 72 | 43 | 33 | 71 | 95 |
| 700~800 | | | 24.0 | 20.0 | 17.0 | 6.0 | 45 | 41 | 14 | 25 | 21 | 26 | 28 | 56 | 40 | 58 | 78 | 46 | 36 | 78.5 | 100 |
| 800~900 | | | 26.0 | 22.0 | 19.0 | 9.0 | 56 | 50 | 17 | 30 | 23 | 34 | 34 | 60 | 44 | 66 | 86 | 51 | 40 | 86.5 | 105 |
| 900~1 000 | | | 28.0 | 24.0 | 21.0 | 12.0 | 58 | 52 | 22 | 37 | 28 | 37 | 38.5 | 65 | 45 | 70 | 90 | 54 | 43 | 95.2 | 110 |

①首先确定 $\sum F_{内}$

a. 先计算出铸件的质量,然后再加上浇冒口的质量,中小型铸造件其浇冒口的取值按铸件的10% ~35%计算,计算出总质量。

b. 根据计算出的总质量,参考图纸中铸件的壁厚,查表2.15,确定出 $\sum F_{内}$ 。再根据内浇道的数量平均分配每一内浇道的断面积,再根据表2.15,确定内浇道的断面形状和尺寸。

②确定 $\sum F_{横}$、$F_{直}$

按浇道断面的比例关系计算出 $\sum F_{横}$ 和 $F_{直}$ ,再查表2.15,确定相关的截面形状和尺寸。

例如,对于中小型铸铁件,推荐采用封闭式浇铸系统,各浇道截面积的比例关系为

$$\sum A_{内} : \sum A_{横} : \sum A_{直} = 1 : 1.1 : 1.15$$

这里需要注意的是,得出的单个 $F_{内} \not< 0.3\ \text{cm}^2$,$F_{直} \not< 15\ \text{mm}$,以避免浇不足、冷隔等铸造缺陷。

6. 铸造工艺图的形成

铸造工艺图是用红、蓝等颜色的线条表示铸型分型面、浇冒口系统、浇注位置、型芯结构尺寸、控制凝固措施(冷铁、保温衬板)和工艺参数的图纸。可按规定的工艺符号或文字绘制在零件图上,或另绘工艺图纸。它是指导铸造生产过程的最重要的工艺文件,也是生产准备、工艺操作和铸件验收的依据,直接影响铸件质量、生产率和生产成本等。常用的铸造工艺符号及表示方法见表2.16。

表2.16 常用铸造工艺符号及表示方法(摘自JB2435—1978)

| 名称 | 工艺符号和表示方法 | 名称 | 工艺符号和表示方法 |
|---|---|---|---|
| 分型线 | 用红色细实线表示,并用红色写出“上、中、下”字样<br>两箱造型: 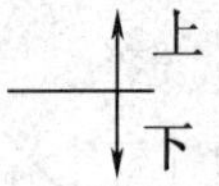 上 下<br>三箱造型: 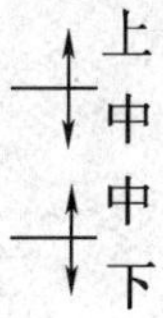 上 中 中 下<br>示例: 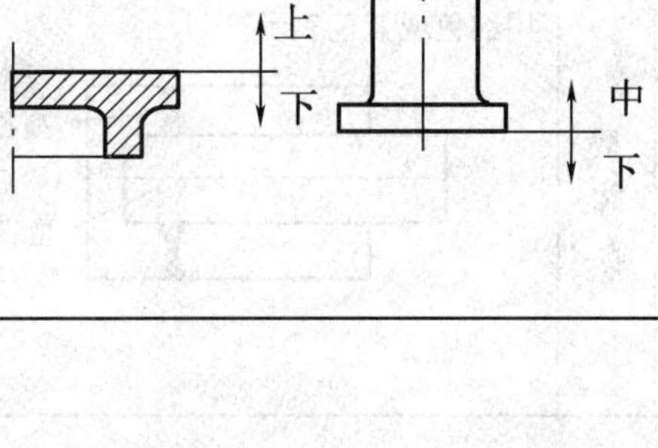 上 下; 上 中 中 下 | 分模线 | 用红色细实线表示,在任一端面画“<”符号<br>示例:  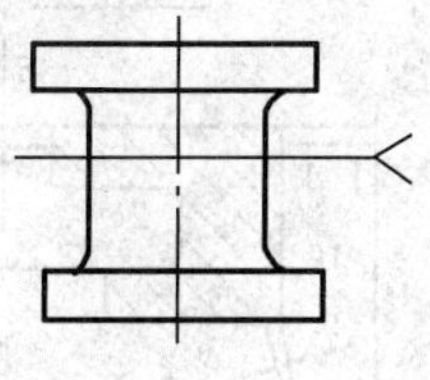 |

表 2.16(续)

| 名称 | 工艺符号和表示方法 | 名称 | 工艺符号和表示方法 |
|---|---|---|---|
| 分型分模线 | 用红色细实线表示<br>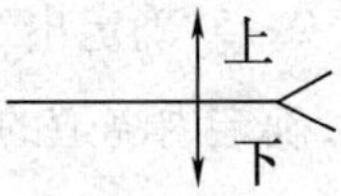上<br>下<br>示例:<br>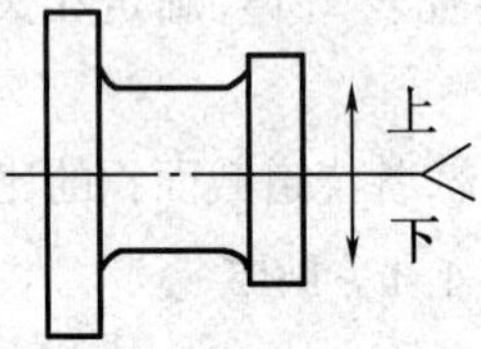上<br>下 | 机械加工余量 | 用红色细实线表示,在加工符号附近注明加工余量数值<br>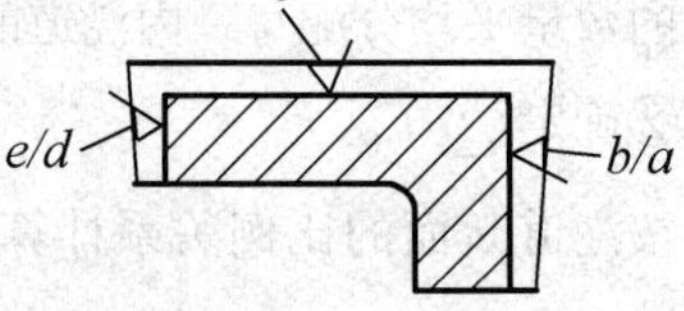c<br>e/d<br>b/a |
| 不铸出孔和槽 | 不铸出的孔和槽用红色细实线打叉表示<br>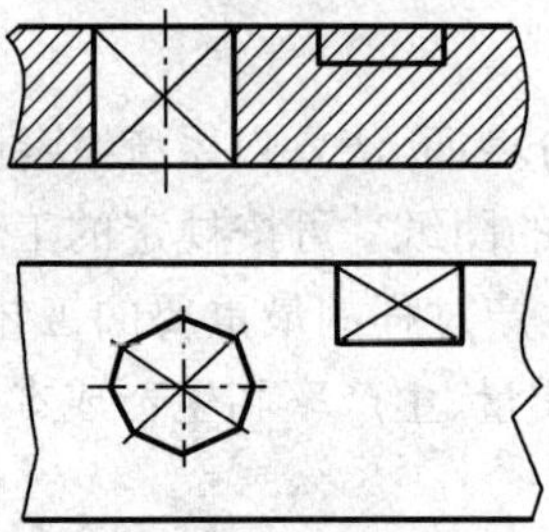 | 浇注系统位置与尺寸 | 用红色线或红色双线表示,并注明各部分尺寸<br>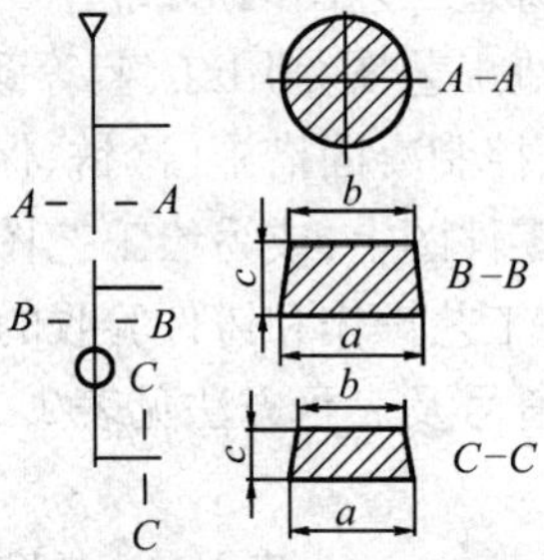A–A<br>A– –A<br>B– –B<br>C<br>C<br>b<br>c<br>a<br>B–B<br>b<br>c<br>a<br>C–C<br>示例:<br>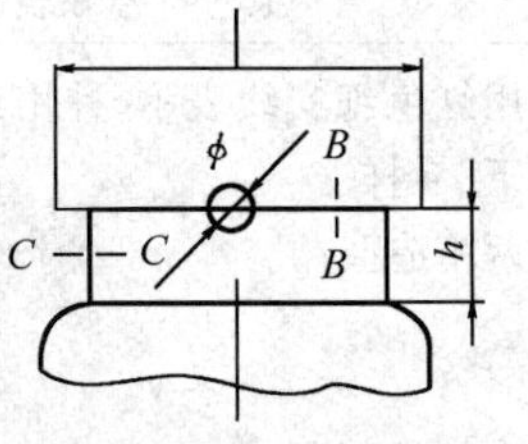ϕ<br>B<br>B<br>C– –C<br>h<br>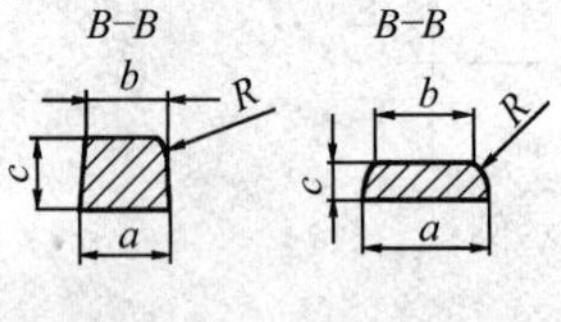B–B<br>b<br>R<br>c<br>a<br>B–B<br>b<br>R<br>c<br>a |
| 芯头斜度与芯头间隙 | 芯头边界用蓝色线表示,并注明斜度和间隔数值,有两个以上的型芯时,用“1#”、“2#”等标注,型芯应按下芯顺序编号<br>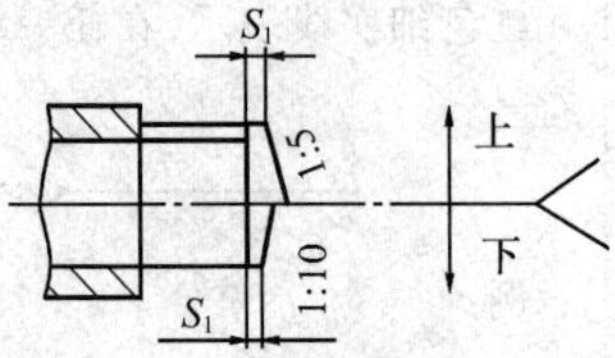$S_1$<br>1:5<br>上<br>下<br>1:10<br>$S_1$<br>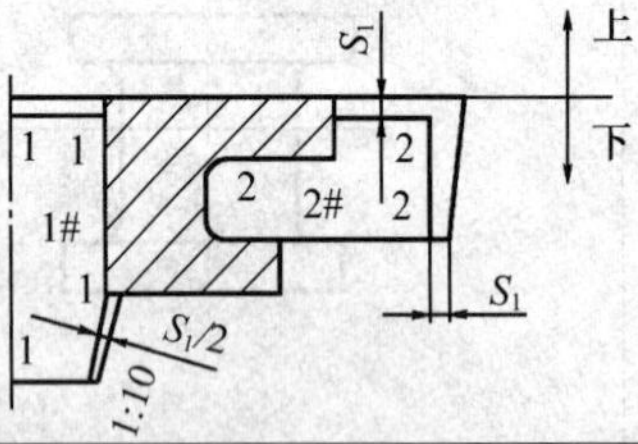$S_1$<br>上<br>下<br>1 1<br>1#<br>2<br>2#<br>2<br>2<br>1<br>1<br>$S_1/2$<br>1:10<br>$S_1$ | | |
| 活块 | 用红色平行线表示活块位置,并注明“活块”<br>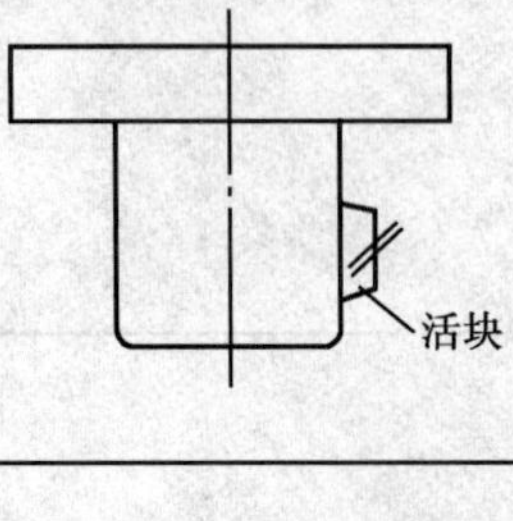活块 | 型芯撑 | 用红色或蓝色表示<br>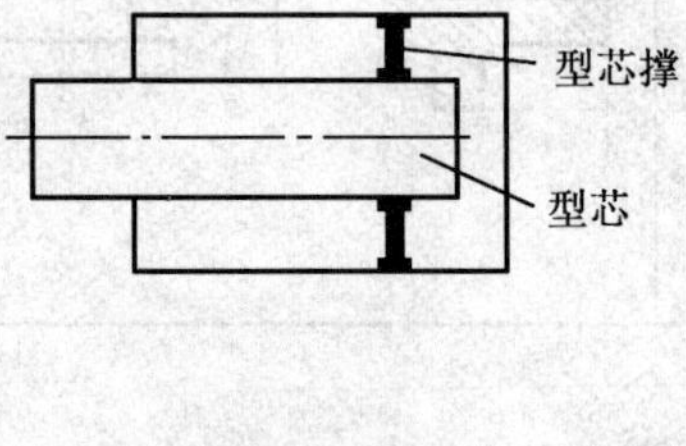型芯撑<br>型芯 |

## 2.3 铸件结构工艺性

铸造零件的结构,除了考虑使用条件和性能要求以外,还必须考虑铸造生产中的工艺特点和合金铸造性能的要求。结构工艺性是指零件的结构设计对加工工艺过程的适应程度。

### 2.3.1 合金铸造性能对铸件结构的要求

1. 铸件的壁厚应设计合理

设计的铸件壁厚不能过小,不应小于最小壁厚值。表2.17为砂型铸造时铸件最小壁厚的经验值。

**表2.17 砂型铸造时铸件最小允许壁厚**　　单位:mm

| 铸件尺寸 | 铸钢 | 灰铸铁 | 球墨铸铁 | 可锻铸铁 | 铝合金 | 铜合金 | 镁合金 |
|---|---|---|---|---|---|---|---|
| <200×200 | 6~8 | 5~6 | 6 | 4~5 | 3 | 3~5 | 4 |
| 200×200~500×500 | 10~12 | 6~10 | 12 | 5~8 | 4 | 6~8 | 6 |
| >500×500 | 15~20 | 15~20 | | | 5~7 | | |

注:铸件结构复杂、合金的流动性差时,取上限。

铸件壁厚也不宜设计得过大。各种铸造合金都存在一个临界壁厚。据一些资料推荐,在砂型铸造时,各种合金铸件的临界壁厚值约为其最小壁厚的三倍。

应采取合理的截面形状,如图2.19所示,采用加强筋(图2.20)来满足薄壁铸件的强度要求。加强筋不仅能增加强度和刚度,减轻质量,还能起到防止裂纹、变形和缩孔的作用。

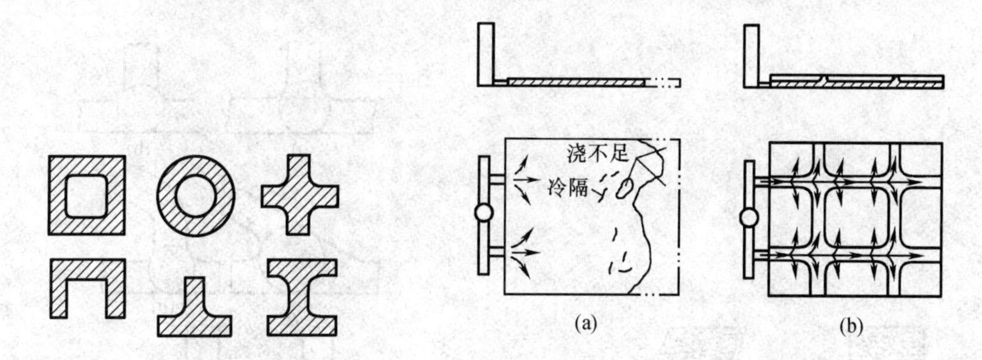


图2.19 铸造零件常用的截面形状　　图2.20 平板铸件的结构设计

铸件各部分的壁厚应尽量均匀一致。铸件的外壁、内壁和筋的厚度之比大致推荐为1∶0.8∶0.6。

2. 壁的连接形式应合理

在壁的连接处应避免壁厚的突变,厚、薄壁连接处应采用逐渐过渡的形式。表2.18为几种铸件壁的过渡形式和有关尺寸。

表 2.18　几种铸件壁的过渡形式及相关尺寸

| 图例 | 尺寸 | | |
|---|---|---|---|
| | $b \leqslant 2a$ | 铸铁 | $R \geqslant (1/6 \sim 1/3)(a+b)/2$ |
| | | 铸钢 | $R \approx (a+b)/4$ |
| | $b > 2a$ | 铸铁 | $L > 4(b-a)$ |
| | | 铸钢 | $L \approx 5(b-a)$ |
| | $b \leqslant 2a$ | $R \geqslant (1/6 \sim 1/3)(a+b)/2$<br>$R_1 \geqslant R+(a+b)/2$ | |
| | $b > 2a$ | $R \geqslant (1/6 \sim 1/3)(a+b)/2$<br>$R_1 \geqslant R+(a+b)/2$<br>$c \approx 3(b-a)^{1/2}$<br>对于铸铁:$h \geqslant 4c$,对于铸钢:$h \geqslant 5c$ | |

相邻两壁厚度差不大时,可采用圆弧过渡形式。图 2.21(a)所示铸件在其壁直角相交处易产生缩孔和裂纹,改为圆弧过渡(图 2.21(b)),即可克服上述缺陷。

应尽量避免壁的锐角连接和交叉,见图 2.22,以减小金属聚集和应力集中程度。

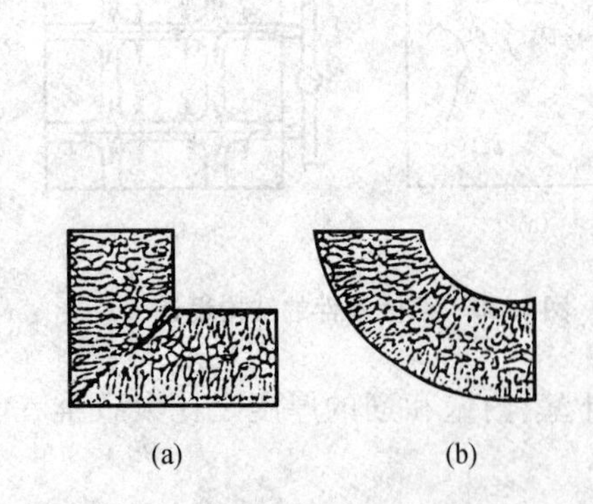


图 2.21　铸件转角处结晶示意图

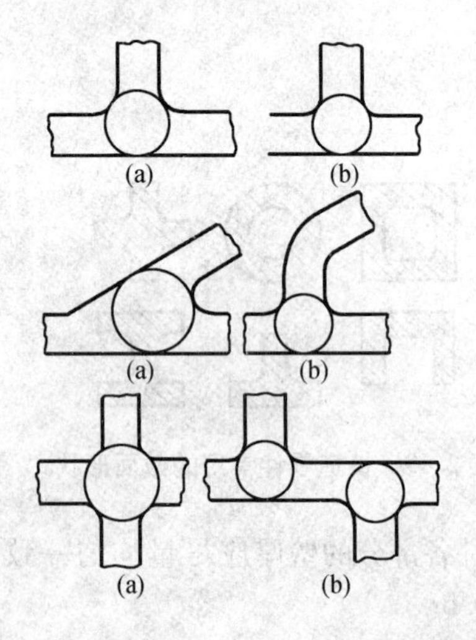


图 2.22　锐角连接和交叉连接结构的改进

3. 避免受阻收缩,以免铸造应力过大而产生裂纹

图2.23所示皮带轮铸件,从模样制作方便考虑,将轮辐设计成直的(图2.23(a))。但铸件收缩大时,可将轮辐改成弯曲的(图2.23(b))。

4.避免大的水平面

图2.24(a)所示的罩壳,大平面在浇注时,在该处容易形成气孔和夹渣,也易产生夹砂缺陷。若改成图2.24(b)所示结构,则可避免上述铸造缺陷。

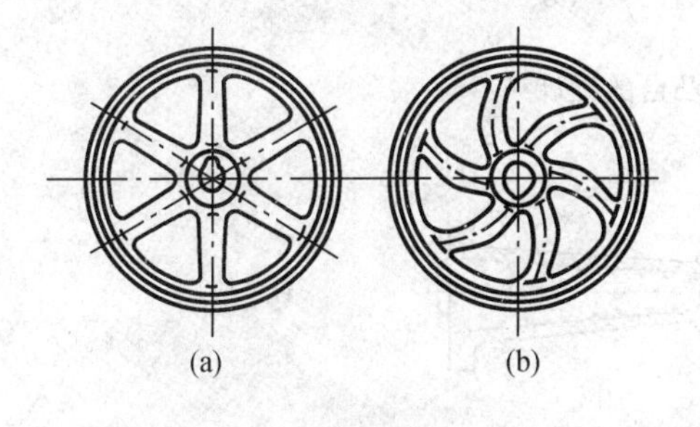


图2.23 轮辐的结构设计

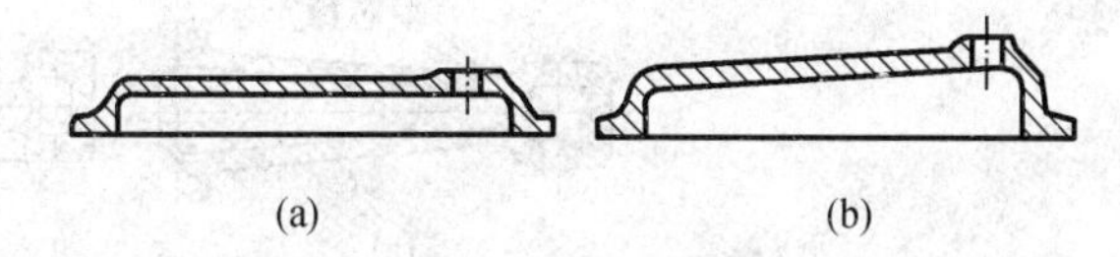


图2.24 罩壳铸件的结构设计

### 2.3.2 铸造工艺对铸件结构的要求

1.尽量使分型面简单且数量最少

套筒结构的原设计如图2.25(a)所示,必须采用如图2.25(c)所示的三箱造型;大批量生产时,需改为如图2.25(d)所示的整模两箱造型。如将结构改为图2.25(b)的设计,只采用普通的两箱造型即可,见图2.25(e)。

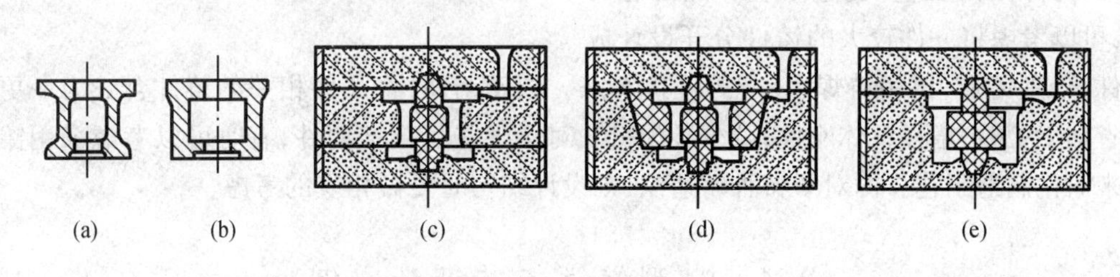


图2.25 套筒的结构设计

2.尽量减少活块和型芯的数量

如图2.26所示,铸件垂直于分型面的侧壁上的凸台,若采用图2.26(a)的设计,将妨碍起模,必须用活块或型芯。当凸台中心与水平壁的距离较小时,可将凸台延伸至水平壁,如图2.26(b)所示。

3.使用型芯时,应尽量便于下芯、固定、排气和清理

如图2.27所示的轴承座,将设计由图2.27(a)改为图2.27(b),可通过将几个互不相通的内腔打通而连成整体的办法来增加型芯的稳定性,改善型芯的排气和清理条件。

4.结构斜度

铸件上垂直于分型面的非加工表面最好具有结构斜度,这可以方便起模,提高铸件精度,同时有利于“以型代芯”,简化造型工艺。铸件的结构斜度与起模斜度都方便起模,但两

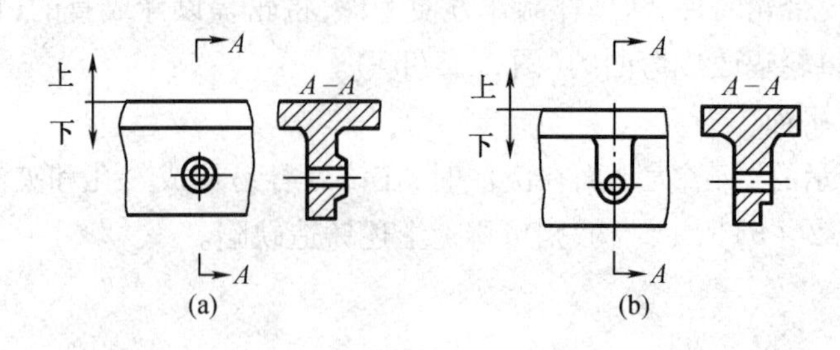


图 2.26　铸件垂直壁上凸台的设计

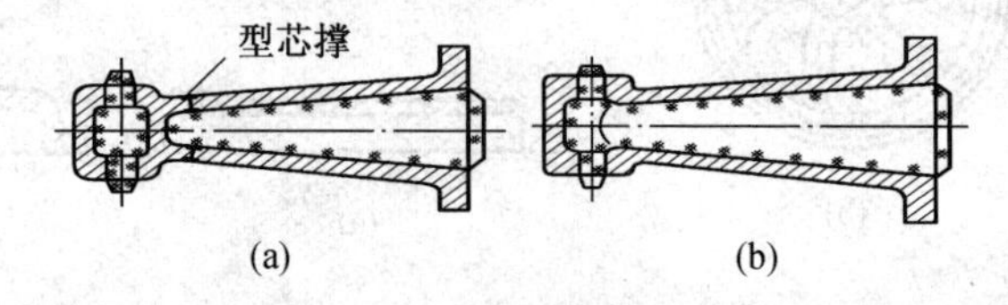


图 2.27　轴承座结构的改进

者概念不同。前者设置在非加工表面，斜度较大，由设计者在零件图上直接设计给出；后者设置在加工面上，斜度较小，由工艺人员在制定铸造工艺时给出，如图 2.28 所示。

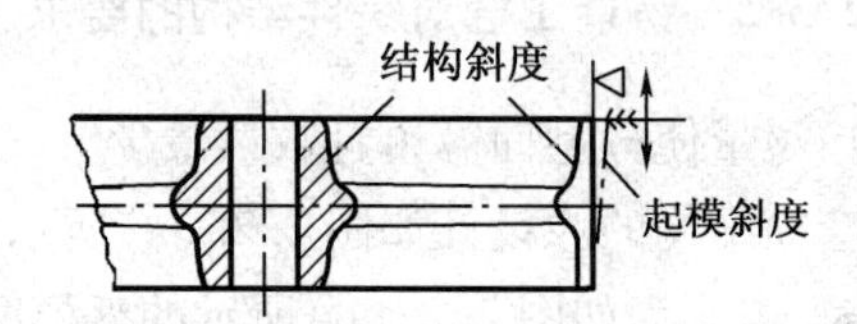


图 2.28　结构斜度和起模斜度

此外，设计铸件时，要考虑到生产能力。例如，铸件太大太重，超过了生产加工能力时，可以考虑将一件较大的铸件分开设计成几件，分别铸造，再用铸焊、装配等连接起来。相反，有时将几件相关的铸件合二为一更能节省加工工时，增强整体刚性，减少装配量。对于某些复杂结构件，有时可以考虑采用镶铸法来简化制造工艺。而对于特种铸造法，则设计结构时要做相应的考虑。

## 2.4　砂型铸造工艺设计实例

本节以图表的形式，分别列举了单孔支架零件的砂型铸造工艺设计，双孔支架零件的砂型铸造工艺设计，小闷盖的砂型铸造工艺设计，大透盖的砂型铸造工艺设计，减速器箱体和箱盖的砂型铸造工艺设计。

按照铸造工艺设计的内容和步骤，针对每一种零件的图形和技术要求，分析了铸件的结构和技术要求，选择了铸型种类、造型方法，对其浇注位置、分型面、分模面分别进行了确定，对加工余量及有关工艺参数进行了确定，进行了型芯设计，对浇注系统进行了设计，最后形成铸造工艺图。

### 2.4.1 单孔支架的砂型铸造工艺设计

| 铸件名称 | 单孔支架 | 件　　数 | 2 |
|---|---|---|---|
| 材料 | Q235 | 铸造方法 | 砂型铸造 |
| 零件图 | | 铸造工艺图 | |

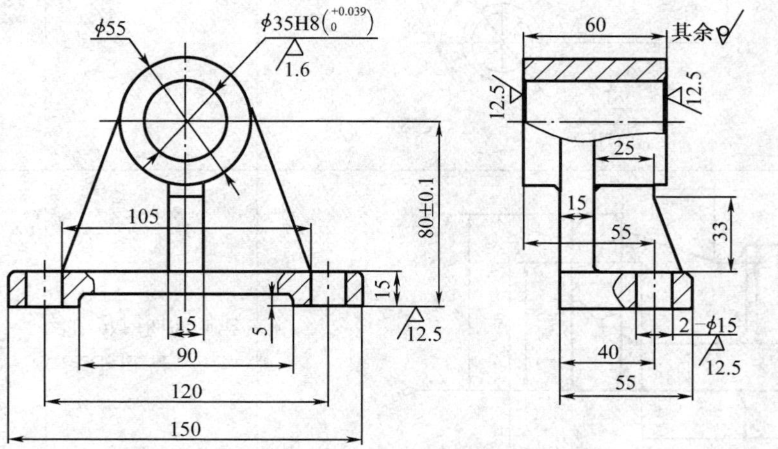

零件图

$\phi$55
$\phi$35H8($^{+0.039}_{0}$)
1.6
105
80±0.1
15
5
15
90
120
150
12.5
60
其余
12.5
12.5
25
15
55
33
2—$\phi$15
40
55
12.5

技术要求

1. 毛坯不得有气孔砂眼。
2. 铸造圆角均为R3。
3. 倒角均为2×45°。

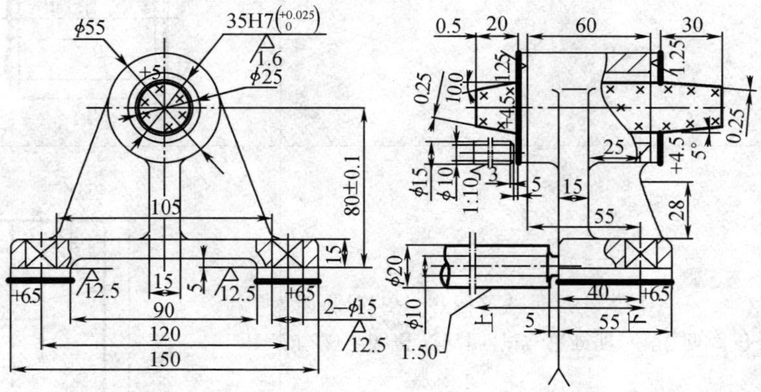

铸造工艺图

$\phi$55
35H7($^{+0.025}_{0}$)
1.6
$\phi$25
+5
105
80±0.1
15
12.5
15
5
12.5
+6.5
+6.5
90
120
150
2—$\phi$15
12.5
0.5
20
60
30
0.25
10.0
1.25
+4.5
1.25
0.25
+4.5
5°
25
$\phi$15
$\phi$10
1:10
3
5
15
55
28
$\phi$20
$\phi$10
1:50
上
40
+6.5
5
55
下

工艺要求

1.收缩率1.2%，
2.起模斜度1%；
3.未注圆角R3-5；
4.下芯后须保持浇注通道通畅；
5.冒口为明冒口。

| 序号 | 工艺设计步骤 | 工艺步骤简图 | 工艺设计内容 |
| --- | --- | --- | --- |
| 1 | 分析铸件的结构和技术要求，选择铸型种类、造型方法 | | 此件结构形状为支架类零件，适宜用铸造成型。由于该零件属于单件、小批生产，故可用湿砂型，手工分模两箱造型 |
| 2 | 浇注位置、分型面、分模面的确定 | 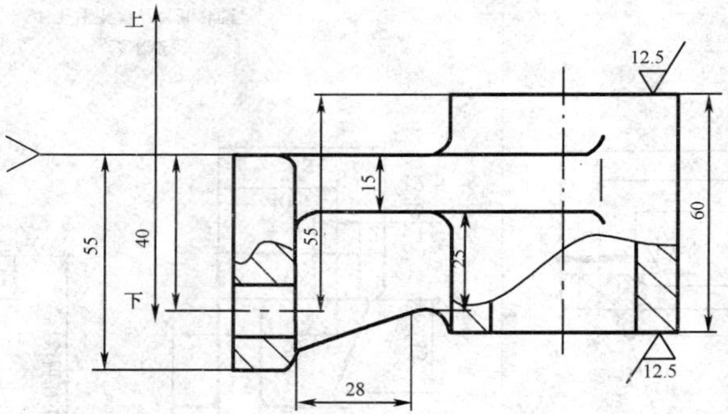 | 取图示的最大截面作为分型面，分模面与分型面重合，铸件分别处于上、下砂箱中 |
| 3 | 加工余量及有关工艺参数的确定 | 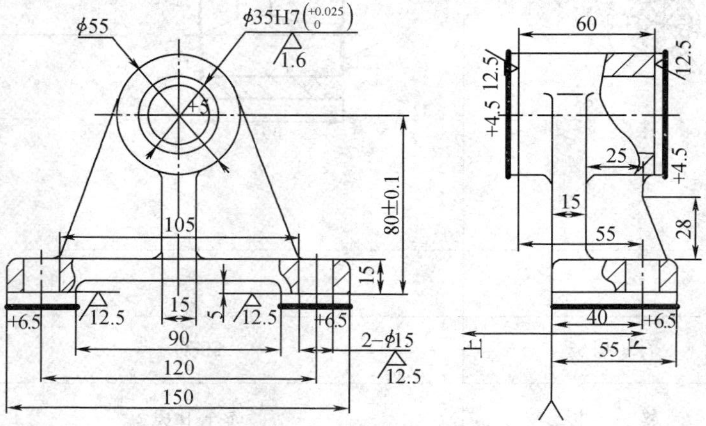 工艺要求<br>1.收缩率1.2%；<br>2.起模斜度1%；<br>3.未注圆角R3-5；<br>4.下芯后须保持浇注通道通畅；<br>5.冒口为明冒口中。 | 此件有四处须留加工余量，根据GB/T6414—1999，CT13，RMA－H，查表得各处加工余量数值如图所注，分别为＋4.5 mm，＋5 mm，＋6.5 mm。其他未注明的拔模斜度取1°，铸造圆角按相邻壁厚的1/3～1/5计算，为3～5 mm。收缩率按1.2%考虑 |

| 序号 | 工艺设计步骤 | 工艺步骤简图 | 工艺设计内容 |
| --- | --- | --- | --- |
| 4 | 型芯设计 | 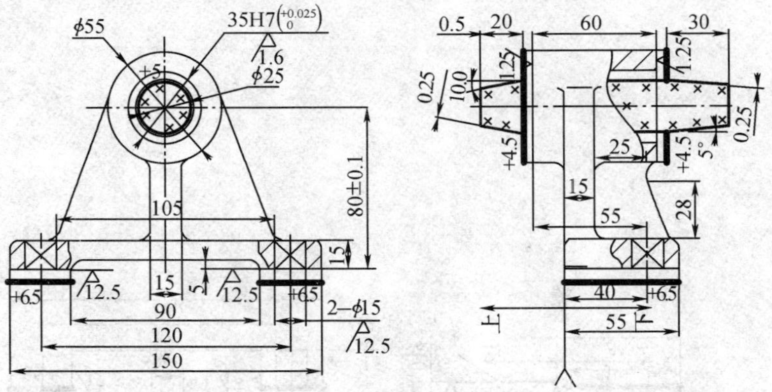  | 此件的中心通孔符合铸出条件，考虑此件的形状结构，可以用垂直型芯铸出，考虑孔壁的加工余量后，型芯的直径为 $\phi$25，型芯具体的形状结构及其尺寸见图所示。而 2 个 $\phi$15 的小孔不符合铸出条件，用红色线叉掉，表示不铸出（图中画“×”处），留待以后切削加工制出 |
| 5 | 浇注系统设计 | 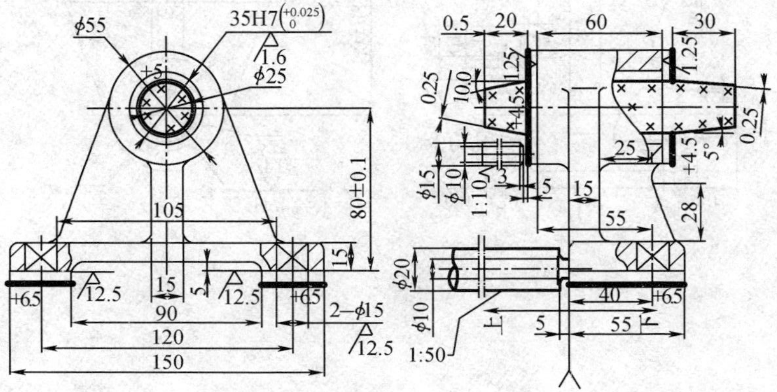 工艺要求<br>1.收缩率1.2%； 4.下芯后须保持浇注通道通畅；<br>2.起模斜度1%； 5.冒口为明冒口。<br>3.未注圆角R3-5； | 根据此件的分型结构特点和合金特点，选用直浇道顶注与分型面处采用内浇口引入铸型的浇注系统，外加一明冒口补缩。<br>此件质量为 2.15 kg，考虑浇冒口质量，按 30% 计算，总质量为 2.79 kg，壁厚为 15 mm，查表得 $\sum F_{内} = 0.6\ cm^2$，$F_{直} = 1.15 \sum F_{内}$，取 $D = \phi 20$ mm，具体尺寸见图中浇注系统部分所示 |

| 序号 | 工艺设计步骤 | 工艺步骤简图 | 工艺设计内容 |
| --- | --- | --- | --- |
| 6 | 铸造工艺图的形成 | 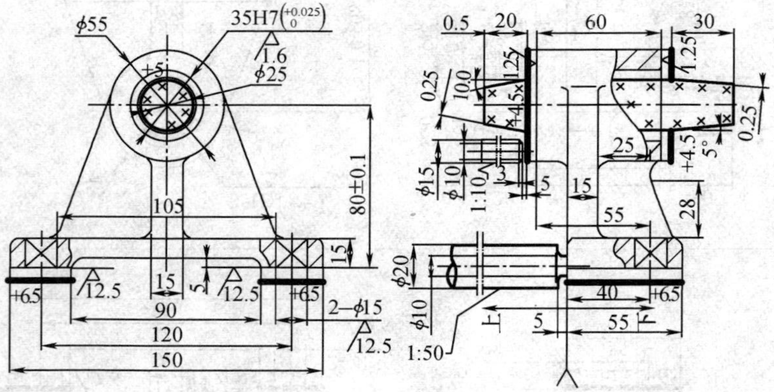 | 将1,2,3,4,5的处理结果形成铸造工艺图,按工艺图再分别形成模型图、芯盒图及铸型装配图,指导铸造生产和检验,获得铸件 |

### 2.4.2 双孔支架的砂型铸造工艺设计

| 铸件名称 | 双孔支架 | 件　　数 | 2 |
|---|---|---|---|
| 材料 | Q235 | 铸造方法 | 砂型铸造 |
| 零件图 | | 铸造工艺图 | |

零件图：

$\phi$52H7 $\left(^{+0.03}_{0}\right)$
$\phi$82 1.6
4－$\phi$30
4－$\phi$19
12.5
6.3
60
111
90
45±0.1
⊥0.05 A
其余
6.3
3.2
3.2
6.3
15
53
15
12.5
12.5
3
18
$98^{+0.2}_{0}$
3
90
135
180
A

铸造工艺图：

Y
上
上
$\phi$82
52H7 $\left(^{+0.03}_{0}\right)$
1.6
5
+6
$\phi$21
$\phi$15
3
1:50
4－$\phi$30
4－$\phi$19
12.5
+4.5
+4.5
+4.5
6.3
A
A
1:50
60
111
30.0
90
45±0.1
⊥0.05 A
5°
+4.5
+4.5
3.2
6.3
0.5
1.0
30.0
6.3
13.2
+4.5
+4.5
5°
15
53
15
12.5
+4.5
+4.5
12.5
3
$97\left(^{+0.2}_{0}\right)$
18
3
90
+4.5
+4.5
C
C
135
B
B
32
180
$\phi$20.0
120
154
A－A
20.0
B－B
10
18
15
C－C
12
6
14

工艺要求

1. 收缩率1.2%；
2. 起模斜度1%；
3. 两端4－$\phi$30凸台扳成活块；
4. 未注圆角R3-5；
5. 下芯后须检查型腔、清除浮砂，保持浇注通道通畅；
6. 冒口为明冒口。

| 序号 | 工艺设计步骤 | 工艺步骤简图 | 工艺设计内容 |
|---|---|---|---|
| 1 | 分析铸件的结构和技术要求,选择铸型种类、造型方法 | | 此件结构形状为支架类零件,结构比较复杂,毛坯成形一般适用铸造成型。由于该件属于单件、小批生产,故可用湿砂型,手工分模两箱造型 |
| 2 | 浇注位置和分型面的确定 | 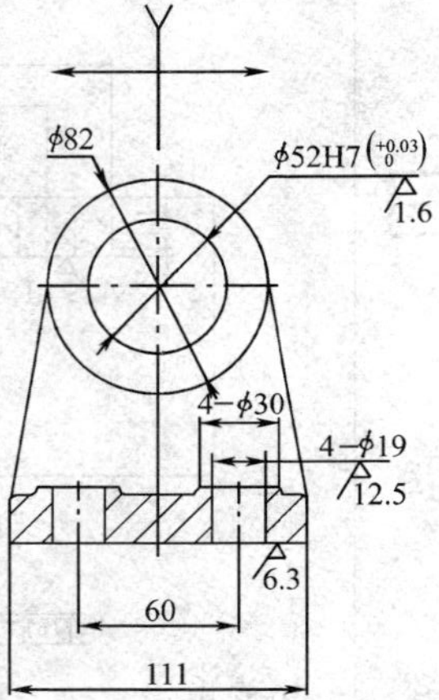 | 取图示的最大截面——中心线对称截面作为分型面,分模面与分型面重合,铸件分别处于上、下砂箱中。为了起模方便,四处 4 - $\phi$30 凸台将拆成活块(下图所示) |
| 3 | 加工余量及有关工艺参数的确定 | 工艺要求<br>1. 收缩率1.2%;<br>2. 起模斜度1%;<br>3. 两端4-$\phi$30凸台扳成活块;<br>4. 未注圆角R3-5;<br>5. 下芯后须检查型腔、清除浮砂,保持浇注通道通畅;<br>6. 冒口为明冒口。 | 此件有九处须留加工余量,根据 GB/T6414—1999, CT13,RMA - H,查表得各处加工余量数值如图所注,大部分为 +4.5 mm,内孔加工余量为 +6 mm。其他未注明的拔模斜度取 1°,铸造圆角按相邻壁厚的 1/5 ~ 1/3 计算,应为 3 ~ 5 mm。收缩率按 1.2% 考虑。四处 4 - $\phi$ 30 凸台需要拆成活块进行造型 |

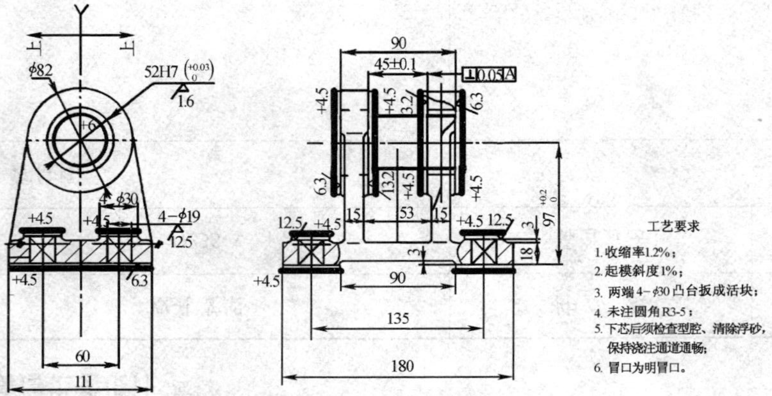

| 序号 | 工艺设计步骤 | 工艺步骤简图 | 工艺设计内容 |
| --- | --- | --- | --- |
| 4 | 型芯设计 | 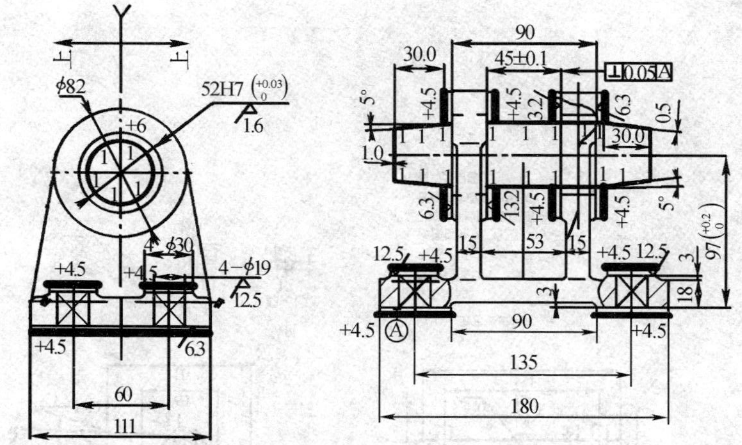 | 此件的两个 $\phi52$ 中心通孔符合铸出条件，考虑此件的形状结构，可以用一个通芯的形式铸出。考虑孔的加工余量后，实际的型芯直径为 $\phi40$。而 4 个 $\phi19$ 的小孔不符合铸出条件，用红色线叉掉，表示不铸出(图中画“×”处)，留待以后切削加工制出 |
| 5 | 浇注系统设计 | 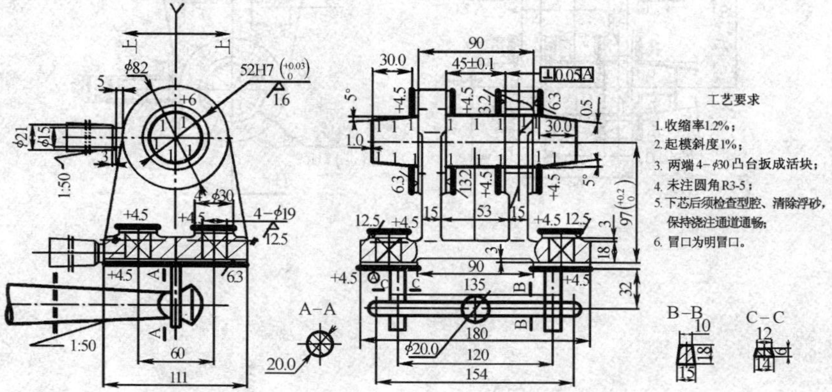 工艺要求<br>1. 收缩率1.2%；<br>2. 起模斜度1%；<br>3. 两端4-φ30凸台扳成活块；<br>4. 未注圆角R3-5；<br>5. 下芯后须检查型腔、清除浮砂，保持浇注通道通畅；<br>6. 冒口为明冒口。 | 根据此件的分型结构特点和合金特点，选用直浇道顶注与分型面处横浇道、内浇道相结合引入铸型的浇注系统，外设四个明冒口补缩。<br>此件质量为 5.43 kg，考虑浇冒口质量，按 30% 计算，总质量为 7.06 kg，壁厚为 15 mm，查表得 $\sum F_{内} = 1.6\ cm^2$，$F_{内} = 0.8\ cm^2$；按 $\sum F_{横} = 1.1\sum F_{内}$ 计算，得 $F_{横} = 1.76\ cm^2$；按 $F_{直} = 1.15\sum F_{内}$ 计算，得 $D = \phi15.3$ mm，取整为 $D = \phi20$ mm；各部分浇道截面尺寸具体见图中 $A—A$、$B—B$、$C—C$ 所示 |

| 序号 | 工艺设计步骤 | 工艺步骤简图 | 工艺设计内容 |
|---|---|---|---|
| 6 | 铸造工艺图的形成 | 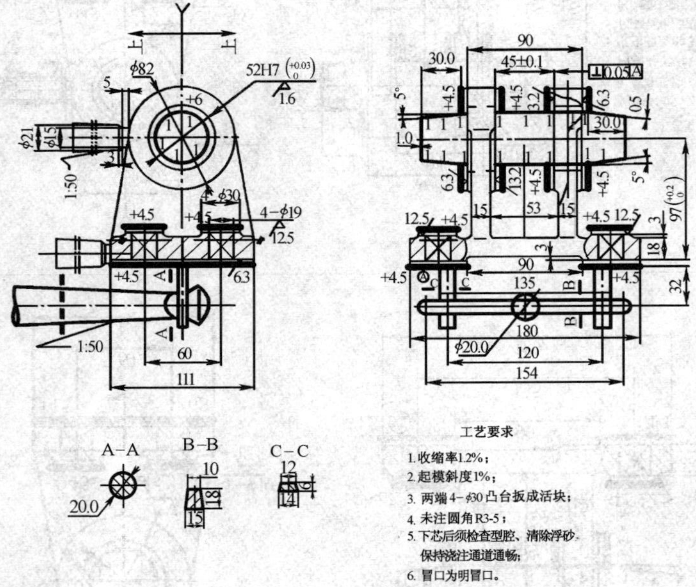 A−A B−B C−C<br>工艺要求<br>1.收缩率1.2%；<br>2.起模斜度1%；<br>3. 两端4−φ30凸台扳成活块；<br>4. 未注圆角R3-5；<br>5.下芯后须检查型腔、清除浮砂，保持浇注通道通畅；<br>6. 冒口为明冒口。 | 将1,2,3,4,5的处理结果形成铸造工艺图,按工艺图再分别形成模型图、芯盒图及铸型装配图,指导铸造生产和检验,获得铸件 |

### 2.4.3 小阀盖的砂型铸造工艺设计

| 铸件名称 | 小阀盖 | 件　　数 | 2 |
| --- | --- | --- | --- |
| 材料 | ZG270—500 | 铸造方法 | 砂型铸造 |
| 零件图 | | 铸造工艺图 | |

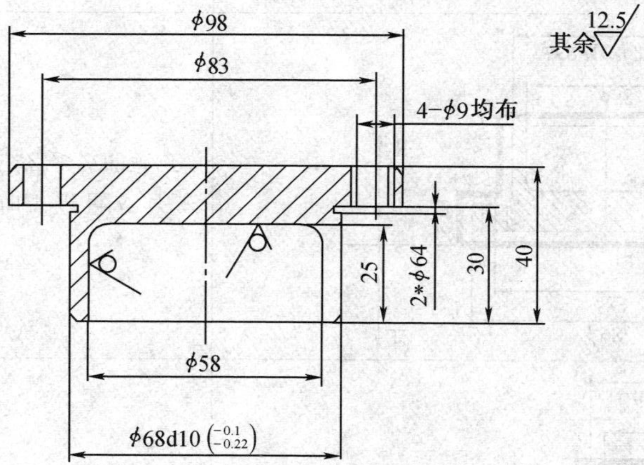

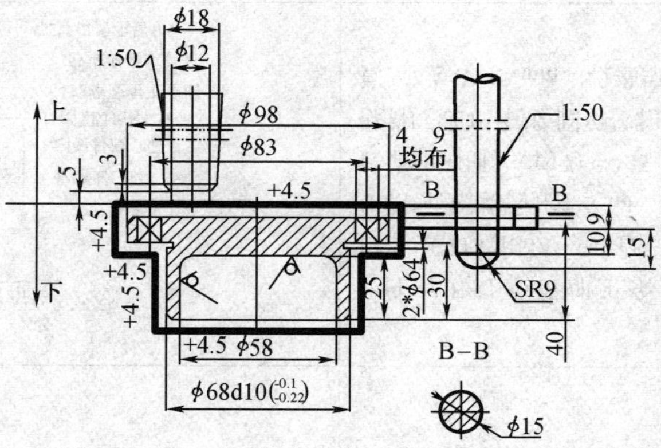

$\phi$98
$\phi$83
4-$\phi$9均布
其余 12.5
25
2*$\phi$64
30
40
$\phi$58
$\phi$68d10$\left(^{-0.1}_{-0.22}\right)$

$\phi$18
$\phi$12
1:50
上
下
$\phi$98
$\phi$83
4 9
均布
1:50
5
3
+4.5
+4.5
+4.5
+4.5
B
B
10 9
15
25
2*$\phi$64
30
SR9
40
+4.5 $\phi$58
$\phi$68d10$\left(^{-0.1}_{-0.22}\right)$
B-B
$\phi$15

工艺要求

1.收缩率1.2%；
2.起模斜度1%；
3.未注圆角R3-5；
4.$\phi$58型腔由下型的砂垛形成；
5.冒口为明冒口。

| 序号 | 工艺设计步骤 | 工艺步骤简图 | 工艺设计内容 |
| --- | --- | --- | --- |
| 1 | 分析铸件的结构和技术要求，选择铸型种类、造型方法 | | 此件结构形状为盘形回转体，且属于单件、小批生产，故可用湿砂型，手工整模两箱造型 |

| 序号 | 工艺设计步骤 | 工艺步骤简图 | 工艺设计内容 |
| --- | --- | --- | --- |
| 2 | 浇注位置和分型面的确定 | 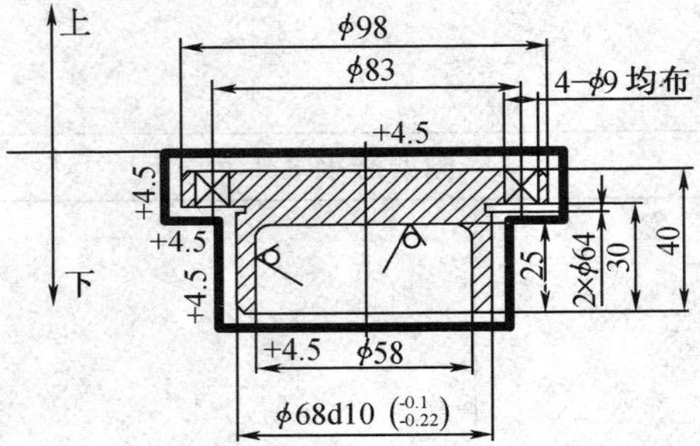  | 取图示的最大截面——上表面作为分型面,铸件整体处于下砂箱中 |
| 3 | 加工余量及有关工艺参数的确定 | 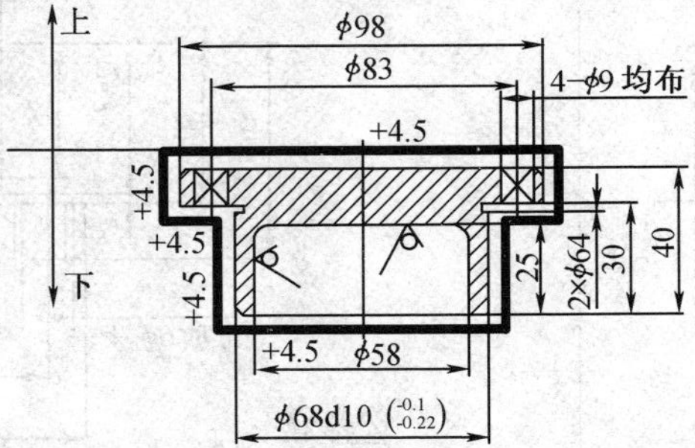 工艺要求<br>1.收缩率1.2%;<br>2.起模斜度1%;<br>3.未注圆角R3-5;<br>4. $\phi$58型腔由下型的砂垛形成;<br>5.冒口为明冒口。 | 此件有五处须留加工余量,根据 GB/T6414—1999, CT13,RMA-H,查表得各处加工余量数值如图所注,均为+4.5 mm,查表得各处加工余量数值如图所注,均为+4.5 mm。其他未注明的拔模斜度取1°,铸造圆角按相邻壁厚的1/5~1/3计算,应为3~5 mm。收缩率按1.2%考虑 |
| 4 | 型芯设计 | 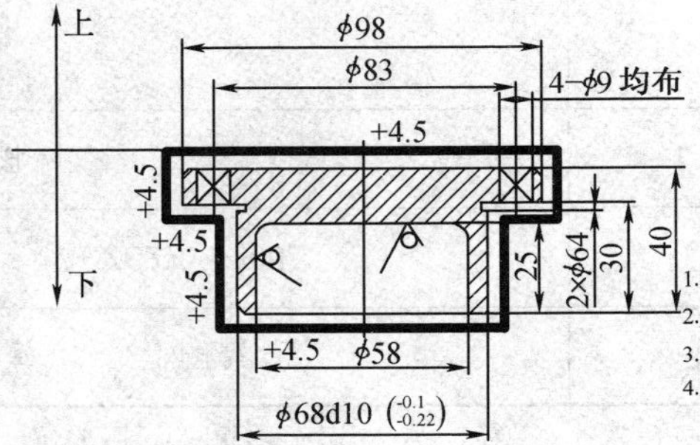 工艺要求<br>1.收缩率1.2%;<br>2.起模斜度1%;<br>3.未注圆角R3-5;<br>4. $\phi$58型腔由下型的砂垛形成;<br>5.冒口为明冒口。 | 此件的中心盲孔符合铸出条件,考虑此件的形状结构,可以用下砂型形成砂垛铸出。而4个 $\phi$9 的小孔不符合铸出条件,用红色线叉掉,表示不铸出(图中画"×"处),留待以后切削加工制出 |

| 序号 | 工艺设计步骤 | 工艺步骤简图 | 工艺设计内容 |
|---|---|---|---|
| 5 | 浇注系统设计 | 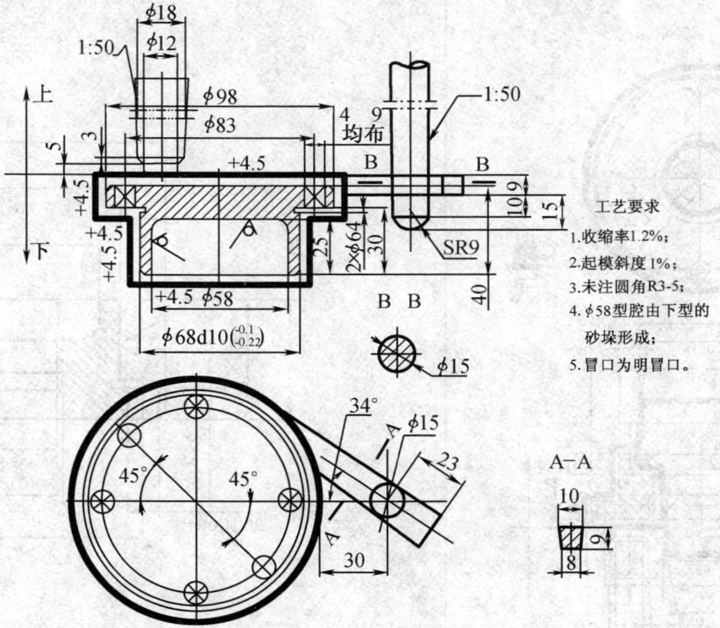上<br>下<br>1:50<br>$\phi$18<br>$\phi$12<br>$\phi$98<br>$\phi$83<br>4 9 均布<br>B B<br>+4.5<br>2×$\phi$64<br>SR9<br>$\phi$58<br>$\phi$68d10($^{-0.1}_{-0.22}$)<br>$\phi$15<br>34°<br>45°<br>23<br>30<br>A–A<br>10<br>9<br>8<br>工艺要求<br>1.收缩率1.2%；<br>2.起模斜度1%；<br>3.未注圆角R3-5；<br>4. $\phi$58型腔由下型的砂垛形成；<br>5.冒口为明冒口。 | 根据此件的分型结构特点和合金特点，选用直浇道顶注 + 分型面处切向引入铸型的浇注系统，外加一明冒口补缩。<br>此件质量为0. 929 kg，考虑浇冒口质量，按30%计算，总质量为1. 208 kg，壁厚为5 mm，查表得，$\sum F_{内} =0.8\ cm^2$，按 $F_{直} = 1.15 \sum F_{内}$ 计算，$D=\phi15$ mm，具体尺寸见图中浇注系统部分所示 |
| 6 | 铸造工艺图的形成 | 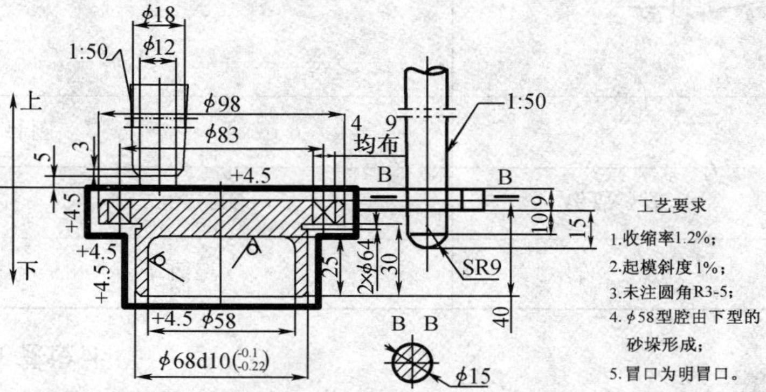上<br>下<br>1:50<br>$\phi$18<br>$\phi$12<br>$\phi$98<br>$\phi$83<br>4 9 均布<br>B B<br>+4.5<br>2×$\phi$64<br>SR9<br>$\phi$58<br>$\phi$68d10($^{-0.1}_{-0.22}$)<br>$\phi$15<br>工艺要求<br>1.收缩率1.2%；<br>2.起模斜度1%；<br>3.未注圆角R3-5；<br>4. $\phi$58型腔由下型的砂垛形成；<br>5.冒口为明冒口。 | 将1、2、3、4、5的处理结果形成铸造工艺图，按工艺图再分别形成模型图、芯盒图及铸型装配图，指导铸造生产和检验，获得铸件 |

## 2.4.4 大透盖的砂型铸造工艺设计

| 铸件名称 | 大透盖 | 件　　数 | 2 |
| --- | --- | --- | --- |
| 材料 | ZG270—500 | 铸造方法 | 砂型铸造 |
| 零件图 | | 铸造工艺图 | |

零件图：

ϕ105　4−ϕ9 均布　其余 12.5
ϕ56　ϕ52　2×ϕ86
9　5　12　6.3　6.3　27　37
ϕ78　ϕ90d10($^{-0.12}_{-0.26}$)　ϕ120

铸造工艺图：

ϕ21　ϕ15　0.25　10°　1:50　上　ϕ105　ϕ56　0.5　4−ϕ9均布　2×ϕ86　ϕ52　+4.5　B　1:50　B
9　4.5　5　+4.5　12　6.3　+4.5　R5　ϕ78　+4.5　6.3　27　37　10　9　15　SR12　25
ϕ90d10($^{-0.12}_{-0.26}$)　5　ϕ120　0.25　ϕ69

A−A　10　9　8
B−B　ϕ15
ϕ43　36°　25　A　A　40°　40°　ϕ15　30

其余 12.5

工艺要求

1. 收缩率1.2%;
2. 起模斜度1%;
3. 未注圆角R3-5;
4. 下型芯后检查型腔，保持浇注通道顺畅;
5. 冒口为明冒口。

| 序号 | 工艺设计步骤 | 工艺步骤简图 | 工艺设计内容 |
| --- | --- | --- | --- |
| 1 | 分析铸件的结构和技术要求,选择铸型种类、造型方法 | | 此件结构形状为盘形回转体,且属于单件、小批生产,故可用湿砂型,手工整模两箱造型 |
| 2 | 浇注位置和分型面的确定 | 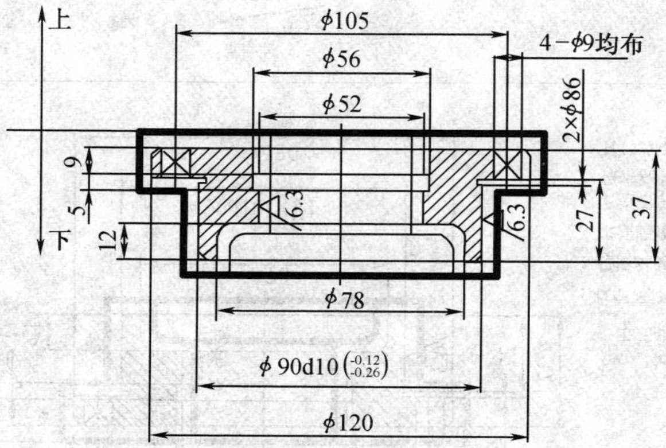 上 下 $\phi$105 $\phi$56 $\phi$52 4−$\phi$9均布 2×$\phi$86 9 5 12 6.3 6.3 27 37 $\phi$78 $\phi 90d10\left(^{-0.12}_{-0.26}\right)$ $\phi$120 | 取图示的最大截面上表面作为分型面,铸件整体处于下砂箱中 |

| 序号 | 工艺设计步骤 | 工艺步骤简图 | 工艺设计内容 |
| --- | --- | --- | --- |
| 3 | 加工余量及有关工艺参数的确定 | 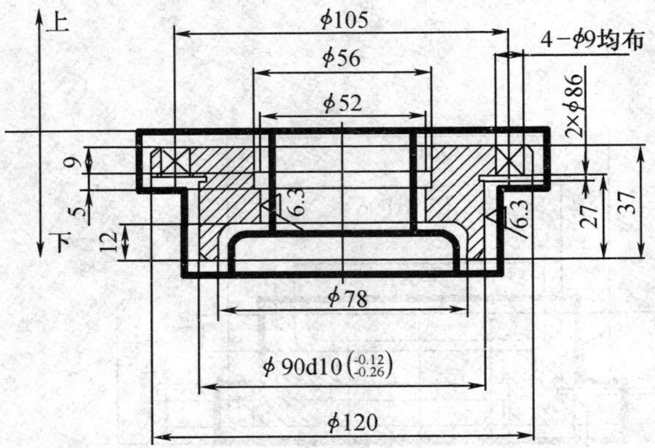 工艺要求<br>1. 收缩率1.2%;<br>2. 起模斜度1%;<br>3. 未注圆角R3-5;<br>4. 下型芯后检查型腔,保持浇注通道顺畅;<br>5. 冒口为明冒口。 | 此件有八处须留加工余量,根据 GB/T6414—1999,CT13,RMA - H/G,查表得各处加工余量数值如图所注,均为 +4.5 mm。其他未注明的拔模斜度取 1°,铸造圆角按相邻壁厚的 1/5 ~ 1/3 计算,应为 3 ~5 mm。收缩率按 1.2% 考虑 |
| 4 | 型芯设计 | 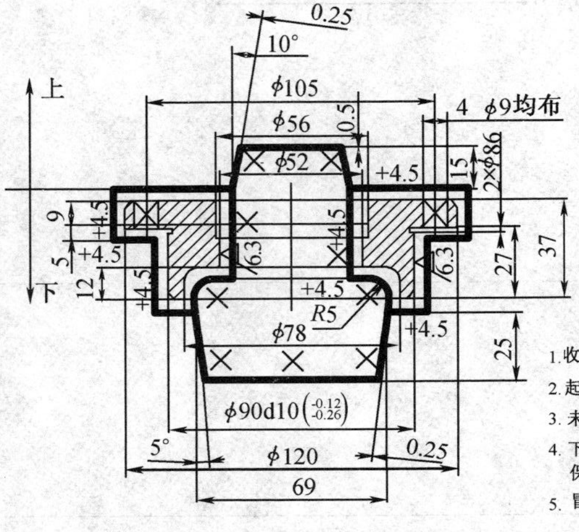 工艺要求<br>1. 收缩率1.2%;<br>2. 起模斜度1%;<br>3. 未注圆角R3-5;<br>4. 下型芯后检查型腔,保持浇注通道顺畅;<br>5. 冒口为明冒口。 | 此件的中心通孔符合铸出条件,考虑此件的形状结构,可以用垂直的型芯铸出,具体的型芯形状及其上下芯头结构尺寸如图所示。而 4 个 $\phi9$ 的小孔不符合铸出条件,用红色线叉掉,表示不铸出(图中画"×"处),留待以后切削加工制出 |

| 序号 | 工艺设计步骤 | 工艺步骤简图 | 工艺设计内容 |
| --- | --- | --- | --- |
| 5 | 浇注系统设计 | 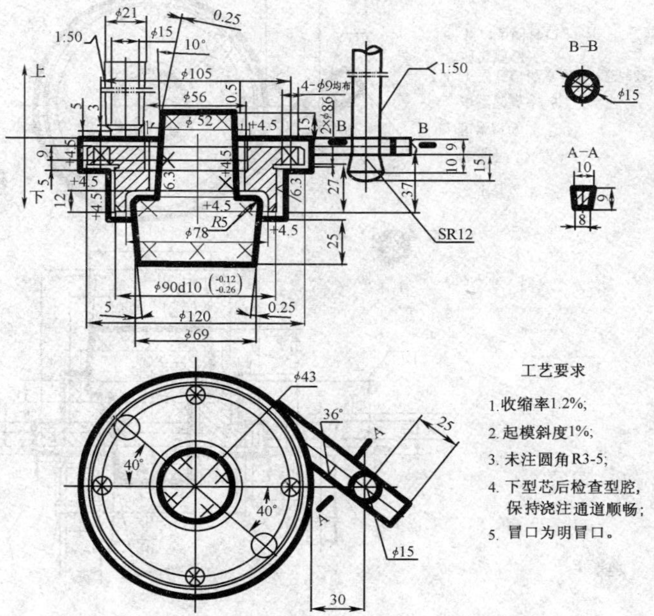 1:50 φ21 φ15 10° 0.25 φ105 φ56 φ52 0.5 4-φ9均布 2×φ86 1:50 B B 上 下 5 3 9 +4.5 5 +4.5 12 +4.5 6.3 4.5 +4.5 R5 φ78 /6.3 +4.5 15 27 37 10 9 15 25 SR12 φ90d10 $\left(\begin{smallmatrix}-0.12\\-0.26\end{smallmatrix}\right)$ 5 φ120 0.25 φ69<br>B–B φ15<br>A–A 10 9 8<br>φ43 36° 25 A A 40° 40° φ15 30<br>工艺要求<br>1.收缩率1.2%;<br>2.起模斜度1%;<br>3.未注圆角R3-5;<br>4.下型芯后检查型腔,保持浇注通道顺畅;<br>5.冒口为明冒口。 | 根据此件的分型结构特点和合金特点,选用直浇道顶注+分型面处切向引入铸型的浇注系统,外加两个明冒口补缩。<br>此件质量为1.280 kg,考虑浇冒口质量,按30%计算,总质量为1.664 kg,壁厚为6 mm,查表得$\sum F_{内}=0.8\ cm^2$,按$F_{直}=1.15\sum F_{内}$计算,得$D=\phi15$ mm,具体尺寸见图中浇注系统部分所示 |

| 序号 | 工艺设计步骤 | 工艺步骤简图 | 工艺设计内容 |
| --- | --- | --- | --- |
| 6 | 铸造工艺图的形成 | 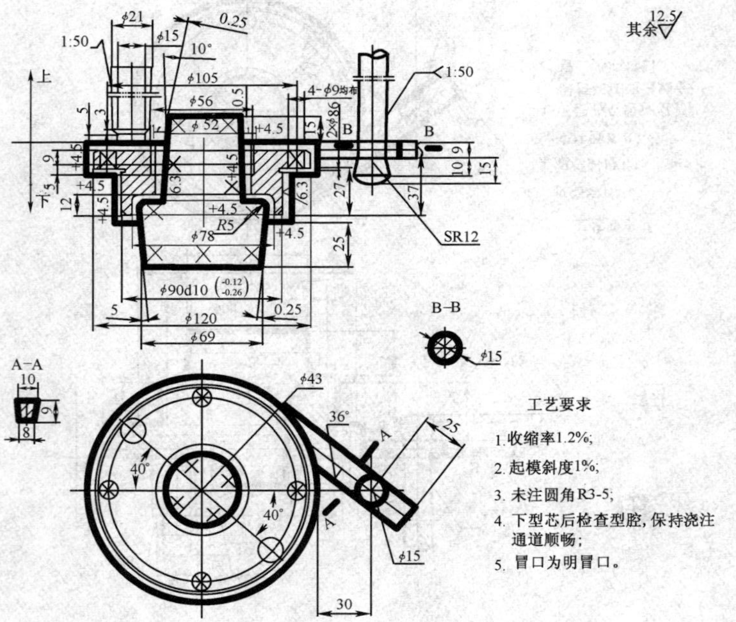 其余 12.5<br>1:50 φ21 φ15 0.25 10° φ105 φ56 φ52 0.5 4-φ9均布 2×φ86 +4.5 15 上 下 5 3 9 12 6.3 R5 φ78 φ90d10 (-0.12/-0.26) φ120 φ69 0.25 5 25 27 37 SR12 B B 10 9 15 1:50<br>B-B φ15<br>A-A 10 9 8<br>φ43 36° 25 40° 40° A A φ15 30<br>工艺要求<br>1. 收缩率1.2%;<br>2. 起模斜度1%;<br>3. 未注圆角R3-5;<br>4. 下型芯后检查型腔,保持浇注通道顺畅;<br>5. 冒口为明冒口。 | 将1、2、3、4、5的处理结果形成铸造工艺图,按工艺图再分别形成模型图、芯盒图及铸型装配图,指导铸造生产和检验,获得铸件 |

### 2.4.5 壳盖的砂型铸造工艺设计

| 铸件名称 | 壳盖 | 件　数 | 2 |
|---|---|---|---|
| 材料 | HT200 | 铸造方法 | 砂型铸造 |

零件图

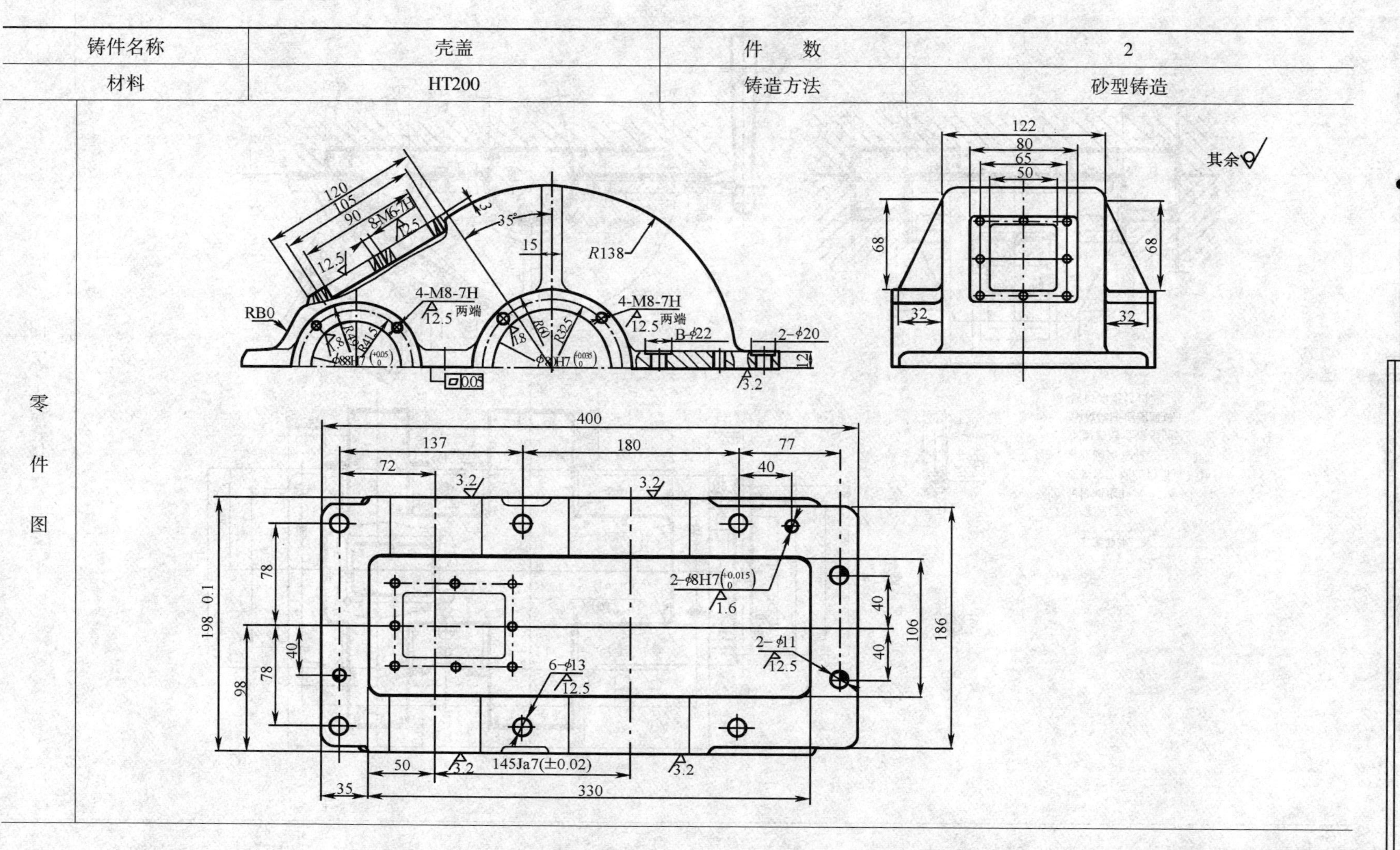

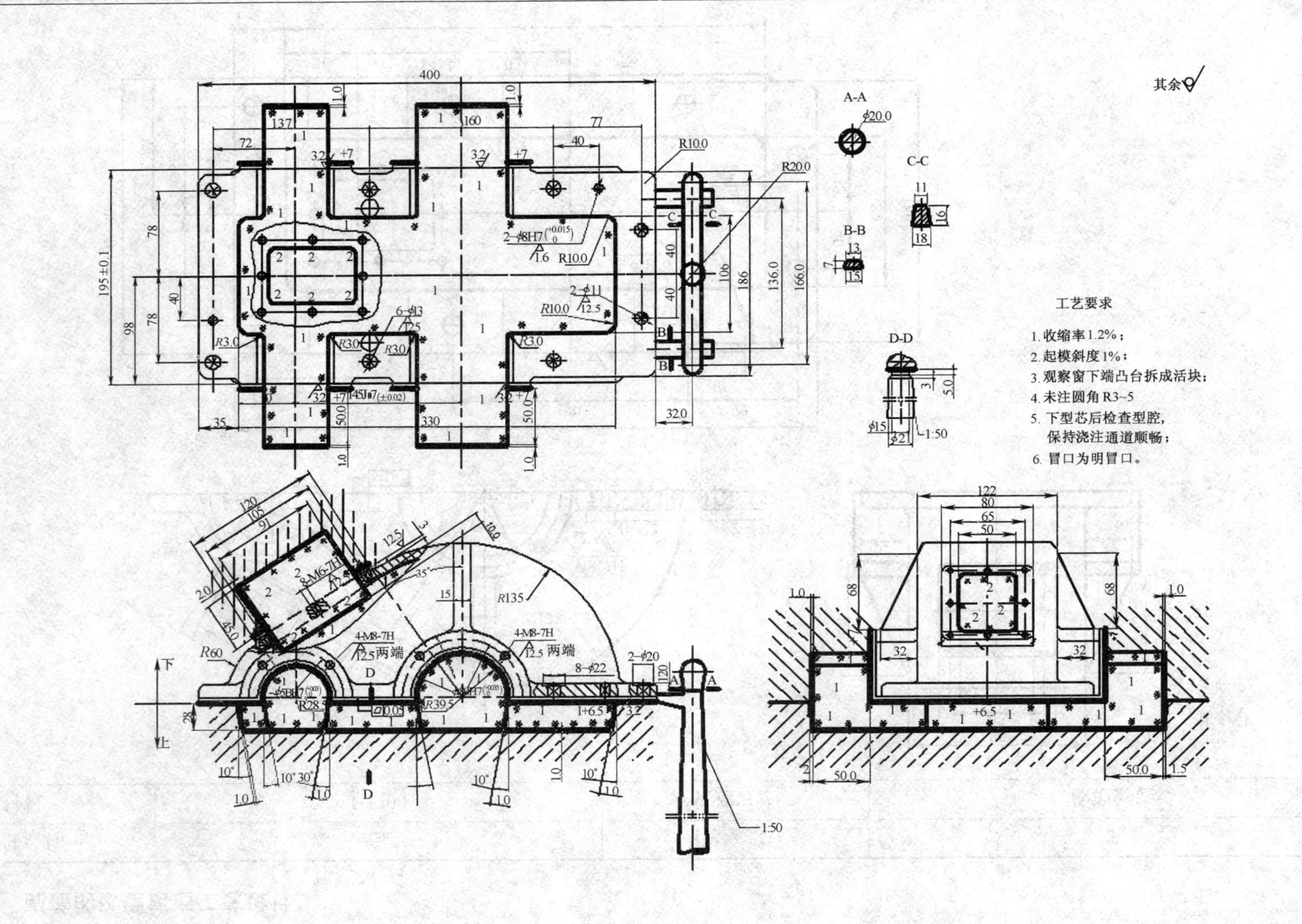
其余
A-A
C-C
B-B
D-D
工艺要求
1. 收缩率1.2%；
2. 起模斜度1%；
3. 观察窗下端凸台拆成活块；
4. 未注圆角R3~5
5. 下型芯后检查型腔，
保持浇注通道顺畅；
6. 冒口为明冒口。


铸造工艺图

| 序号 | 工艺设计步骤 | 工艺步骤简图 | 工艺设计内容 |
| --- | --- | --- | --- |
| 1 | 分析铸件的结构和技术要求，选择铸型种类、造型方法 | | 此件结构形状为箱体，特别适用于铸造成型。因为该件属于单件、小批生产，故可用湿砂型，手工分模两箱造型 |
| 2 | 浇注位置和分型面的确定 | 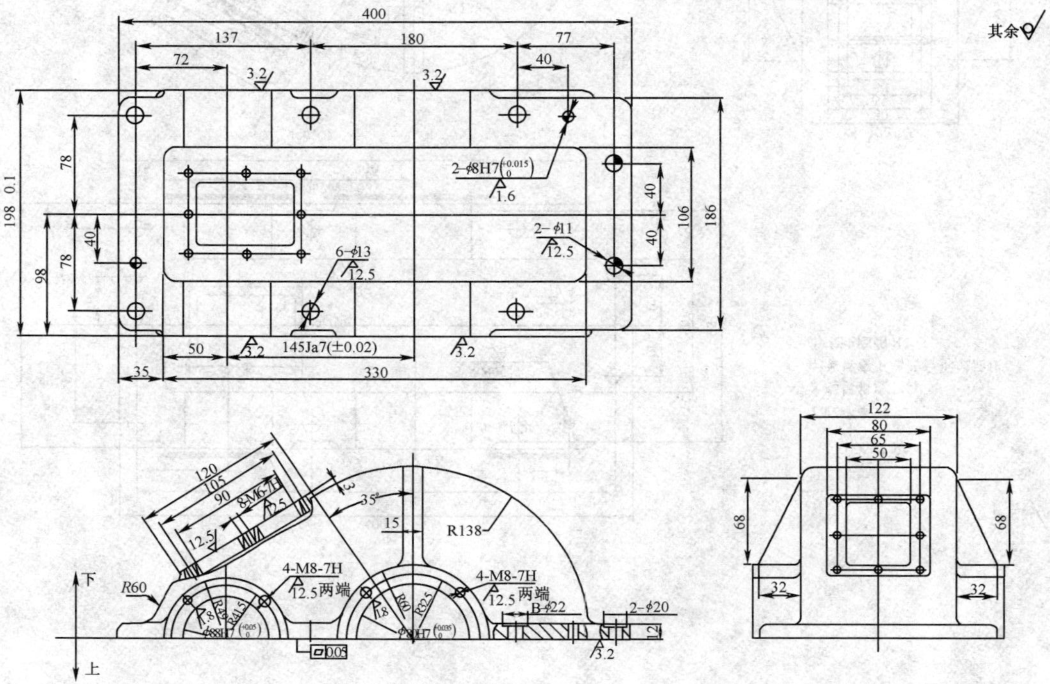 | 取图示的最大截面上表面作为分型面，铸件整体处于下砂箱中。此外，根据该件的结构特点，观察孔处还应该考虑活块造型（具体位置参考下一张图） |

| 序号 | 工艺设计步骤 | 工艺步骤简图 | 工艺设计内容 |
| --- | --- | --- | --- |
| 3 | 加工余量及有关工艺参数的确定 | 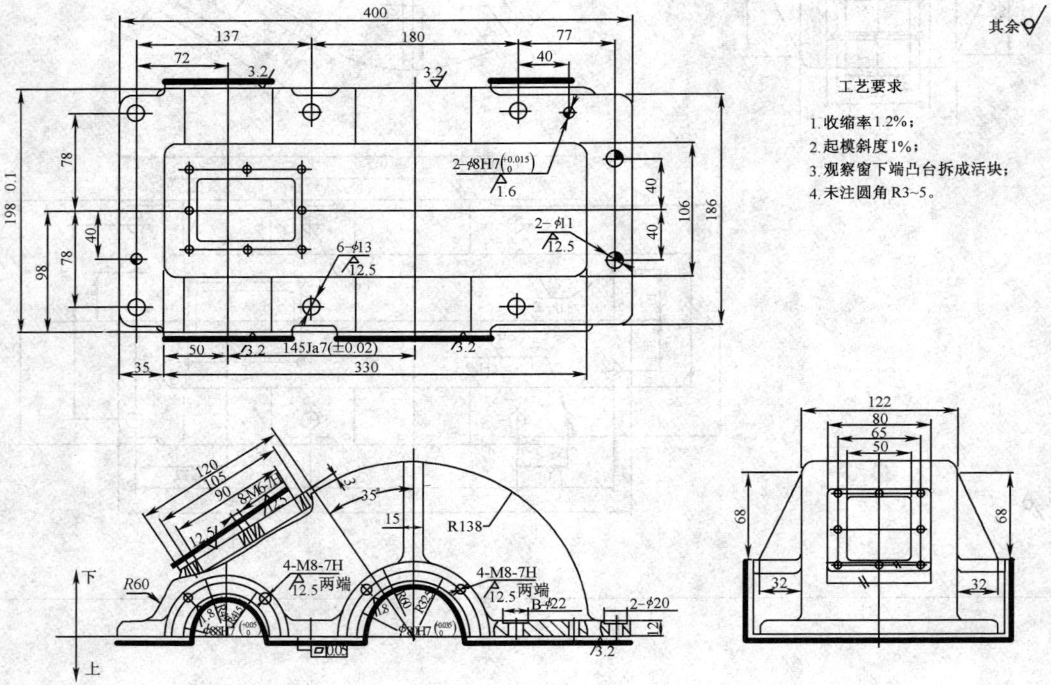 工艺要求<br>1. 收缩率 1.2%；<br>2. 起模斜度 1%；<br>3. 观察窗下端凸台拆成活块；<br>4. 未注圆角 R3~5。 | 此件有八处须留加工余量，根据 GB/T6414—1999，CT13，RMA－H/G，查表得各处加工余量数值如图所注，分别为 +4.0 mm，+5.5 mm，+6.5 mm，+7.0 mm。其他未注明的拔模斜度取 1°，铸造圆角按相邻壁厚的 1/5～1/3 计算，应为 3～5 mm。收缩率按 1.2% 考虑。<br>观察孔部分拆分成活块位置，详见主视图、右视图红线所围成区域（线上画有“\\”部分所围成）。 |

| 序号 | 工艺设计步骤 | 工艺步骤简图 | 工艺设计内容 |
| --- | --- | --- | --- |
| 4 | 型芯设计 | 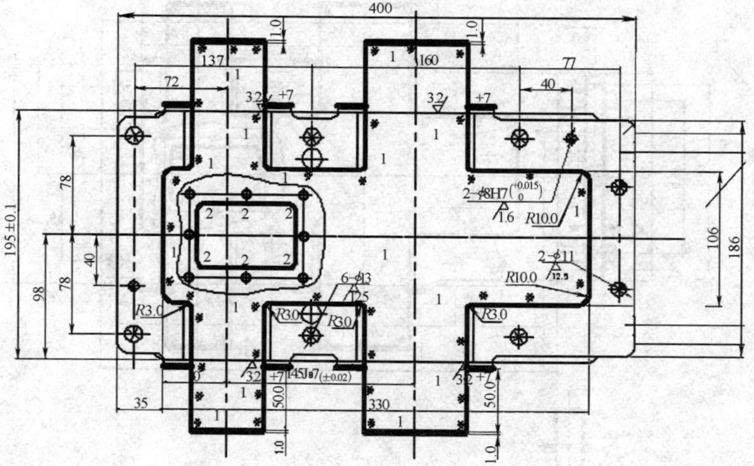 其余<br>400 1.0 137 160 72 77 40 32 +7 195±0.1 78 40 98 2-φ8H7($^{+0.015}_{0}$) 1.6 R10.0 2-φ11 12.5 106 186 6-φ13 25 R3.0 R30 145J7(±0.02) 35 330 50.0<br>工艺要求<br>1. 收缩率1.2%；<br>2. 起模斜度1%；<br>3. 观察窗下端凸台拆成活块；<br>4. 未注圆角R3~5；<br>5. 下型芯后检查型腔，保持浇注通道顺畅；<br>6. 冒口为明冒口。 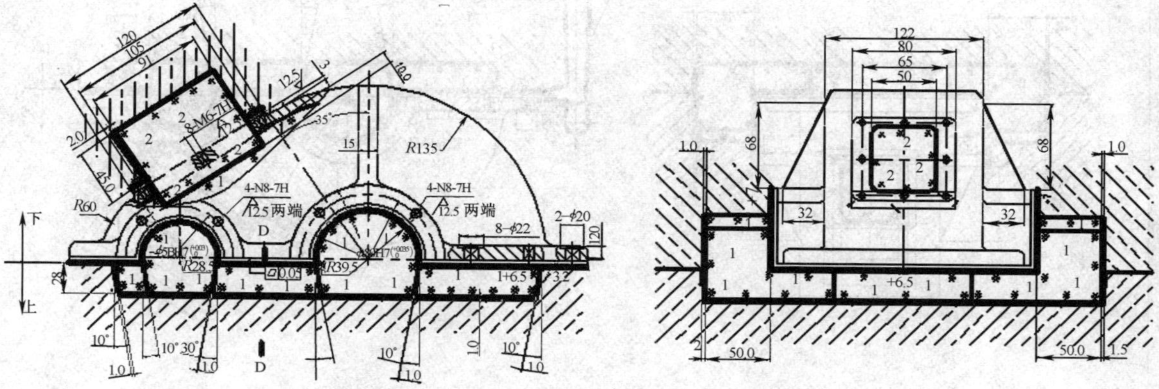<br>120 105 91 2.0 45.0 2-M6-7H 12.5 3 35° 10.0 R135 15 4-N8-7H 12.5两端 2-φ20 8-φ22 120 R60 φ58H7 R28.5 D 0.05 R39.5 1+6.5 3.2 28 下 上 10° 30° 1.0<br>122 80 65 50 68 32 +6.5 1.0 50.0 1.5 2 | 此件的半圆孔、观察孔、空腔符合铸出条件，考虑此件的形状结构，可以用2个型芯铸出（下芯时，为了加强1#型芯的稳定性，可以考虑采用型芯撑支撑定位）。而六个 $\phi13$、两个 $\phi11$、两个 $\phi8$、一个M12、一个M14等的光孔和螺纹孔不符合铸出条件，用红色线叉掉，表示不铸出（图中画“×”处），留待以后切削加工制出 |

| 序号 | 工艺设计步骤 | 工艺步骤简图 | 工艺设计内容 |
| --- | --- | --- | --- |
| 5 | 浇注系统设计 | 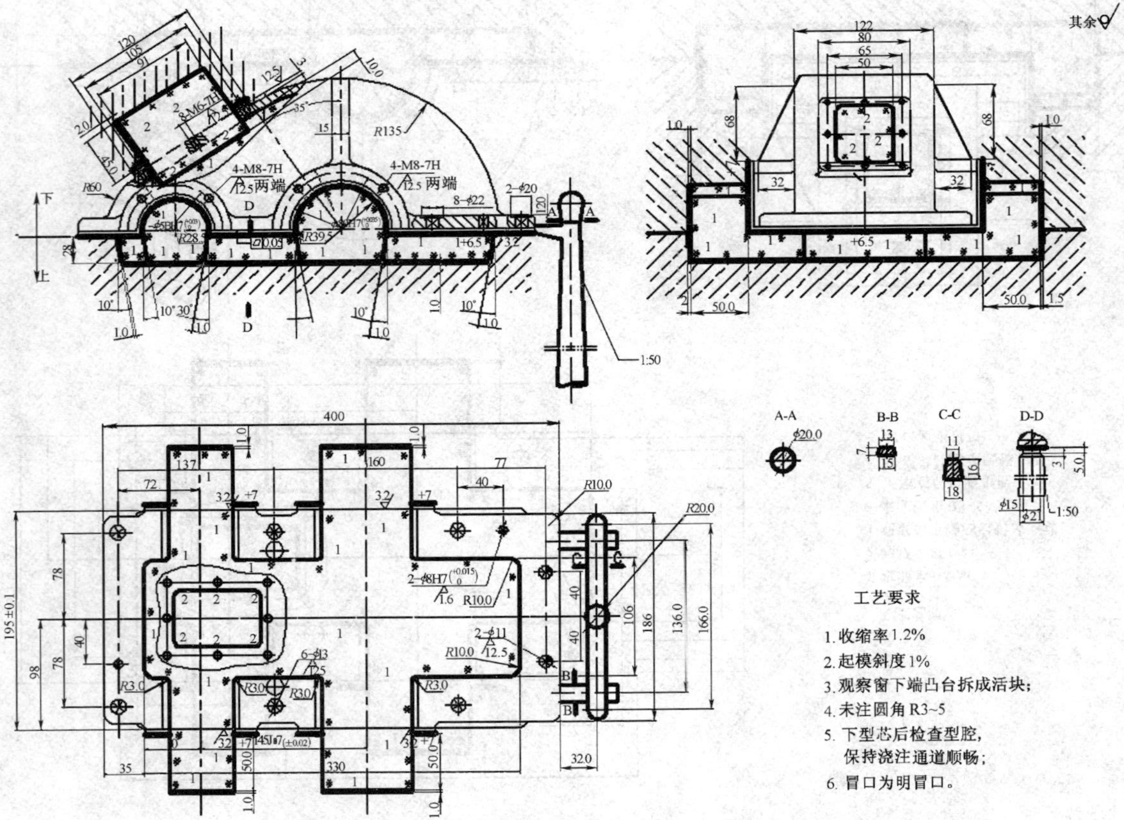 下 上 R60 4-M8-7H 12.5 两端 R135 15 10.0 35° 2-M6-7H 120 105 91 2.0 45.0 12.5 3 D R28 R39.5 0.05 8-φ22 2-φ20 120 A A 1+6.5 3.2 10° 10°30′ 1.0 28 1:50<br>其余 122 80 65 50 68 32 32 1.0 +6.5 50.0 50.0 1.5 2<br>400 1.0 137 160 72 77 40 32 +7 R10.0 R20.0 2-φ8H7 1.6 R10.0 2-φ11 12.5 6-φ13 25 R3.0 R30 195±0.1 98 78 40 78 35 4-φ15H7 330 50.0 32.0 106 186 136.0 166.0 B B<br>A-A φ20.0 B-B 13 7 15 C-C 11 16 18 D-D 3 5.0 φ15 φ21 1:50<br>工艺要求<br>1. 收缩率 1.2%<br>2. 起模斜度 1%<br>3. 观察窗下端凸台拆成活块;<br>4. 未注圆角 R3~5<br>5. 下型芯后检查型腔,保持浇注通道顺畅;<br>6. 冒口为明冒口。 | 根据此件的分型结构特点和合金特点,采用完整的内-横-直浇注系统将合金液体引入铸型,同时可以考虑外加两个明冒口补缩(铸铁件一般不用冒口),见 $D—D$ 视图所示。<br>此件质量为 9.82 kg,考虑浇冒口质量,按 30% 计算,总质量为 12.76 kg,壁厚为 10~15 mm,局部为 8 mm,查表得 $\sum F_{内}=2.0\ cm^2$,$F_{内}=1.0\ cm^2$;按 $\sum F_{横}=1.1\sum F_{内}$ 计算,得 $F_{横}=2.2\ cm^2$,取为 $2.4\ cm^2$;按 $F_{直}=1.15\sum F_{内}$ 计算,得 $F_{直}=2.3\ cm^2$,算得 $D=\phi 17.12$ mm,取整为 $D=\phi 20$ mm;各部分浇道截面尺寸具体见图中 $A—A$、$B—B$、$C—C$ 所示 |

| 序号 | 工艺设计步骤 | 工艺步骤简图 | 工艺设计内容 |
| --- | --- | --- | --- |
| 6 | 铸造工艺图的形成 | 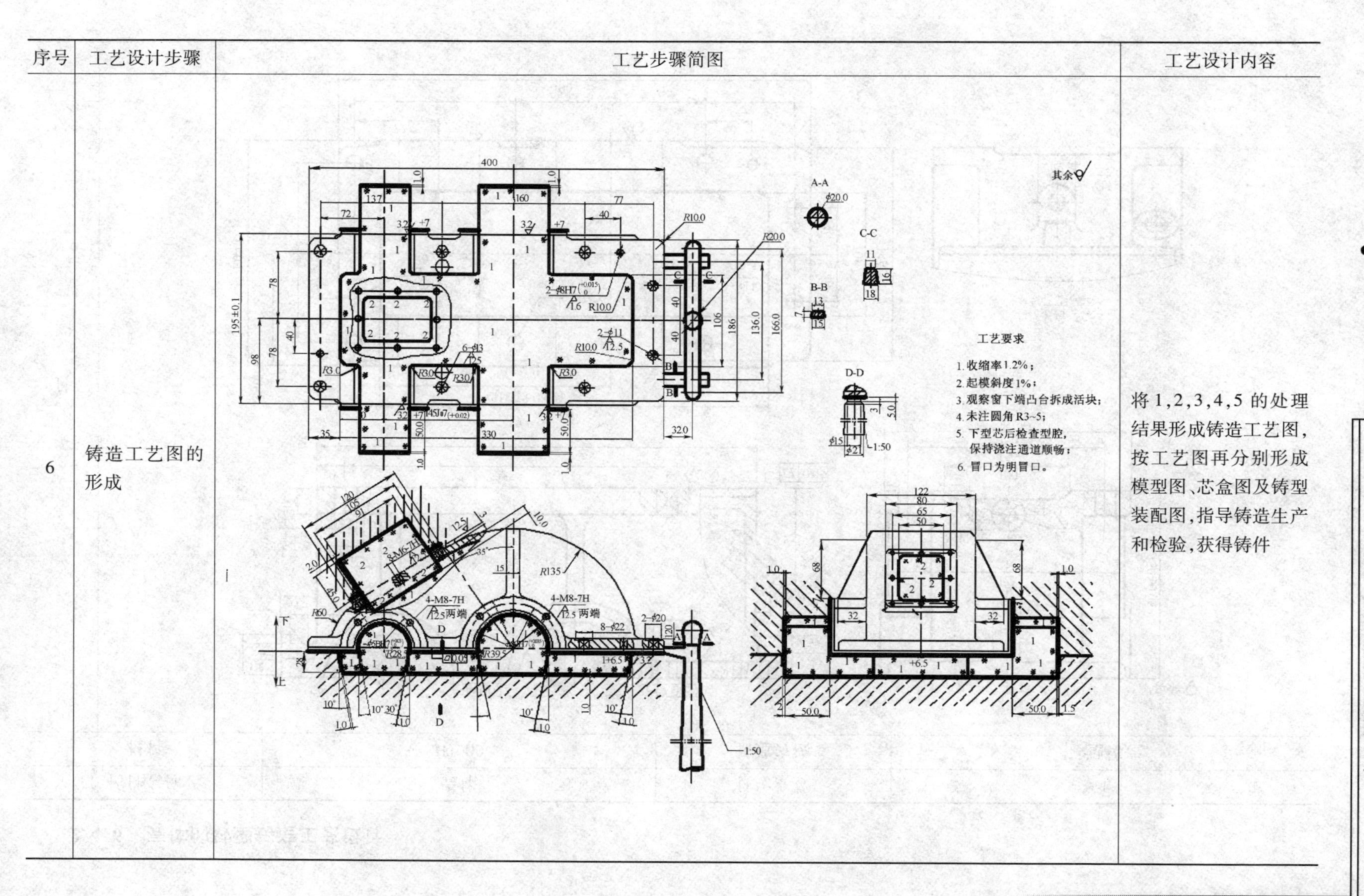 | 将1,2,3,4,5的处理结果形成铸造工艺图，按工艺图再分别形成模型图、芯盒图及铸型装配图，指导铸造生产和检验，获得铸件 |

### 2.4.6 壳体的砂型铸造工艺设计

| 铸件名称 | 壳体 | 件　数 | 1 |
|---|---|---|---|
| 材料 | HT200 | 铸造方法 | 砂型铸造 |

零件图

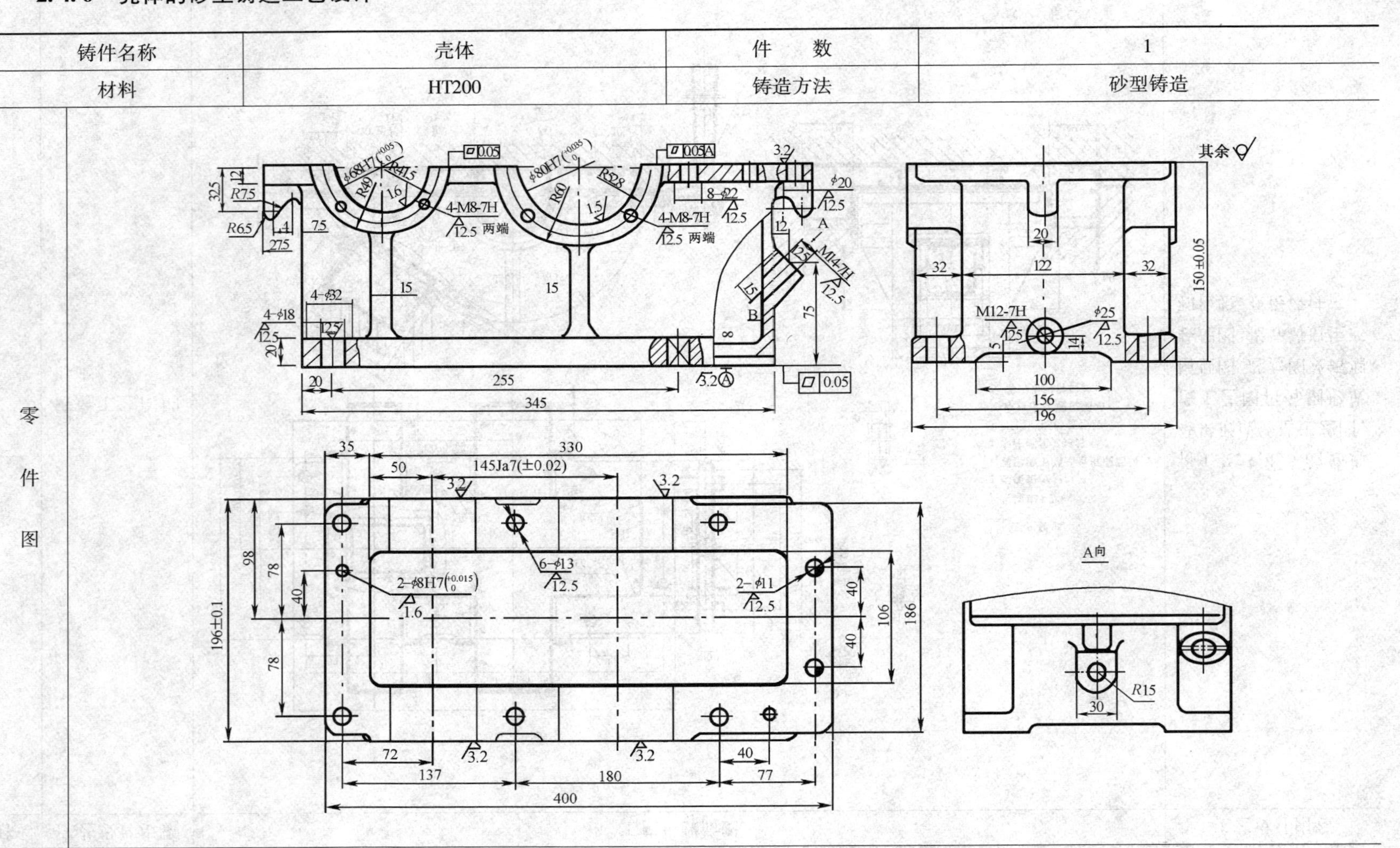

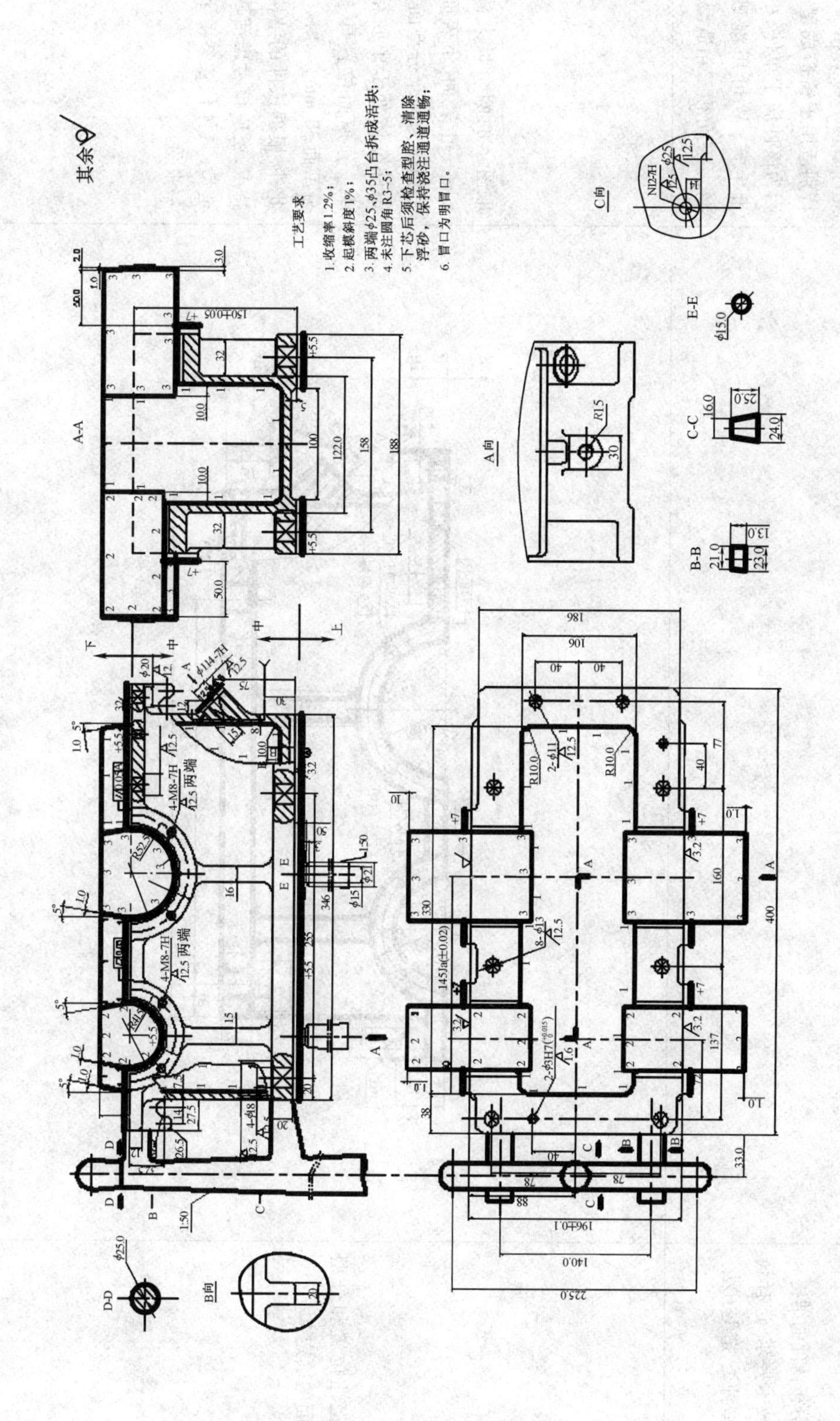
其余
工艺要求
1. 收缩率1.2%；
2. 起模斜度1%；
3. 两端φ25、φ35凸台拆成活块；
4. 未注圆角R3~5；
5. 下芯后须检查型腔、清除浮砂，保持浇注通道通畅；
6. 冒口为明冒口。
A-A
A向
B向
C向
B-B
C-C
D-D
E-E
上
中
下

铸造工艺图

| 序号 | 工艺设计步骤 | 工艺步骤简图 | 工艺设计内容 |
| --- | --- | --- | --- |
| 1 | 分析铸件的结构和技术要求，选择铸型种类、造型方法 | | 此件结构形状为箱体，特别适用于铸造成型。因为该件属于单件、小批生产，故可用湿砂型，手工分模三箱造型 |
| 2 | 浇注位置和分型面的确定 | 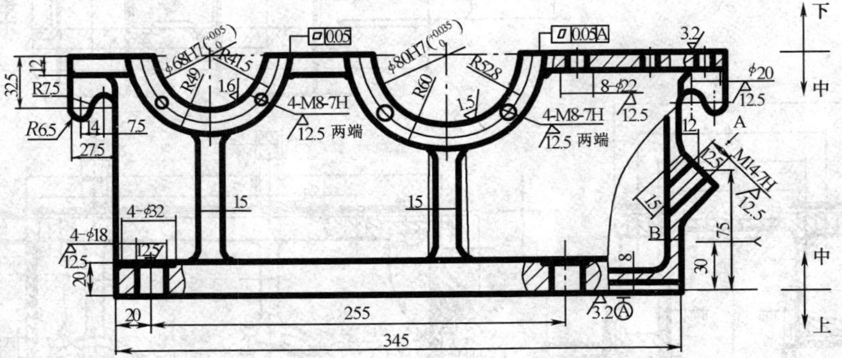 下<br>中<br>中<br>上<br>$\phi$68H7($^{+0.05}_{0}$) R49 R41.5 16 4-M8-7H 12.5 两端 0.05 $\phi$80H7($^{+0.035}_{0}$) R60 R52.8 1.5 4-M8-7H 12.5 两端 0.05 A 3.2 $\phi$20 12.5 8-$\phi$22 12.5 12 A M14-7H 12.5 12.5 15 B 75 30 8 3.2 A 32.5 12 R7.5 R6.5 14 7.5 27.5 15 15 4-$\phi$32 4-$\phi$18 12.5 12.5 20 20 255 345 | 取图示的两个最大截面——上表面、下表面分别作为两个分型面，铸件整体处于中砂箱中。分模面位置具上分型面 30 mm。<br>此外，根据该件的结构特点，还应该考虑活块造型（具体位置参考下一张图） |

| 序号 | 工艺设计步骤 | 工艺步骤简图 | 工艺设计内容 |
| --- | --- | --- | --- |
| 3 | 加工余量及有关工艺参数的确定 | 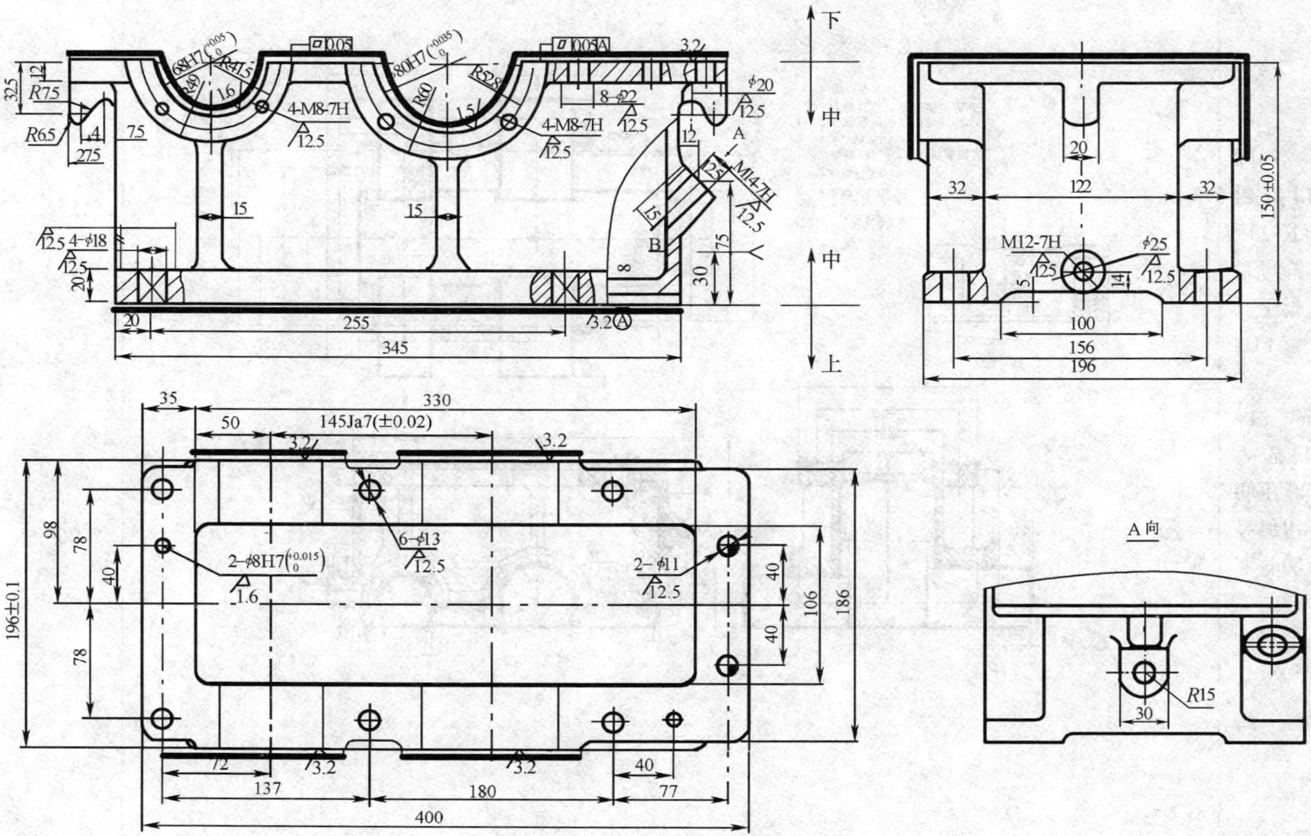 A向 | 此件有七处须留加工余量，根据GB/T6414—1999，CT13，RMA－H/G，查表得各处加工余量数值如图所注，分别为＋4.5 mm，＋5.5 mm，＋7.0 mm。其他未注明的拔模斜度取1°，铸造圆角按相邻壁厚的1/5～1/3计算，应为3～5 mm。收缩率按1.2%考虑 |

| 序号 | 工艺设计步骤 | 工艺步骤简图 | 工艺设计内容 |
|---|---|---|---|
| 4 | 型芯设计 | 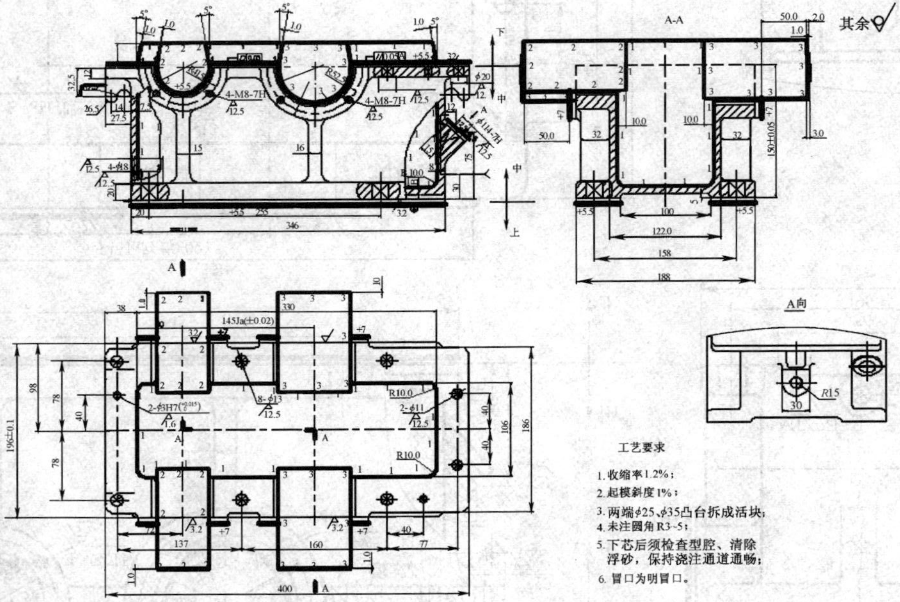A-A<br>A向<br>其余<br>工艺要求<br>1. 收缩率1.2%；<br>2. 起模斜度1%；<br>3. 两端$\phi$25、$\phi$35凸台拆成活块；<br>4. 未注圆角R3~5；<br>5. 下芯后须检查型腔、清除浮砂，保持浇注通道通畅；<br>6. 冒口为明冒口。 | 此件的半圆孔、空腔符合铸出条件，考虑此件的形状结构，可以用3个型芯铸出。而六个$\phi$13、两个$\phi$11、两个$\phi$8、一个M12、一个M14等的光孔和螺纹孔不符合铸出条件，用红色线叉掉，表示不铸出（图中画“×”处），留待以后切削加工制出 |

| 序号 | 工艺设计步骤 | 工艺步骤简图 | 工艺设计内容 |
| --- | --- | --- | --- |
| 5 | 型芯设计 | 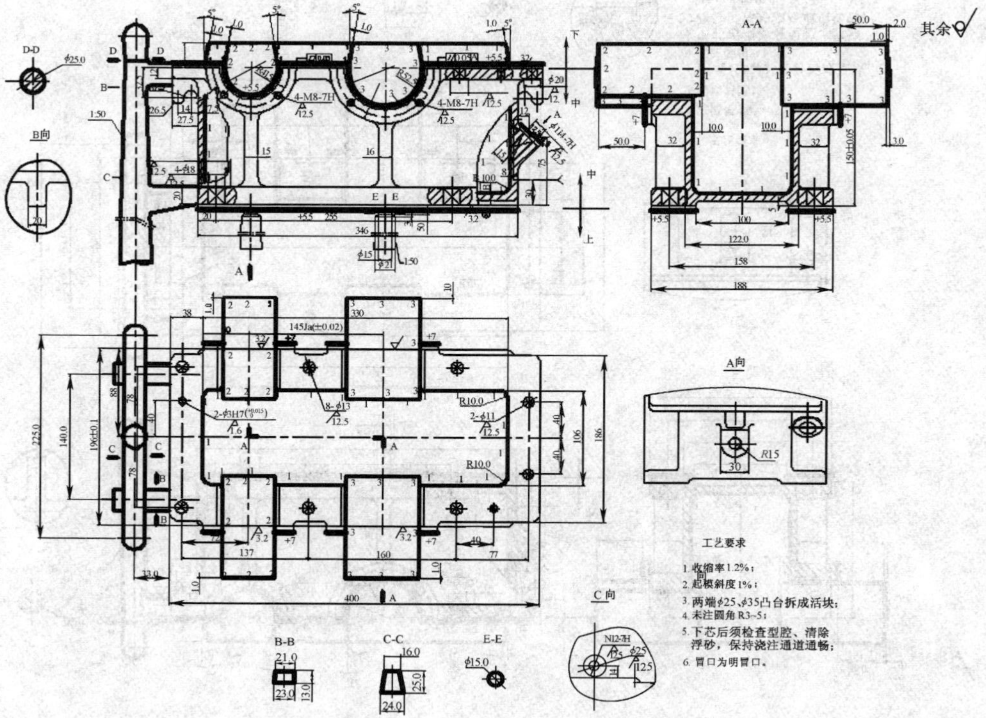A-A<br>A向<br>B向<br>C向<br>B-B<br>C-C<br>D-D<br>E-E<br>其余<br>工艺要求<br>1. 收缩率1.2%；<br>2. 起模斜度1%；<br>3. 两端φ25、φ35凸台拆成活块；<br>4. 未注圆角R3~5；<br>5. 下芯后须检查型腔、清除浮砂，保持浇注通道通畅；<br>6. 冒口为明冒口。 | 根据此件的分型结构特点和合金特点，采用完整的内－横－直浇注系统将合金液体引入铸型，同时可以考虑外加四个明冒口补缩（铸铁件一般不用冒口）。<br>此件质量为 24.1 kg，考虑浇冒口质量，按 30% 计算，总质量为 31.3 kg，壁厚为 10～15 mm，局部为 8 mm，查表得 $\sum F_{内} = 4.0\ cm^2$，$F_{内} = 2.0\ cm^2$；按 $\sum F_{横} = 1.1\sum F_{内}$ 计算，得 $F_{横} = 4.4\ cm^2$，取为 $5.0\ cm^2$；按 $F_{直} = 1.15\sum F_{内}$ 计算，得 $F_{直} = 4.6\ cm^2$，算得 $D = \phi 24.21$ mm，取整为 $D = \phi 25$ mm；各部分浇道截面尺寸具体见图中 $B—B$、$C—C$、$D—D$ 等所示 |

| 序号 | 工艺设计步骤 | 工艺步骤简图 | 工艺设计内容 |
|---|---|---|---|
| 6 | 铸造工艺图的形成 | 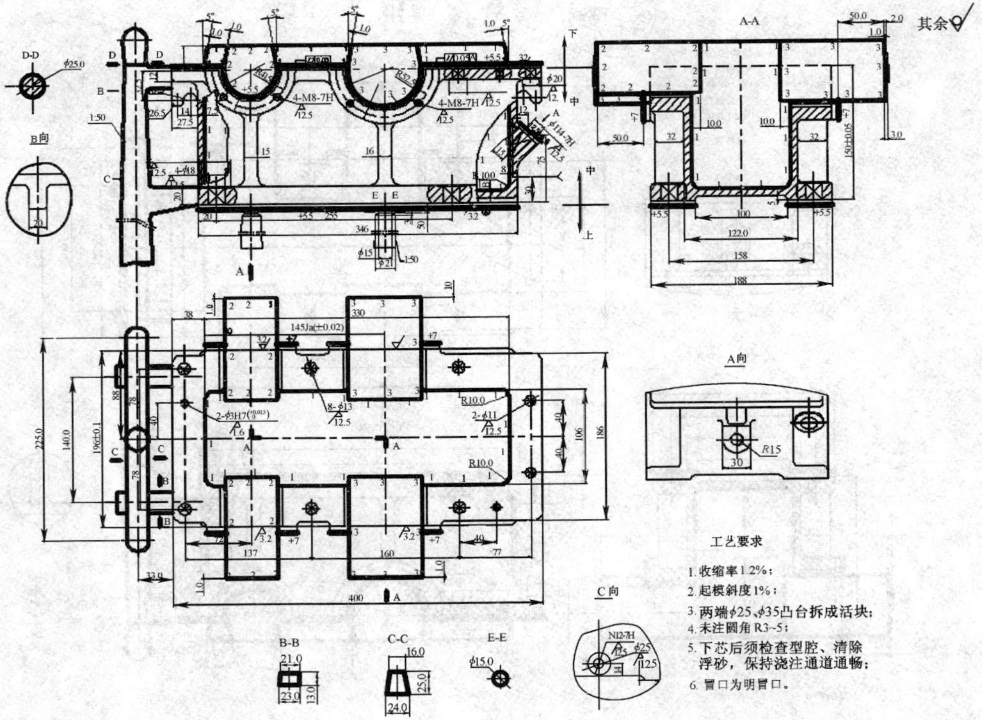 工艺要求<br>1.收缩率1.2%；<br>2.起模斜度1%；<br>3.两端$\phi$25、$\phi$35凸台拆成活块；<br>4.未注圆角R3~5；<br>5.下芯后须检查型腔、清除浮砂，保持浇注通道通畅；<br>6.冒口为明冒口。 | 将1、2、3、4、5的处理结果形成铸造工艺图，按工艺图再分别形成模型图、芯盒图及铸型装配图，指导铸造生产和检验，获得铸件 |

# 第3章　锻造工艺设计训练

## 3.1 锻造概述

锻造是利用锻压机械对坯料施加压力，使之产生塑性变形，从而获得具有一定机械性能、形状和尺寸的锻件的一种加工方法。为了使金属材料在高塑性下成型，通常锻造是在热态下进行的，因此锻造也称为热锻。

### 3.1.1　锻造特点

通常金属的强度会随着自身温度的升高而下降，从而可以提高锻造坯料的塑性，降低变形抗力，使金属易于流动成形。此外，锻造还可以使锻件获得良好的组织和力学性能。锻造的适应范围比较广，锻件的质量可以小至不足1 kg，大至数百吨。

### 3.1.2　锻造应用

对力学性能要求较高的零件，锻造是一种质量高又经常使用的成形方法。目前，锻造已经得到了越来越广泛的应用。例如，发电设备中主轴、转子、叶轮、护环等重要零件的毛坯都是由锻件制成的。按质量计算，飞机上有85%左右的构件是锻件。汽车上有17%～19%的零件是锻件。

### 3.1.3　锻造方法及分类

按所用工具及模具安装情况不同，锻造可分自由锻，胎模锻和模锻。

只用简单的通用性工具，或在锻压设备的上、下砧间直接使坯料成形而获得所需几何形状及内部质量的锻件的加工方法称为自由锻。根据锻造设备的类型及作用力的性质，自由锻可分为手工锻造、锤上自由锻造和液压机上自由锻造。

在专用模锻设备上利用模具使毛坯成型而获得锻件的锻造方法称为模锻。根据设备不同，模锻分为锤上模锻，曲柄压力机模锻，平锻机模锻，摩擦压力机模锻和水压机模锻等。

胎模锻是采用自由锻方法制坯，然后在胎模中最后形成的一种锻造方法，也可以看作是介于自由锻和模锻之间的锻造方法。

按变形温度锻造可分为热锻、冷锻、温锻和等温锻造。

热锻是在金属再结晶温度以上进行的锻造。冷锻是在低于金属再结晶温度下的锻造，通常所说的冷锻多指在常温下进行的锻造。温锻是介于热锻及冷锻之间的锻造。等温锻造俗称等温锻，主要是模具与成形件处在基本相同的温度，因此需要带有模具加热及控温装置。

通常，单件、小批量生产采用自由锻方法，而大批量生产的锻件则需采取模锻方法生产。但有些航空重要产品上的锻件，虽然批量不大，但由于流线和性能等方面的要求，要求工艺的一致性等，通常也采用模锻方法生产。

## 3.2 自由锻造工艺设计

本节主要介绍锤上自由锻造工艺设计。

### 3.2.1 自由锻造工序

根据各工序变形性质和变形程度的不同,自由锻造工序可分为基本工序、辅助工序和精整工序三大类。

基本工序是使金属坯料产生一定程度的塑性变形,以得到所需形状和尺寸或改善其材质性能的工艺过程。它是锻件成形过程中必需的变形工序,如镦粗、拔长、冲孔、弯曲、切割、扭转和错移等,而实际生产中最常用的是镦粗、拔长和冲孔三种工序。

辅助工序是为基本工序操作方便而进行的预变形工序,如压钳口、压钢锭棱边和压肩等。

精整工序是在完成基本工序之后,用以提高锻件尺寸及位置精度的工序,如镦粗后的鼓形滚圆和截面滚圆,凸起、凹下及不平和有压痕面的平整,拔长后的弯曲校直和锻斜后的校正等。

自由锻件的成形基本都是这三类工序的组合。

### 3.2.2 自由锻工艺规程的内容

自由锻工艺规程是指导锻件生产的依据,也是生产管理和质量检验的依据。其主要内容包括:

①根据零件图绘制锻件图;

②确定坯料质量和尺寸;

③确定变形工艺及选用工具;

④选择锻压设备;

⑤确定锻造温度范围、制订坯料加热和锻件冷却规范;

⑥制订锻件热处理规范;

⑦提出锻件的技术条件和检验要求;

⑧填写工艺规程卡片。

1. 绘制锻件图

锻件图是在零件图基础上,加上锻造余块、机械加工余量和锻造公差等绘制而成的。

(1)锻件余块

当零件上带有凹槽、台阶、凸肩及小孔等难以用自由锻方法锻出的结构,通常都需填满金属以简化锻件的形状,便于进行锻造,而增加的这一部分金属,称为锻件余块,如图 3.1 所示。

(2)机械加工余量

自由锻件的精度和表面质量都很低,一般达不到零件图的要求,锻后需要进行机械加工。为此,锻件表面留有供机械加工用的金属层,即机械加工余量(以下简称余量),如图 3.1 所示。余量的大小与零件的形状和尺寸、加工精度和表面粗糙度要求、锻造加热质量、设备工具精度和操作者技术水平等有关。零件越大,形状越复杂,则余量越大。

(3)锻件公差

在实际锻造生产中,由于各种因素影响,如锻造时测量误差,终锻温度的差异,工具与设备状态和操作者技术水平等,锻件的实际尺寸不可能达到锻件的公称尺寸,允许有一定限度的误差,叫作锻造公差。

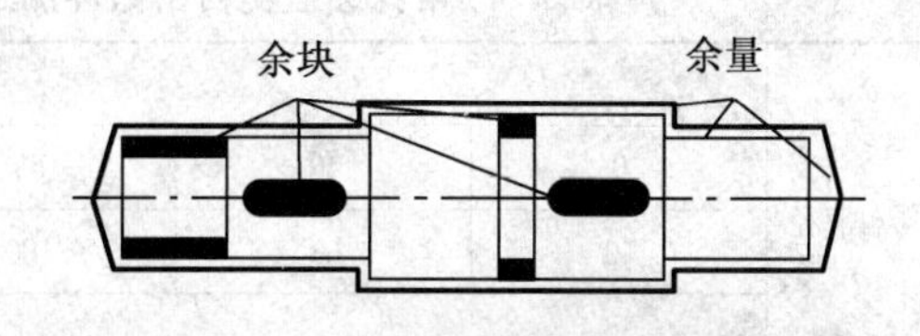


**图 3.1 带键槽轴类锻件余块和机械加工余量**

锤上钢质台阶轴类锻件的机械加工余量与公差见表 3.1。台阶和凹档的锻出条件如表 3.2 所示。带孔圆盘类自由锻件机械加工余量与公差见表 3.3。

**表 3.1 台阶轴类锻件机械加工余量(GB/T 15826.7—1995)** 单位:mm

| 零件最大直径 $D$ | | 零件总长 $L$ | | | | | | |
|---|---|---|---|---|---|---|---|---|
| | | 大于 | 0 | 315 | 630 | 1 000 | 1 600 | 2 500 |
| | | 至 | 315 | 630 | 1 000 | 1 600 | 2 500 | 4 000 |
| | | 余量 $\alpha$ 与极限偏差 | | | | | | |
| 大于 | 至 | 锻件精度等级 F | | | | | | |
| 0 | 40 | | 7 ±2 | 8 ±3 | 9 ±3 | 10 ±4 | | |
| 40 | 63 | | 8 ±3 | 9 ±3 | 10 ±4 | 12 ±5 | 13 ±5 | |
| 60 | 100 | | 9 ±3 | 10 ±4 | 11 ±4 | 13 ±5 | 14 ±6 | 16 ±7 |
| 100 | 160 | | 10 ±4 | 11 ±4 | 12 ±5 | 14 ±6 | 15 ±6 | 17 ±7 |
| 160 | 200 | | | 12 ±5 | 13 ±5 | 15 ±6 | 16 ±7 | 18 ±8 |
| 200 | 250 | | | 13 ±5 | 14 ±6 | 16 ±7 | 17 ±7 | 19 ±8 |
| 250 | 315 | | | | 16 ±7 | 18 ±8 | 19 ±8 | 21 ±9 |

**表 3.2 台阶和凹档的锻出条件** 单位:mm

| 台阶高度 $h$ | | 零件总长度 $L$ | | 零件相邻台阶的直径 $D$ | | | | | |
|---|---|---|---|---|---|---|---|---|---|
| | | | | 0 | 40 | 63 | 100 | 160 | 200 |
| | | | | 40 | 63 | 100 | 160 | 200 | 250 |
| 大于 | 至 | 大于 | 至 | 锻出台阶或凹档最小长度的计算基数 $l$ | | | | | |
| 5 | 8 | 0 | 315 | 100 | 120 | 140 | 160 | 180 | |
| | | 315 | 630 | 140 | 160 | 180 | 210 | 240 | |
| | | 630 | 1 000 | 180 | 210 | 240 | 270 | 300 | |
| 8 | 14 | 0 | 315 | 70 | 80 | 90 | 100 | 110 | 120 |
| | | 315 | 630 | 90 | 100 | 110 | 120 | 140 | 160 |
| | | 630 | 1 000 | 110 | 120 | 140 | 160 | 180 | 210 |
| 14 | 23 | 0 | 315 | | 60 | 70 | 80 | 90 | 100 |
| | | 315 | 630 | | 80 | 90 | 100 | 110 | 120 |
| | | 630 | 1 000 | | 100 | 110 | 120 | 140 | 160 |

表 3.3　带孔圆盘类自由锻件加工余量与公差(GB/T 15826.3—1995)

| 零件直径 D | | 零件高度 H | | | | | | | | | | | | | | | | | |
|---|---|---|---|---|---|---|---|---|---|---|---|---|---|---|---|---|---|---|---|
| | | 0 | | | 40 | | | 63 | | | 100 | | | 160 | | | 200 | | |
| | | 40 | | | 63 | | | 100 | | | 160 | | | 200 | | | 250 | | |
| | | 加工余量 $a,b,c$ 与极限偏差 | | | | | | | | | | | | | | | | | |
| | | $a$ | $b$ | $c$ | $a$ | $b$ | $c$ | $a$ | $b$ | $c$ | $a$ | $b$ | $c$ | $a$ | $b$ | $c$ | $a$ | $b$ | $c$ |
| 大 | 至 | 锻件精度等级 F | | | | | | | | | | | | | | | | | |
| 63 | 100 | 6±2 | 6±2 | 9±3 | 6±2 | 6±2 | 9±3 | 7±2 | 7±2 | 11±4 | 8±3 | 8±3 | 12±5 | | | | | | |
| 100 | 160 | 7±2 | 6±2 | 11±4 | 7±2 | 6±2 | 11±4 | 8±3 | 7±2 | 12±5 | 8±3 | 8±3 | 12±5 | 9±3 | 9±3 | 14±6 | 11±4 | 11±4 | 17±7 |
| 160 | 200 | 8±3 | 6±2 | 12±5 | 8±3 | 7±2 | 12±5 | 8±3 | 8±3 | 12±5 | 9±3 | 9±3 | 14±6 | 10±4 | 10±4 | 15±6 | 12±5 | 12±5 | 18±8 |
| 200 | 250 | 9±3 | 7±2 | 14±6 | 9±3 | 7±2 | 14±6 | 9±3 | 8±3 | 14±6 | 10±4 | 9±3 | 15±6 | 11±4 | 10±4 | 17±7 | 12±5 | 12±5 | 18±8 |
| 250 | 315 | 10±4 | 8±3 | 15±6 | 10±4 | 8±3 | 15±6 | 10±4 | 9±3 | 15±6 | 11±4 | 10±4 | 17±7 | 12±5 | 11±4 | 18±8 | 13±5 | 12±5 | 20±8 |
| 315 | 400 | 12±5 | 9±3 | 18±8 | 12±5 | 9±3 | 18±8 | 12±5 | 10±4 | 18±8 | 13±5 | 11±4 | 20±8 | 14±6 | 12±5 | 21±9 | 15±6 | 13±5 | 23±10 |
| 400 | 500 | | | | 14±6 | 10±4 | 21±9 | 14±6 | 11±4 | 21±9 | 15±6 | 12±5 | 23±10 | 16±7 | 14±6 | 24±10 | 17±7 | 15±6 | 26±11 |

注:$a$—直径双边加工余量与公差;$b$—高度双边加工余量与公差;$c$—内孔双边加工余量与公差。

当锻件余块、机械加工余量和锻件公差等确定好之后,便可绘制锻件图。锻件图上的锻件外形用粗实线,为了便于了解零件的形状和检查锻后的实际余量,在锻件图内还要用假想线(一线两点的点画线,或细实线画出零件的简单形状)画出零件的主要轮廓形状,并在锻件线的下面用圆括号标出零件尺寸。锻件的尺寸和公差标注在尺寸线上面,零件的尺寸加括号标注在尺寸线下面。在图上无法表示的某些条件,可以技术条件的方式加以说明。图 3.2 所示为一典型锻件的锻件图。

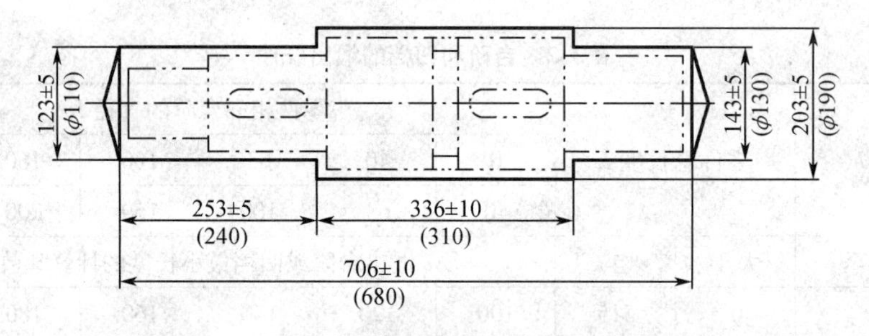


图 3.2　典型锻件的锻件图

2. 确定毛坯的质量和尺寸

(1)毛坯质量的计算

自由锻所用毛坯质量为锻件的质量与锻造时各种金属损耗的质量之和,计算质量的公式如下:

$$m_{\text{毛坯}} = m_{\text{锻件}} + m_{\text{切头}} + m_{\text{烧损}} \tag{3.1}$$

式中　$m_{\text{毛坯}}$——所需的锻造前的原毛坯质量;

$m_{\text{锻件}}$——锻件质量;

$m_{\text{切头}}$——锻造过程中切掉的料头等的质量;

$m_{烧损}$——烧损的质量。

锻件质量 $m_{锻件}$ 根据锻件图决定。对于复杂形状的锻件,一般先将锻件分成形状简单的几个单元体,然后按公称尺寸计算每个单元体的体积,$m_{锻件}$ 可按下式求得

$$m_{锻件} = \rho V_{锻件} \tag{3.2}$$

$m_{切头}$ 包括修切锻件端部时的料头质量和冲孔芯料等,端部料头的计算方法见表 3.4 。冲孔芯料决定于冲孔方法和锻件尺寸,计算方法见表 3.5。

**表 3.4 冲、切掉的钢料质量计算**

| 毛坯形状 | 端部料头体积 $V_{切}/mm^3$ | 端部料头质量 $G_{切}/kg$ | 备注 |
|---|---|---|---|
| 圆形 | $(0.21 \sim 0.23)D^3$ | $V_{切} \cdot \rho$<br>($\rho$ 为材料密度) | $D$—锻件直径/mm<br>$A$—锻件宽度/mm<br>$H$—锻件厚度/mm |
| 方形 | $(0.28 \sim 0.30)A^2H$ | | |

**表 3.5 冲孔芯料的计算**

| 冲孔方法 | 芯料体积/$mm^3$ | 芯料质量/kg |
|---|---|---|
| 实心冲子冲孔 | $V_{芯} = (0.15 \sim 0.20)d^2H$ | $m_{芯} = (1.57 \sim 1.18)\ d^2H$ |
| 在垫环上冲孔 | $V_{芯} = (0.55 \sim 0.60)\ d^2H$ | $m_{芯} = (4.71 \sim 4.32)d^2H$ |

注:表中 $d$ 为实心冲子的直径,mm;$H$ 为冲孔前坯料的高度,mm。

钢料加热烧损 $m_{烧损}$,一般以毛坯质量的百分比(烧损率)表示。其数值与所用加热设备类型、加热规范、毛坯尺寸和形状有关,可由表 3.6 选取。一般第一次加热取被加热金属质量分数的 2% ~3% ,以后各次加热取 1.5% ~2.0% 。

**表 3.6 烧损的钢料质量计算**

| 加热方式 | | | 烧损率 $\delta$ | 烧损质量/kg |
|---|---|---|---|---|
| 火焰加热 | | | ≈3% | $\delta(m_{锻件} + m_{切头})$ |
| 电加热 | 电阻 | 箱式 | 1% | |
| | | 盐浴 | <0.05% | |
| | 电感 | | <0.3% | |

(2)毛坯尺寸的确定

毛坯尺寸的确定与所采用的第一个工序有关,所采用的工序不同,计算毛坯尺寸的方法也不一样。

①采用镦粗法锻造毛坯时,毛坯尺寸的确定。对于钢坯,为避免镦粗时产生弯曲,毛坯的高度 $H$ 不应超过其直径 $D$(或方形边长 $A$)的 2.5 倍,即高径比应小于 2.5,为了在截料时便于操作,高径比应大于 1.25,即

$$1.25 \leqslant \frac{H_0}{D_0} \leqslant 2.5 \tag{3.3}$$

由于毛坯质量已知,便可算出毛坯体积 $V_{坯}$,再根据公式 3.3 条件,便可导出计算圆形截

面毛坯直径 $D_0$(或方形截面边长 $A_0$)的公式：

对圆毛坯：
$$D_0=(0.8\sim1.0)\sqrt[3]{V_{坯}} \tag{3.4}$$

对方毛坯：
$$A_0=(0.75\sim0.9)\sqrt[3]{V_{坯}} \tag{3.5}$$

初步确定毛坯直径 $D_0$(或边长 $A_0$)之后,应按国家标准选用标准直径(或边长)。在选定毛坯直径后,就可根据毛坯体积 $V_{坯}$ 确定毛坯高度 $H_0$(即下料长度)。即

对圆毛坯：
$$H_0=V_{坯}\Big/\left(\frac{\pi}{4}D_0'^2\right) \tag{3.6}$$

对方毛坯：
$$H_0=V_{坯}/A_0'^2 \tag{3.7}$$

对算得的毛坯高度 $H$,还需按下式进行检验：
$$H=0.75H_{行程} \tag{3.8}$$

式中 $H_{行程}$ 为锤头的行程。

②采用拔长方法锻造锻件时,毛坯尺寸的确定。当头道工序为拔长时,坯料截面积 $A_{坯}$ 的大小应保证能够得到所要求的锻造比为
$$A_{坯}\geqslant YA_{锻} \tag{3.9}$$

式中 $Y$——锻比；

$A_{锻}$——锻件的最大截面积。

锻比的大小能反映锻造对锻件组织和力学性能的影响。表3.7列出了各类常见典型锻件的锻造比。

通常原毛坯直径按下式计算：
$$D_0=1.13\sqrt{YA_{锻}} \tag{3.10}$$

然后根据国家标准选用标准直径(或边长),见表3.8。若没有所需的尺寸时,则取相邻的较大的标准尺寸。最后,根据毛坯体积 $V_{坯}$ 和确定的毛坯截面积求出毛坯的长度 $L_{坯}$。

**表3.7 典型锻件的锻造比**

| 锻件名称 | 计算部位 | 锻造比 | 锻件名称 | 计算部位 | 锻造比 |
|---|---|---|---|---|---|
| 碳素钢轴类锻件 | 最大截面 | 2.0~2.5 | 锤头 | 最大截面 | ≥2.5 |
| 合金钢轴类锻件 | 最大截面 | 2.5~3.0 | 水轮机主轴 | 轴身 | ≥2.5 |
| 热轧辊 | 辊身 | 2.5~3.0 | 水轮机立柱 | 最大截面 | ≥3.0 |
| 冷轧辊 | 辊身 | 3.5~5.0 | 模块 | 最大截面 | ≥3.0 |
| 齿轮轴 | 最大截面 | 2.5~3.0 | 航空用大型锻件 | 最大截面 | 6.0~8.0 |

**表3.8 热轧圆钢直径(GB/T 702—1996)** 单位：mm

| | | | | | | | | | | | | | | |
|---|---|---|---|---|---|---|---|---|---|---|---|---|---|---|
| 5 | 5.5 | 6 | 6.5 | 7 | 8 | 9 | 10 | 11 | 12 | 13 | 14 | 15 | 16 | 17 |
| 18 | 19 | 20 | 21 | 22 | 23 | 24 | 25 | 26 | 27 | 28 | 29 | 30 | 31 | 32 |
| 33 | 34 | 35 | 36 | 38 | 40 | 42 | 45 | 48 | 50 | 52 | 55 | 56 | 58 | 60 |
| 63 | 65 | 68 | 70 | 75 | 80 | 85 | 90 | 95 | 100 | 105 | 110 | 115 | 120 | 125 |

3. 锻造变形工艺的制定

制定锻造变形工艺过程的内容包括确定锻件成形必须采用的基本工序、辅助工序和精整工序，以及确定变形工序顺序、设计工序尺寸等。

对一般锻件的大致分类及所采用的工序如表3.9所示。

**表3.9 锻件分类及所需锻造工序**

| 锻件类别 | 图例 | 锻造工序 |
| --- | --- | --- |
| 盘类锻件 | 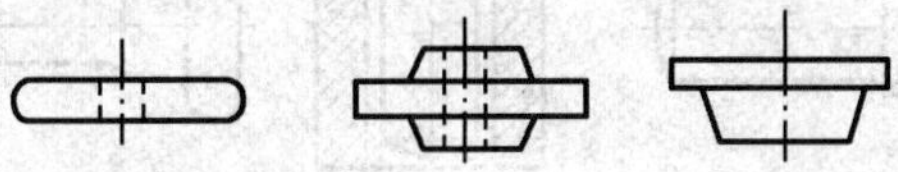 | 镦粗（或拔长及镦粗）、冲孔 |
| 轴类锻件 | 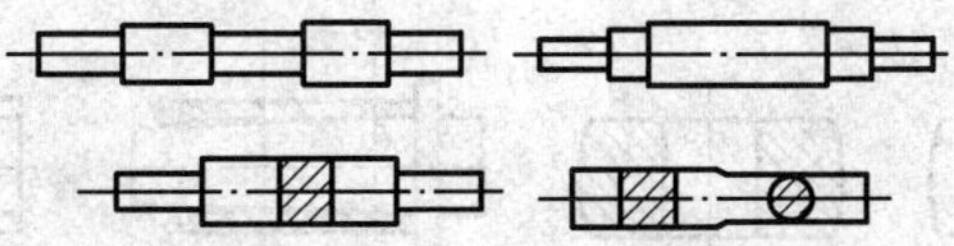 | 拔长（或镦粗及拔长）、切肩和锻台阶 |
| 筒类锻件 | 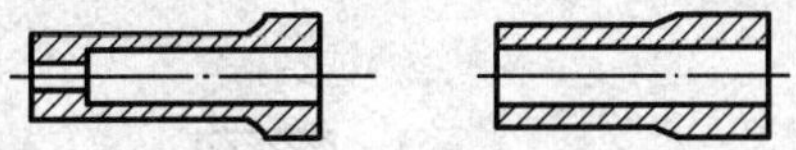 | 镦粗（或拔长及镦粗）、冲孔、在芯轴上拔长 |
| 环类锻件 | | 镦粗（或拔长及镦粗）、冲孔、在芯轴上扩孔 |
| 曲轴类锻件 | 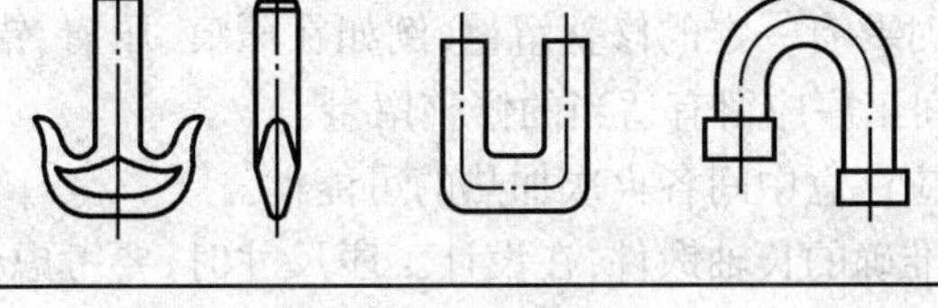 | 拔长（或镦粗及拔长）、错移、锻台阶、扭转 |
| 弯曲类锻件 | 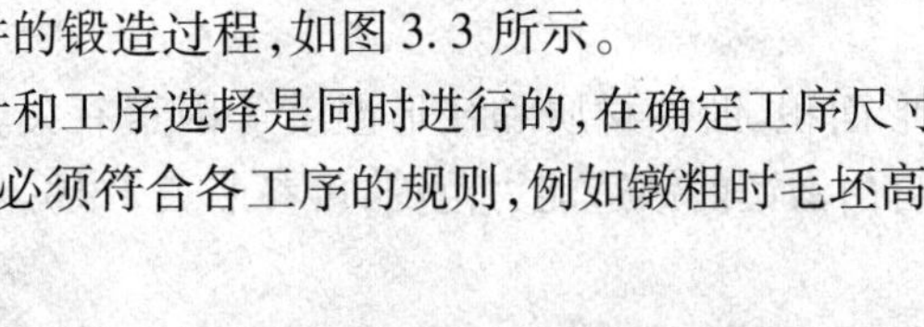 | 拔长、弯曲 |

几种典型锻件的锻造过程，如图3.3所示。

工序尺寸设计和工序选择是同时进行的，在确定工序尺寸时应注意下列各点：

(1)工序尺寸必须符合各工序的规则，例如镦粗时毛坯高径比应小于2.5。

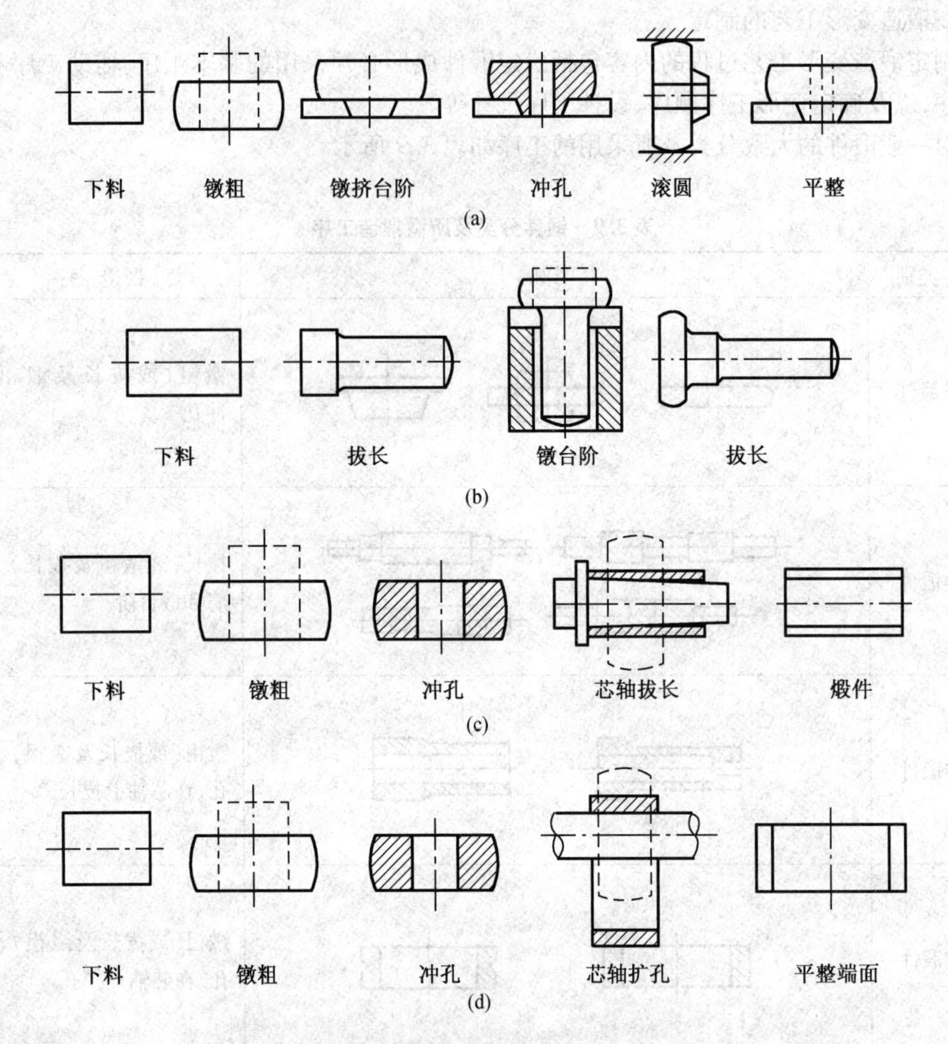


**图 3.3 几种典型锻件的锻造过程**

(a)齿轮坯的锻造过程;(b)传支轴的锻造过程;(c)圆筒的锻造过程;(d)圆环的锻造过程

(2)必须估计到各工序变形时毛坯尺寸的变化,例如冲孔时毛坯高度有所减小,扩孔时毛坯高度有所增加等。

(3)应保证锻件各个部分有适当的体积,如拔长采用压痕或压肩进行分段时必须估计到。

(4)在锻造最后进行精整时要有一定的修整留量,例如在压痕、压肩、错移、冲孔等工序毛坯产生拉缩现象,因此在中间工序应留有适当的修整留量。

(5)多火锻造大型锻件时应注意中间各火次加热的可能性。

(6)对长度方向尺寸要求准确的长轴锻件,在设计工序尺寸时,要考虑到修整时长度尺寸会略有伸长。

4. 锻造设备的选择

锻造设备的选择主要与变形面积、锻件材质和变形温度等因素有关。在自由锻中,常以镦粗力的大小来选择设备。自由锻锤的锻造能力范围,可参照表 3.10。

**表 3.10 自由锻锤的锻造能力范围**

| 锻件类型及规格 | | 锻锤落下部分质量/t | | | | | | |
|---|---|---|---|---|---|---|---|---|
| | | 0.25 | 0.5 | 0.75 | 1 | 2 | 3 | 5 |
| 圆饼 | *D*/mm | <200 | <250 | <300 | ≤400 | ≤500 | ≤600 | ≤750 |
| | *H*/mm | <35 | <50 | <100 | <150 | <200 | ≤300 | ≤300 |
| 圆环 | *D*/mm | <150 | <350 | <400 | ≤500 | ≤600 | ≤1 000 | ≤1 200 |
| | *H*/mm | ≤60 | ≤75 | <100 | <150 | <200 | ≤250 | ≤250 |
| 圆筒 | *D*/mm | <150 | <175 | <250 | <275 | <300 | <350 | >700 |
| | *d*/mm | ≥100 | ≥125 | >125 | >125 | >125 | >150 | >500 |
| | *L*/mm | ≤165 | ≤200 | ≤200 | ≤300 | ≤350 | ≤400 | ≤500 |
| 圆轴 | *D*/mm | <80 | <125 | <150 | ≤175 | ≤225 | ≤275 | ≤350 |
| | *G*/kg | <100 | <200 | <300 | <500 | ≤750 | ≤1 000 | ≤1 500 |
| 方块 | *H* = *B*/mm | ≤80 | ≤150 | ≤175 | ≤200 | ≤250 | ≤300 | ≤450 |
| | *G*/kg | <25 | <50 | <70 | ≤100 | ≤350 | ≤800 | ≤1 000 |
| 扁方 | *B*/mm | ≤100 | <160 | <175 | ≤200 | <400 | ≤600 | ≤750 |
| | *H*/mm | ≥7 | <≥15 | ≥20 | ≥25 | ≥40 | ≥50 | ≥70 |
| 钢锭直径 | | 125 | 200 | 250 | 300 | 400 | 450 | 600 |
| 钢坯边长 | | 100 | 175 | 225 | 275 | 350 | 400 | 550 |

注:*D*—锻件外径;*H*—锻件高度;*B*—锻件宽度;*L*—锻件长度;*G*—锻件质量。

5. 确定锻造温度范围

锻造温度范围是指始锻温度和终锻温度间的一段温度间隔。始锻温度是指对锻件开始锻造时的初始温度,即锻造时允许加热的最高温度。终锻温度是指金属锻造中允许的最低变形温度。表 3.11 所示为常用金属材料的始锻温度和终锻温度。

**表 3.11 常用金属材料的始锻温度和终锻温度**

| 钢种 | 常用钢号 | 始锻温度/℃ | 终锻温度/℃ | 锻造温度范围/℃ |
|---|---|---|---|---|
| 普通碳素结构钢 | Q195,Q215,Q235,Q275 | 1 200 ~ 1 300 | 700 ~ 750 | 600 ~ 450 |
| 优质碳素结构钢 | 20Mn, 40,45,50,55,60 | 1 200 ~ 1 250 | 800 | 400 ~ 450 |
| 碳素工具钢 | T8,T8A,T9,T9A,T10 | 1 050 ~ 1 150 | 750 ~ 800 | 300 ~ 350 |
| 合金结构钢 | 40Cr, 18CrMnTi, 27SiMn,42SiMn | 1 100 ~ 1 200 | 800 ~ 850 | 300 ~ 350 |
| 合金工具钢 | 9SiCrWMn, 5CrMo | 1 050 ~ 1 150 | 800 ~ 850 | 250 ~ 300 |
| 高速工具钢 | W18CrWMn, W9Cr4V | 1 100 ~ 1 150 | 900 | 200 ~ 250 |
| 合金耐热钢 | 15MnV, 15MnVN, 15CrMo | 1 100 ~ 1 150 | 850 | 250 ~ 300 |
| 合金弹簧钢 | 65,70,75,65Mn,60Si2Mn | 1 100 ~ 1 150 | 850 | 300 |
| 合金轴承钢 | GCr6, GCr9, GCr15 | 1 080 | 800 | 280 |

## 3.3　自由锻造工艺设计实例

### 3.3.1　接盘零件的锻造工艺过程

如图 3.4 和图 3.5 所示接盘零件,其材料为 45 钢,生产数量为 20 件,试编制该零件的锻造工艺过程。

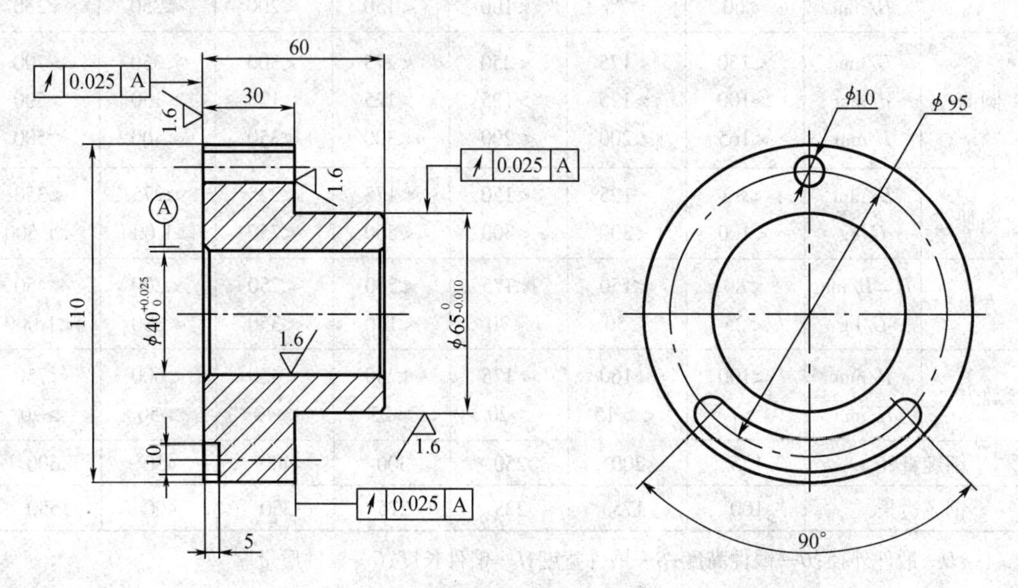


图 3.4　接盘零件图

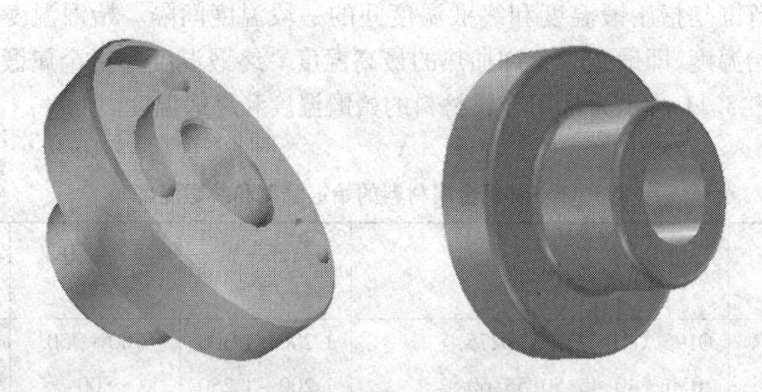

图 3.5　接盘零件三维结构图

由于接盘零件的生产数量为 20 件,其生产类型属于单件小批生产,可采取自由锻的方法加工。现制订接盘零件的自由锻工艺如下:

1. 绘制锻件图

(1)确定锻件余块

圆弧槽和 $\phi8$ 小孔不锻出,不锻出部分为填充余块。

(2)确定机械加工余量与公差

查表3.3可知,直径 $D_1=\phi110$ 的双边余量和公差为 $a=7\pm2$,高度 $H=60$ 的双边余量和公差为 $b=6\pm2$,零件内孔 $D_{内孔}=\phi40$ 的双边余量和公差为 $c=11\pm4$,零件直径 $D_2=\phi65$ 的双边余量和公差为 $a=6\pm2$,高度 $H_1=60$ 的双边余量和公差为 $b=6\pm2$。

(3)绘制接盘锻件图

在零件相应尺寸上加上余量和公差可得到锻件各部位尺寸如下:

$D_1=\phi110+7\pm2=\phi117\pm2$;$D_2=\phi65+6\pm2=\phi71\pm2$; $H=60+6\pm2=66\pm2$;$H_1=30+6\pm2=36\pm2$;$D_{内孔}=\phi40-11\pm4=\phi29\pm4$。根据计算的尺寸可绘制如图3.6所示的接盘锻件图,如图3.7所示的接盘三维锻件图。

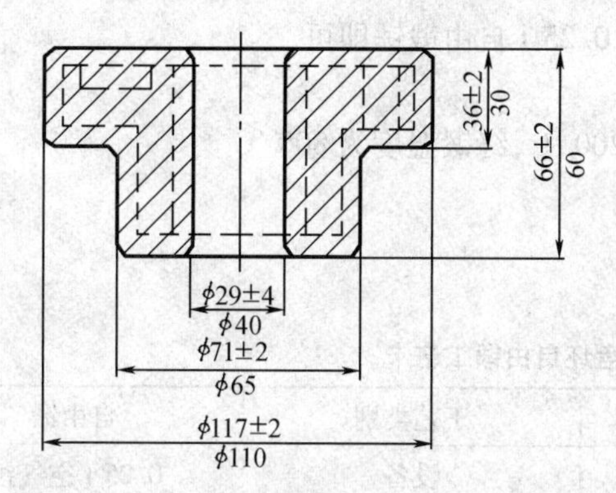


**图3.6 接盘锻件图**

**图3.7 接盘锻件三维图**

2. 确定毛坯的质量和尺寸

锻件的质量由基本尺寸再加上二分之一上偏差来计算。

由

$$m_{毛坯}=m_{锻件}+m_{切头}+m_{烧损}$$

$$m_{锻件}=\rho V_{锻件}=7.85\times\frac{\pi}{4}(1.18^2\times0.37+0.72^2\times0.3-0.27^2\times0.67)=3.83\ \text{kg}$$

$$m_{芯}=(1.57-1.18)d^2H=1.3\times0.29^2\times0.67=0.07\ \text{kg}$$

按一般火焰加热,烧损率取 $\delta$ 为3%。

$$m_{毛坯}=(m_{锻}+m_{切头})\times(1+3\%)=(3.83+0.07)\text{kg}\times1.03=4.02\ \text{kg}$$

取毛坯 $m_{毛坯}=4.02$ kg

$$D_0=(0.8\sim1.0)\sqrt[3]{V_{坯}}=(0.8\sim1.0)\sqrt[3]{\frac{m_{毛坯}}{\rho}}$$

取毛坯直径 $D_0=70$ mm。

$$H_0=V_{坯}\Big/\left(\frac{\pi}{4}D_0'^2\right)=\frac{3.85\times4}{7.85\times\pi\times0.07^2}=128\ \text{mm}$$

故取料为 $\phi70$ mm×128 mm。

3. 确定变形工序

根据锻件的形状特点,经过分析,可采取镦粗—垫环局部镦粗—冲孔—修整等变形工艺方案。工序顺序如图3.8所示。

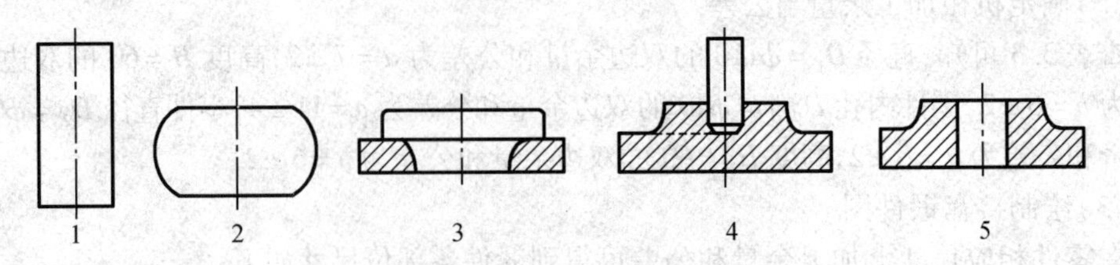


**图 3.8 接盘锻造工艺过程**

1—下料;2—镦粗;3—垫环局部镦粗;4—冲孔;5—修整

4. 确定锻压设备与工具

根据锻件的尺寸,查表 3.10 可知,选用 0.25 t 自由锻锤即可。

5. 确定锻造温度范围

查表 3.11 可知,45 钢的始锻温度为 1 200 ℃,终锻温度为 800 ℃。

6. 填写工艺卡片

接盘坯的自由锻工艺卡如表 3.12 所示。

**表 3.12 接盘坯自由锻工艺卡**

| 锻件名称 | 接盘 | 工艺类别 | 自由锻 |
|---|---|---|---|
| 钢号 | 45 | 设备 | 0.25 t 空气锤 |
| 加热火次 | 1 | 锻造温度范围 1 200 ℃ ~800 ℃ | |
| 锻件图 | | 坯料图 | |

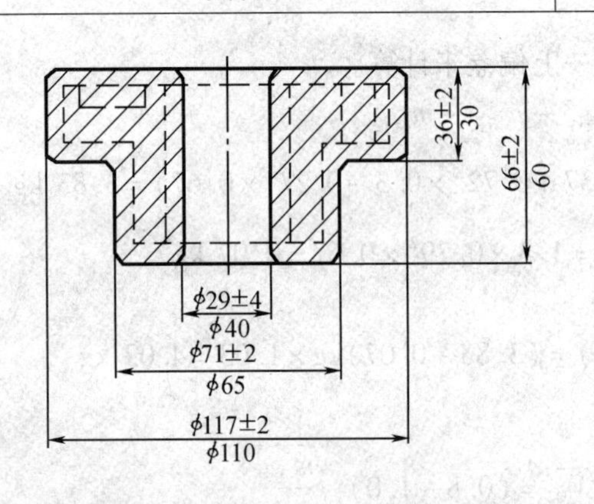


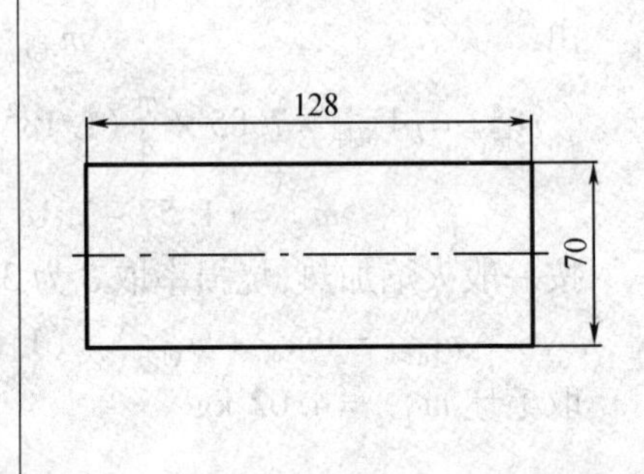


| 序号 | 工序名称 | 工序简图 | 使用工具 | 操作要点 |
|---|---|---|---|---|
| 1 | 镦粗 | | 火钳和镦粗漏盘 | 控制镦粗后的高度为 66 mm |

表 3.12(续)

| 序号 | 工序名称 | 工序简图 | 使用工具 | 操作要点 |
| --- | --- | --- | --- | --- |
| 2 | 冲孔 | | 火钳、镦粗漏盘、冲子和冲孔漏盘 | 1. 注意冲子对中;<br>2. 采用双面冲孔,左图为工件翻转后将孔冲透的情况 |
| 3 | 修整外圆 | | 火钳和冲子 | 边轻打边旋转锻件,使外圆消除弧形并达到直径为 117 ±2 mm |
| 4 | 修整平面 | | 火钳和镦粗漏盘 | 轻打(如砧面不平还要打边转动锻件),使锻件厚度达到 66 ±2 mm |

### 3.3.2 轴类零件的自由锻工艺举例

如图 3.9 所示传动轴零件,其材料为 40Cr 钢,生产数量为 3 件。试编制该零件的锻造工艺过程。

根据传动轴零件的尺寸可知,其属于锤上锻造范围。由于传动轴零件的生产数量为 3 件,其生产类型属于单件小批生产,可采取自由锻的方法加工。现制订传动轴零件的自由锻工艺如下:

1. 绘制锻件图

(1)确定锻件余块

查表 3.2 可知,直径 $\phi62h9$ 及右端可段出一层台阶,其余部位台阶高度 $h$ 小于 5 的不锻出,而 $5 < h < 8$ 的可锻出的台阶或凹档最小长为 100 mm。由此,最大其左端台阶不锻出。

(2)确定机械加工余量与公差。表 3.1 及根据 GB/T 15826.7—1995《台阶轴类锻件机械加工余量与公差》标准,精度为 F 级的该锻件,零件直径 $\phi46$ mm 和 $\phi62$ mm,其机械加工余量和公差为 8 ±3。零件总长为 248 mm 和长度为 111 mm 的台阶,其机械加工余量和公差为 16 ±3。绘制锻件图,如图 3.10 所示。

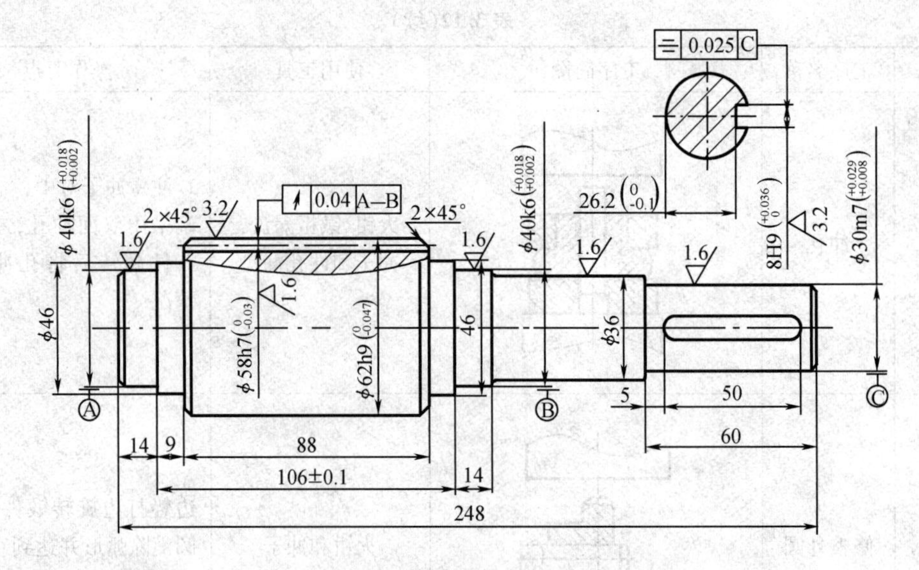


图 3.9　传动轴零件图

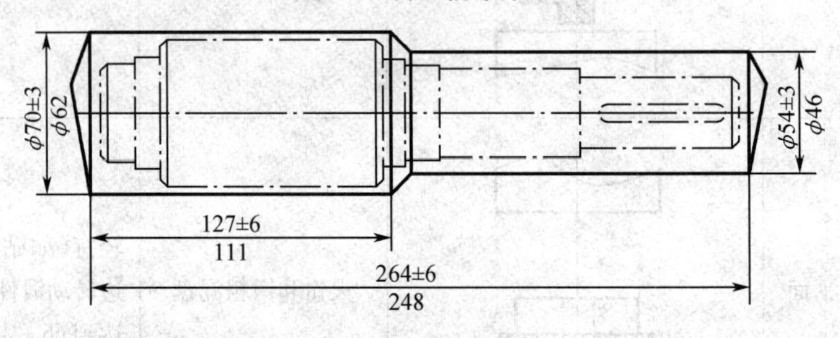


图 3.10　传动轴锻件图

2. 计算坯料质量和规格

锻件的质量由基本尺寸再加上二分之一上偏差来计算。

$$m_{锻}=\rho V_{锻}=7.85\times\frac{\pi}{4}(0.715^2\times1.3+0.555^2\times1.37)=6.72\ \text{kg}$$

由表 3.4,锻件两端切头质量为

$$m_{切头}=0.22\times(0.555^3+0.715^3)\times7.85=0.93\ \text{kg}$$

由 $m_{毛坯}=m_{锻件}+m_{切头}+m_{烧损}$

按一般火焰加热,烧损率取 $\delta$ 为 3%。

$$m_{毛坯}=m_{锻件}+m_{切头}+m_{烧损}=(m_{锻}+m_{切头})\times(1+3\%)=(6.72+0.93)\ \text{kg}\times1.03$$
$$=7.8795\ \text{kg}$$

取 $m_{毛坯}=7.9$ kg。

本锻件全部采用拔长工序完成。取锻比为 2.5,则坯料的直径为

$D_0=1.13\sqrt{YA_{锻}}=1.13\sqrt{2.5\times71.5^2\times\pi/4}=113.19$ mm,根据国家标准棒料直径,取毛坯直径 $D_0$ 为 115 mm,毛坯的长度为

$$L_0=m_{毛坯}/\left(7.85\times\left(\frac{\pi}{4}\times D_0^2\right)\right)=97\ \text{mm}$$

3. 拟定锻造工序

轴类锻件的锻造工序主要有拔长、压肩和精整工序。自由锻变形工序为:下料—拔

长—压肩—拔长一端—修正。工艺过程如图 3.11 所示。

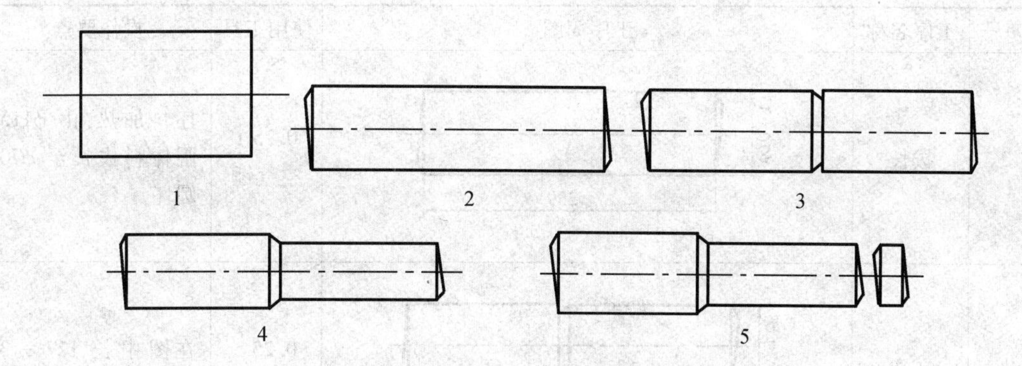


**图 3.11 传动轴锻造工艺过程**

1—下料;2—拔长;3—压肩;4—拔长一端;5—切料头,修整

4. 确定锻压设备与工具

由锻件尺寸,由表 3.10 可知,选用 0.25 t 自由锻锤即可。

5. 锻造温度范围

由表 3.11 查得,40Cr 始锻温度为 1 200 ℃,终锻温度为 800 ℃。

6. 填写工艺卡片

**表 3.13 传动轴自由锻工艺卡**

| 锻件名称 | 传动轴 | 工艺类别 | 自由锻 |
| --- | --- | --- | --- |
| 钢号 | 40Cr | 设备 | 0.25 $t$ 空气锤 |
| 加热火次 | 1 | 锻造温度范围 1 200 ℃ ~800 ℃ | |
| 锻件图 | | 坯料图 | |
| φ70±3 φ62 φ54±3 φ46 127±6 111 264±6 248 | | 96 φ115 | |

| 序号 | 工序名称 | 工序简图 | 使用工具 | 操作要点 |
| --- | --- | --- | --- | --- |
| 1 | 下料 | 96 φ115 | 锯床 | |

表 3.13(续)

| 序号 | 工序名称 | 工序简图 | 使用工具 | 操作要点 |
| --- | --- | --- | --- | --- |
| 2 | 拔长 | 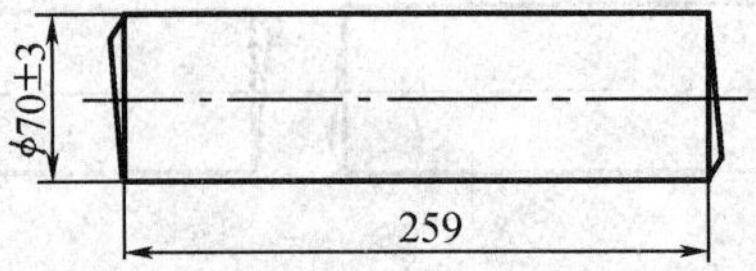 $\phi70\pm3$ 259 | 0.25 t 空气锤 | 坯料加热,由 $\phi115$ 圆棒料拔长至 $\phi70$ 圆坯 |
| 3 | 压肩 | 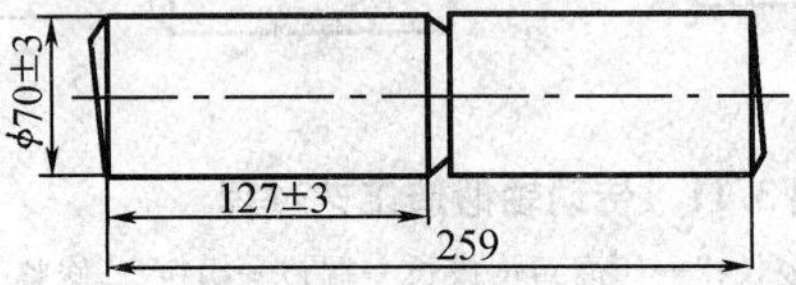 $\phi70\pm3$ 127±3 259 | 0.25 t 空气锤 | 在图中长 127 ± 3 处,用三角压铁压槽 |
| 4 | 拔长一端 | 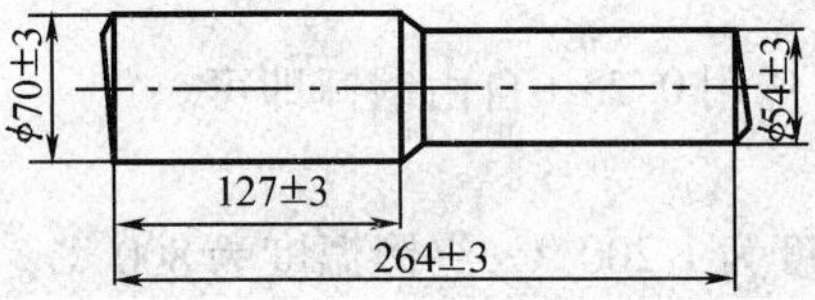 $\phi70\pm3$ $\phi54\pm3$ 127±3 264±3 | 0.25 t 空气锤 | 拔长一端至 $\phi54$,长度至 264 ± 3 |
| 5 | 切去料头,修整 | 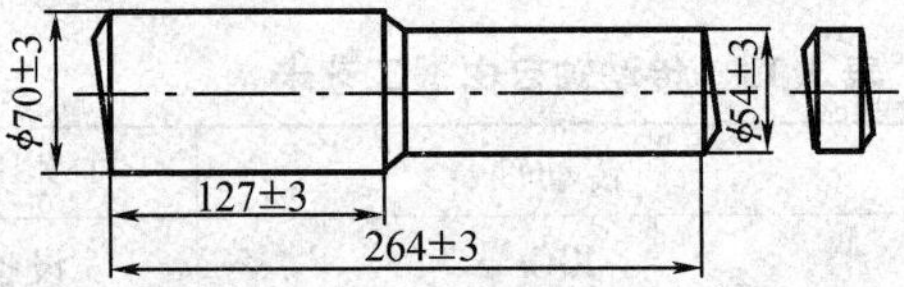 $\phi70\pm3$ $\phi54\pm3$ 127±3 264±3 | 0.25 t 空气锤 | 切去料头,摔圆、校直 |

## 3.4 模锻工艺设计

### 3.4.1 模锻

模锻是在专用模锻设备上利用模具使毛坯成型而获得锻件的锻造方法。模锻工艺生产效率高,劳动强度低,尺寸精确,加工余量小,并可锻制形状复杂的锻件;适用于批量生产。但模具成本高,需有专用的模锻设备,不适合于单件或小批量生产。

模锻根据使用设备的不同可分为锤上模锻、水压机上模锻、热模锻压力机上模锻、平锻机上模锻和螺旋压力机上模锻等。根据模膛内金属流动的特点又可将模锻分为开式模锻和闭式模锻两类。

锤上模锻所用的锻模如图 3.12 所示。锻模由上模 2 和下模 4 两部分组成。下模 4 紧固在模垫 5 上,上模 2 紧固在锤头上,并与锤头一起做上下运动。9 为模膛,锻造时毛坯放在模膛中,上模随锤头向下运动对毛坯施加冲击力,使毛坯冲满模膛,最后获得与模膛形状一致的锻件。

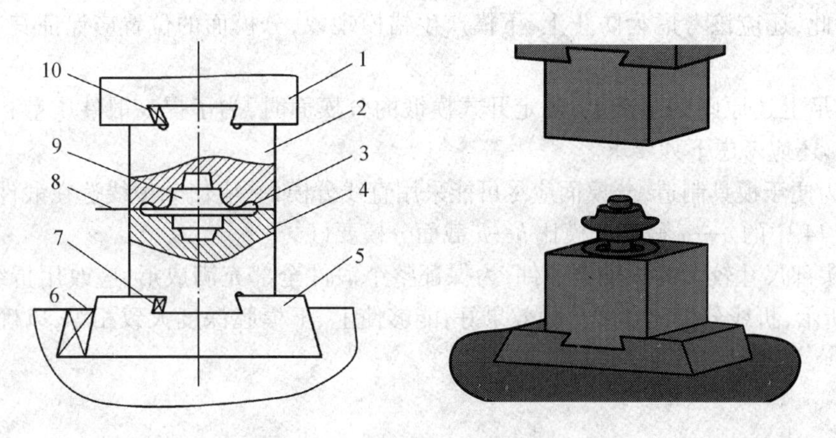


图 3.12 锤上模锻所用的锻模

1—锤头;2—上模;3—飞边槽;4—下模;5—模垫;6,7,10—紧固楔铁;8—分模面;9—模膛

### 3.4.2 模锻工艺规程的制定

模锻工艺规程是指导模锻件生产、规定操作规范、控制和检测产品质量的依据。其主要内容包括绘制模锻件图、计算坯料尺寸、确定模锻工步、选择锻压设备和确定锻造温度范围等。本书以锤上模锻的锻件为设计对象,简要介绍模锻图绘制。

模锻件的锻件图分为冷锻件图和热锻件图两种。冷锻件图用于最终锻件的检验,热锻件图用于锻模的设计和加工制造。这里主要讨论冷锻件图的绘制,而热锻件图是以冷锻件图为依据,在冷锻件图的基础上,对尺寸加放收缩率而绘制的。锻件图应根据零件图的特点考虑分模面的选择、加工余量、锻造公差、工艺余块、模锻斜度、圆角半径等绘制的。

1. 确定分模面

模锻件是在可分的模膛中成形的,组成模具型腔的各模块的分合面称为"分模面"。模锻件分模位置是否合理,直接关系到锻件成形、出模和材料利用率等一系列问题。确定分模面位置的最基本原则是:保证锻件形状尽可能与零件形状相同,锻件容易从模膛内取出,此外,还应在获得具有镦粗填充成形的良好效果,因此,锻件的分模面应选在具有最大水平投影尺寸的截面上。如图 3.13(a)所示选择的分模面,由于锻模的阻碍作用而不能把锻件从模膛内取出,图(b) 所示分模面的位置时,由于模膛深度较高,使坯料不能够充满整个模膛而从模膛结合处溢出,图(c)所示分模面,由于上、下模膛外形不一致,有可能造成错移等

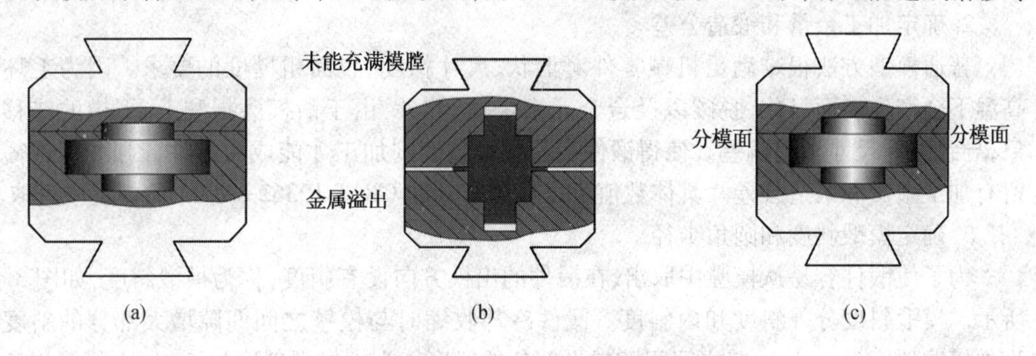


图 3.13 模锻分模面的选择

缺陷。因此,还应该考虑为防止上、下模产生错模现象,分模面的位置应保证其上、下模膛相同。

在满足上述原则的基础上,确定开式模锻的分模面时,为了提高锻件质量和生产过程的稳定性,还应考虑下列要求。

(1)为便于模具制造,分模面应尽可能采用直线分模,并应使分模线选在锻件侧面的中部。图 3.14 中的 $a—a$ 截面分模比 $b—b$ 截面分模要好。

(2)头部尺寸较大的长轴类锻件,为保证整个锻件全部充满成形,应改用折线分模,如图 3.15 所示,折线分模比直线分模效果好,能够使上、下模膛深度大致相等,以确保模膛能全部充满。

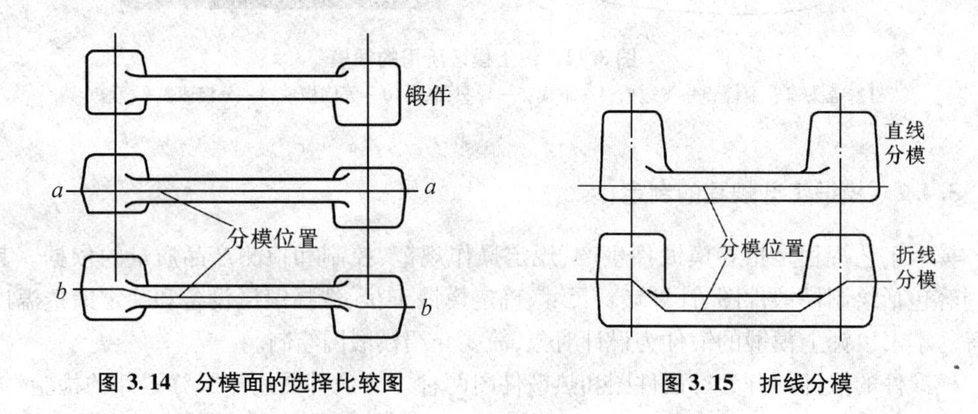


图 3.14 分模面的选择比较图　　图 3.15 折线分模

(3)对于有金属流线方向要求的锻件,应考虑锻件工作时的受力情况。如图 3.16 所示的锻件,Ⅱ—Ⅱ的位置在工作中承受剪应力,其流线方向与剪切方向垂直,而应避免纤维组织被切断,因此该锻件在Ⅰ—Ⅰ截面分模要比在Ⅱ—Ⅱ截面分模好。

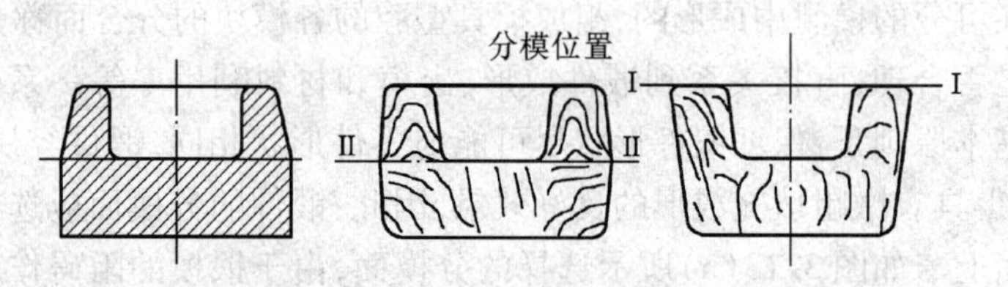


图 3.16 有流线方向要求的锻件分模面位置

2. 确定加工余量和锻造公差

普通模锻方法很难满足机械零件对形状、尺寸精度、表面粗糙度的要求。因为毛坯在高温下会产生表面氧化、脱碳以及合金元素烧损,此外,由于锻模磨损和上、下模的错移现象,导致锻件尺寸出现偏差。使得锻件还需要经过切削加工才能成为零件,因此,锻件需要留有加工余量和锻造公差。具体数值可以从国家标准 GB/T 12362—2003 的规定中查取。

3. 确定模锻斜度和圆角半径

为了使锻件容易从模膛中取出,在锻件的出模方向设有斜度,称为模锻斜度,如图 3.17 所示。模锻斜度分外斜度和内斜度。锻件冷却收缩时与模壁之间间隙增大部分的斜度称为外模锻斜度($\alpha$),与模壁之间间隙减少部分的斜度称为内模锻斜度($\beta$)。锤上模锻斜度一般取 5°,7°,10°,12°,15°等标准度数,而且内壁斜度应较外壁斜度大 2° ~ 3°,因为锻件在冷却时，外壁趋向离开模壁，而内壁则包在模膛凸起部分不易取出。由于斜度加大会增加金属消耗和机械加工余量，同时模锻时金属所受阻力会增大，使金属填充困难。因此，在保证锻件能顺利取出的前提下，模锻斜度应尽可能取小值。模锻斜度可按标准 GB/T 12361—2003《锤上模锻件模锻斜度数值表》查取。

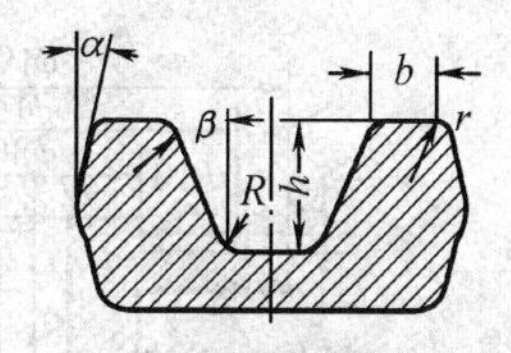


图 3.17 模锻斜度和圆角半径示意图

为了使金属在模膛内易于流动，防止应力集中，模锻件上的转角处都应有适当的圆角过渡，相应的在锻件上形成的圆角，称为圆角半径。锻件上的凸出的圆角半径称为外圆角半径 $r$，凹入的圆角半径称为内圆角半径 $R$。外圆角的主要作用是避免锻模的相应部分因产生应力集中造成开裂；内圆角的主要作用是使金属易于流动充满模膛，避免产生折叠，防止模膛压塌变形。为保证制造模具所用的刀具标准化，圆角半径一般按下列数值选取：1 mm，1.5 mm，2 mm，2.5 mm，3 mm，4 mm，5 mm，6 mm，8 mm，10 mm，12 mm，15 mm。圆角半径大于 15 mm 时，逢 5 递增。

4. 确定冲孔连皮

当模锻件上有孔径 $d \geqslant 25$ mm 且深度 $h \leqslant 2d$ 的孔时，该孔应模锻出来。但模锻不能直接锻出通孔，因此，孔内需留有一层称为“连皮”的金属层，被称之为冲孔连皮，之后还需要在切边压力机上冲去连皮，获得带透孔的锻件。如图 3.18 所示。冲孔连皮的厚度与孔径 $d$ 有关，当孔径为 30 ~ 80 mm 时，其厚度为 4 ~ 8 mm。

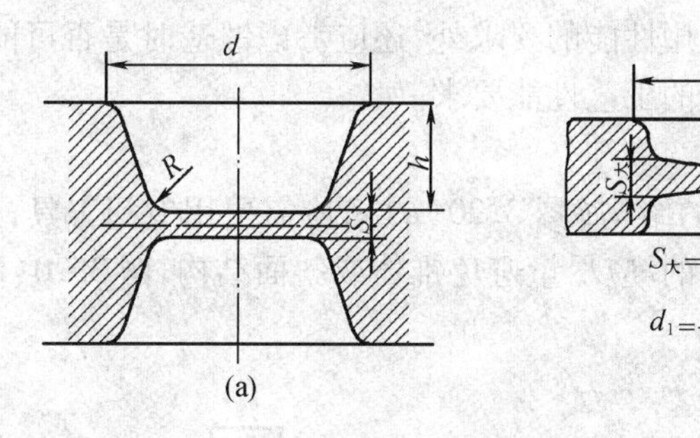


图 3.18 冲孔连皮

(a)平底连皮；(b)斜底连皮

上述各参数确定好后便可绘制模锻件的冷锻件图。锻件图中锻件轮廓线用粗实线绘制；零件轮廓线用双点画线绘制；锻件分模线用点画线绘制。齿轮零件零件图及模锻件图如图 3.19 所示。

5. 锻件技术要求

凡有关锻件的质量及其检验等问题，在图样中无法表示或不便表示时，均应在锻件图的技术要求中用文字说明，其主要内容如下：

①未注明的模锻斜度和圆角半径；

②允许的表面缺陷深度；

③允许的错移量和残余毛边的宽度；

④锻件的热处理及硬度要求，测试硬度的位置；

⑤需要取样进行金相组织和力学性能试验时，应注明锻件上的取样位置；

⑥表面清理和防护方法；

⑦其他特殊要求，如锻件同轴度、弯曲度等。

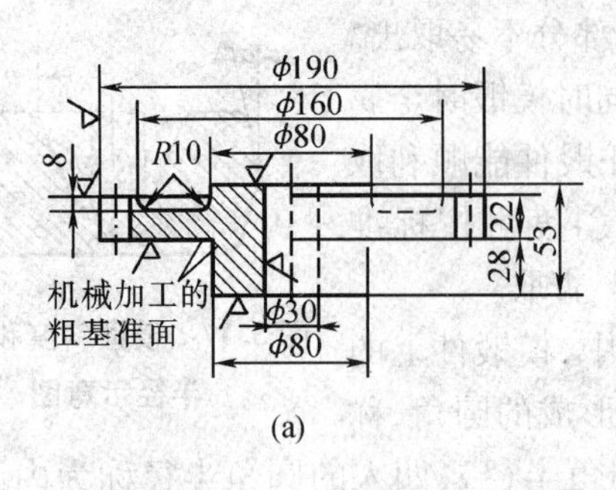


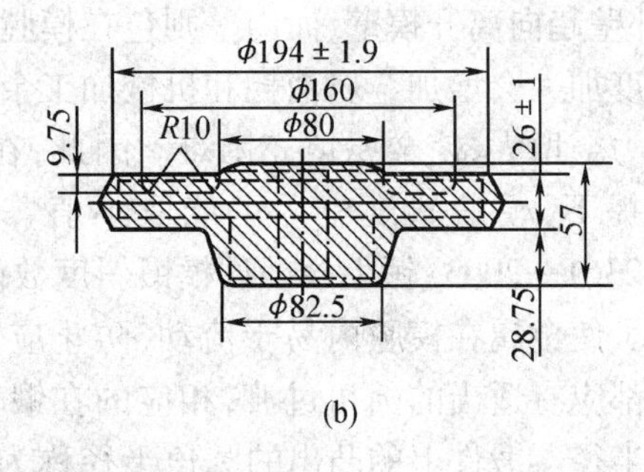


**图 3.19　齿轮零件图和锻件图(示意图)**

(a)零件图;(b)锻件图

锻件技术的允许值,除特殊要求外均按 GB/T 12361—2003 和 GB/T 12362—2003 的规定确定。技术要求的顺序,应按生产过程检验的先后进行排列。

## 3.5　锻件结构工艺性

### 3.5.1　自由锻件结构工艺性

在设计自由锻件时,除满足使用性能的要求外,还应考虑锻造时是否可能,是否方便和经济,即零件结构要满足自由锻造的工艺性能要求。

1. 尽量避免锥体或斜面结构

如果锻件上带有锥体或斜面的结构(图 3.20(a)),应需要用专门工具,锻造成形比较困难,因此从工艺上考虑是不合理的,应尽量避免锥体或斜面结构,图 3.20(b)为合理设计的结构。

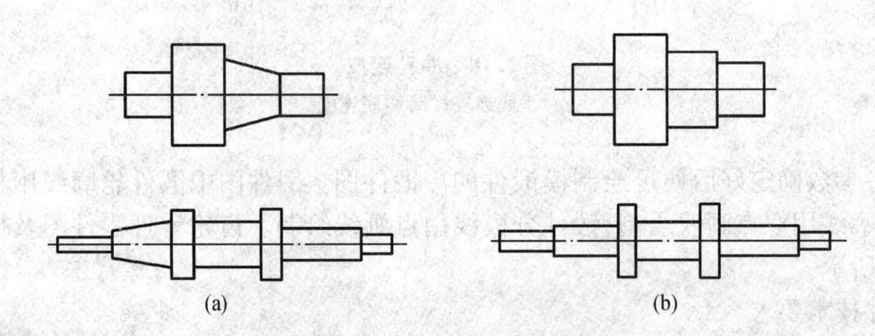


**图 3.20　轴类锻件结构**

(a)不合理结构;(b)合理结构

2. 避免圆柱面与圆柱面相交

两圆柱体交接处的锻造很困难,应设计成平面与圆柱或平面与平面相接,消除空间曲线结构,使锻造成形容易实现,如图 3.21 所示。

3. 避免椭圆形、工字形或其他非规则形状截面及非规则外形

具有椭圆形、工字形或其他非规则形状截面及非规则外形的锻件表面都难以用自由锻方法获得,因此应避免此类结构,如图 3.22 所示。

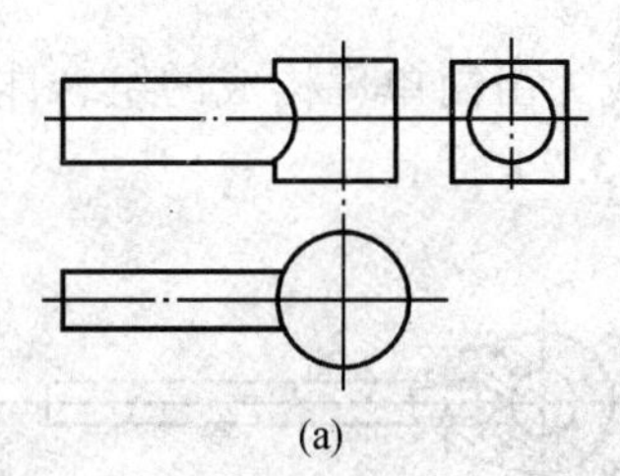

(a)

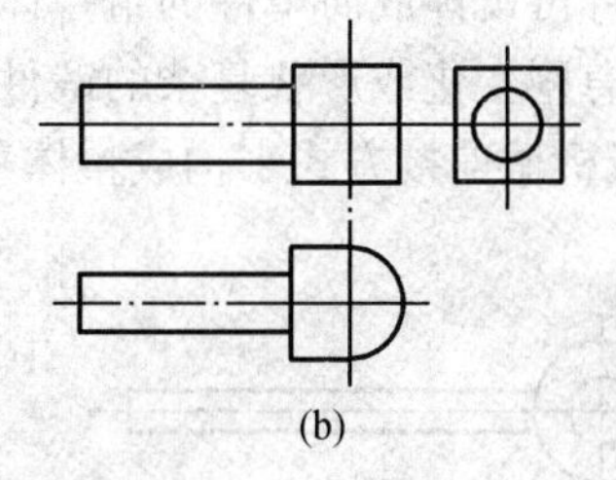

(b)

**图 3.21　杆类锻件结构**

(a)不合理结构;(b)合理结构

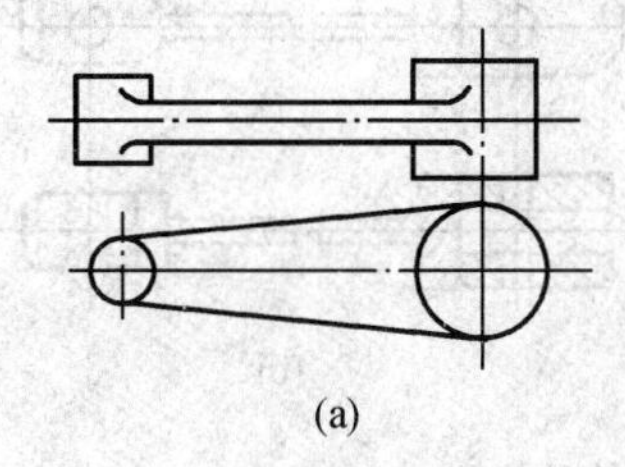

(a)

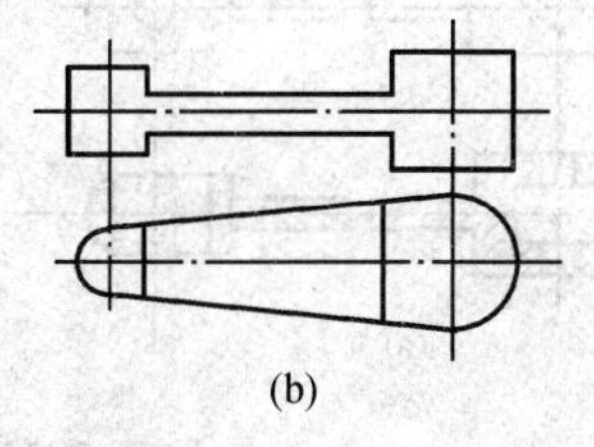

(b)

**图 3.22　杆类锻件结构**

(a)不合理结构;(b)合理结构

4. 避免加强筋和凸台等辅助结构

加强筋和表面凸台等辅助结构是难以用自由锻造方法获得的,因此应避免加强筋和凸台等辅助结构,如图 3.23 所示。

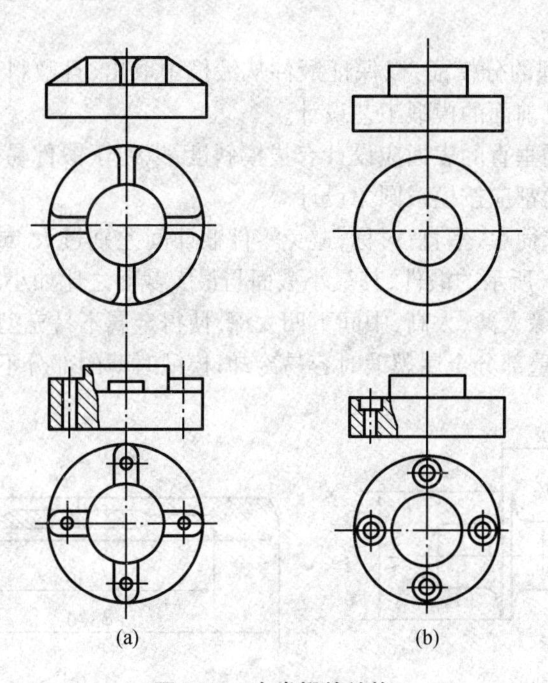

**图 3.23　盘类锻件结构**

(a)不合理结构;(b) 合理结构

5. 复杂零件可设计成简单件的组合体

横截面有急剧变化或形状复杂的锻件,应设计成为由简单件构成的组合体。锻造成形后,再用焊接或机械连接方式来构成整体零件,如图 3. 24 所示。

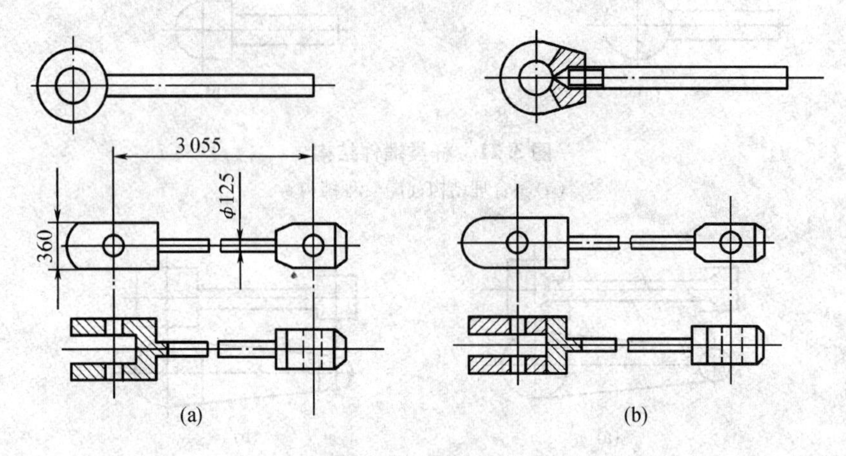


**图 3. 24　复杂件结构**

(a)不合理结构;(b) 合理结构

### 3. 5. 2　模锻件的结构工艺性

模锻件的成形条件比自由锻件优越,因此其形状可以比自由锻件复杂。在设计模锻件时,应使零件与模锻工艺相适应,以便于模锻生产和降低成本。为此,锻件的结构应符合下列原则:

①必须有一个合理的分模面,以保证锻件从锻模中取出,且敷料最少,锻模制造容易,分模面的选择原则参见前面的模锻工艺设计。

②锻件上与分模面垂直的表面应设计有拔模斜度,以便于锻件易于从模膛内取出。非加工表面所形成的交角都应按模锻圆角设计。

③锻件外形应力求简单、平直、对称,避免零件截面间差别过大,或具有薄壁、高筋等不良结构。如图 3. 25(a) 所示的锻件,其最小截面与最大截面之比如小于 0. 5,就不宜采用模锻。此外,该零件的凸缘太薄、太高,中间下凹太深,使得金属不易充型。又如图 3. 25(b)所示的零件过于扁薄,薄壁部分金属模锻时容易冷却,模锻时薄的部分不易充满模膛。

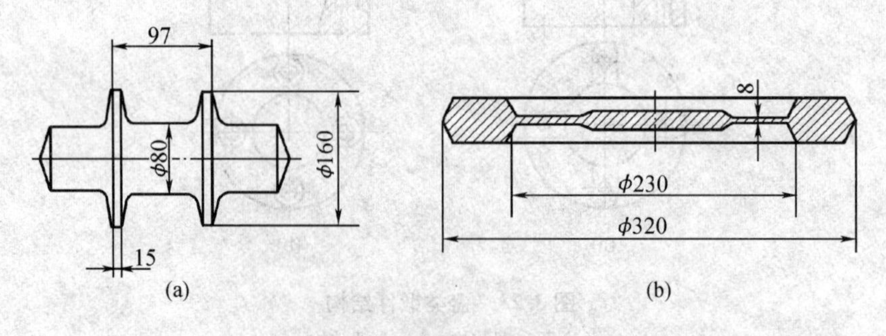


**图 3. 25　模锻件的形状**

(a)高筋件;(b)薄壁件

④模锻件应尽量避免窄沟、深槽和深孔、多孔结构,以便于模具的制造和延长锻模的寿命。如图3.26所示的齿轮零件,其上的四个$\phi20$ mm的孔就不能锻出,只能采用机械加工的方法。

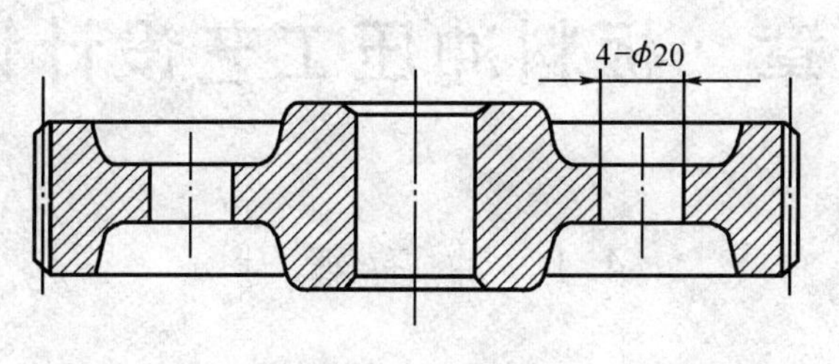


图3.26 多孔齿轮

⑤对复杂锻件,为减少工艺敷料,简化模锻工艺,在可能的条件下,应采用锻造-焊接或锻造-机械连接组合工艺,如图3.27所示。

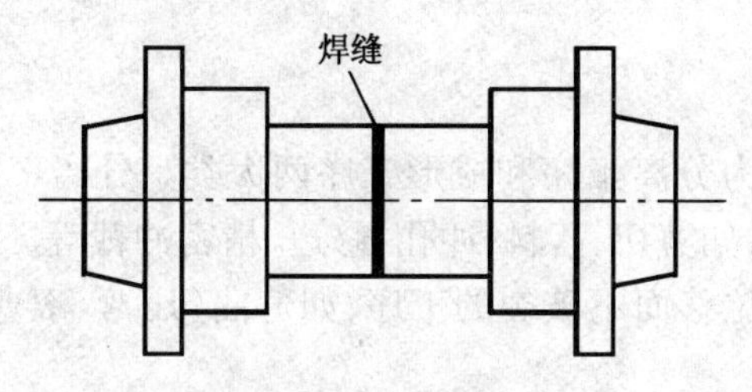


图3.27 锻造-焊接组合件

# 第4章　板料冲压工艺设计训练

## 4.1　冲压概述

冲压是金属塑性加工的基本方法之一，是靠冲压设备和模具对板料毛坯施加外力，使之产生塑性变形或分离，从而获得所需形状和尺寸的工件的成形加工方法。按冲压加工温度分为热冲压和冷冲压，冷冲压多在常温下进行，当板料厚度较厚超过8～10 mm时，采用加热后进行冲压。

### 4.1.1　冲压分类

冲压按工艺分类可分为分离工序和成形工序两大类。分离工序是使毛坯的一部分与另一部分相互分离的工序，如剪切、落料、冲孔、修边、精密冲裁等。成形工序是使毛坯的一部分相对于另一部分产生位移而不破裂的工序，如弯曲（压弯、滚弯、卷弯、拉弯等）、拉深、胀形、翻边、扩口、缩口等。

### 4.1.2　冲压特点

冲压可获得形状复杂、尺寸精度高、表面质量好的冲压件，不经机械加工即可进行装配。此外，由于冷变形使零件产生加工硬化，故冲压件的刚度高、强度高、质量轻。冲压加工是利用冲压设备和冲模的简单运动来完成相当复杂形状零件的制造过程，而且并不需要操作工人的过多参与，所以冲压加工的生产效率很高。在一般情况下，冲压加工的生产效率为每分钟数十件，而对某些工艺技术成熟的冲压件，生产效率可达每分钟数百件，甚至超过一千件，如易拉罐的生产。冲压加工，一般不需要对毛坯加热，对原材料的损耗较少，因此也是一种节约能源和资源的具有环保意义的加工方法。冲压加工质量稳定，容易实现自动化与智能化生产。

### 4.1.3　冲压应用

由于冲压工艺具有上述许多突出的特点和在技术与经济方面明显的优势，因此在国民经济各个领域广泛应用。在汽车与拖拉机工业、国防工业、轻工业、家用电器制造业等部门占据着十分重要的地位。

## 4.2　冲压工艺规程

冲压工艺设计就是确定冲压件的冲压工艺过程。冲压工艺过程是冲压加工中各种工序的总和，它描述了一个冲压件制造过程中各个工序的执行规则。一个完整的冲压工艺过程应该包括冲压毛坯的准备工序，包括剪切与落料等，冲压成形工序（弯曲、拉深、翻边、修边、冲孔、胀形等）及辅助工序（如润滑、去毛刺、热处理等），以及完成这些工序所用的设备与模具和相应的工艺参数等。

制定冲压工艺规程是根据冲压件的特点、生产批量、现有设备和生产能力等，拟定出数种可能的工艺方案，在综合分析研究零件成形性的基础上，以材料的极限变形参数，各种变形性质的复合程度及趋向性，当前的生产条件和零件的产量、质量要求为依据，提出各种可能的零件成形总体工艺方案。根据技术上可靠、经济上合理的原则，对各种方案进行对比、分析，从而选出最佳工艺方案（包括成形工序和各辅助工序的性质内容、复合程度、工序顺序等），并尽可能进行优化。

冲压工艺过程设计工作的主要内容有：

1. 冲压件的工艺分析

在制定冲压工艺过程时，要对冲压件的材料、厚度、几何形状、尺寸大小和精度要求等进行认真分析，这些要素决定了所采用的冲压工序的种类、数量与顺序等。冲压件的制造可能涉及许多冲压方法，由于所用冲压方法不同，其工艺内容也不一样，在进行冲压件的工艺性分析时，除了一般技术人员所熟知的原则（如最小冲孔直径、最小弯曲半径、冲孔间的最小距离等）外，还要首先重点研究冲压件的结构形状、尺寸大小、精度要求及所用材料等方面是否符合冲压加工的工艺要求，即是否能够用冲压加工方法来完成，并能否用最简单、方便的冲压加工方法制造完成。

2. 选择冲压基本工序

落料、冲孔、切边、弯曲、拉深、翻边等是常见的冲压工序。各工序有不同的性质、特点和用途。在确定工序性质时，有些可以从产品零件图上直观地看出冲压该零件所需工序的性质，即工序种类。例如对于平板件，一般需要剪切、冲孔和落料等；对于弯曲件，有孔时需要落料、冲孔和弯曲，无孔时则需落料和弯曲等；而对于开口的筒形件一般则需要落料和拉深等工序。在某些情况下，需对零件图进行计算、分析比较，确定工序性质。如图 4.1（a）和图 4.1（b）分别为油封内夹圈和外夹圈冲压件，两个冲压件形状基本相同，只是直边高度和外径不同。经分析计算，内夹圈可选用落料、冲孔翻边工序；而外夹圈选用落料、拉深、冲孔和翻边等四道工序来加工较为合理。图 4.2 为消音器的冲压工艺过程。

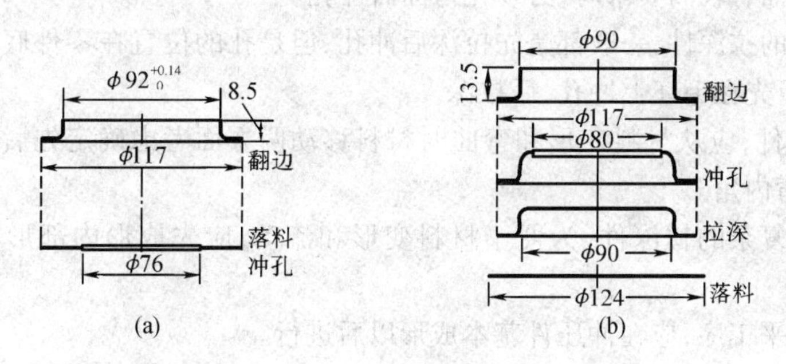


**图 4.1 油封内夹圈和外夹圈的冲压工艺过程**

（a）油封内夹圈；（b）油封外夹圈

3. 确定冲压次数和冲压顺序

工序性质不同，确定工序数量的依据也不同，如拉深成形时，拉深次数主要由拉深系数、相对高度等决定；弯曲次数主要由零件弯曲角的多少及其相互位置决定；而冲裁次数则主要取决于零件形状复杂程度、零件上孔的距离等。冲压工序顺序的安排主要决定于冲压

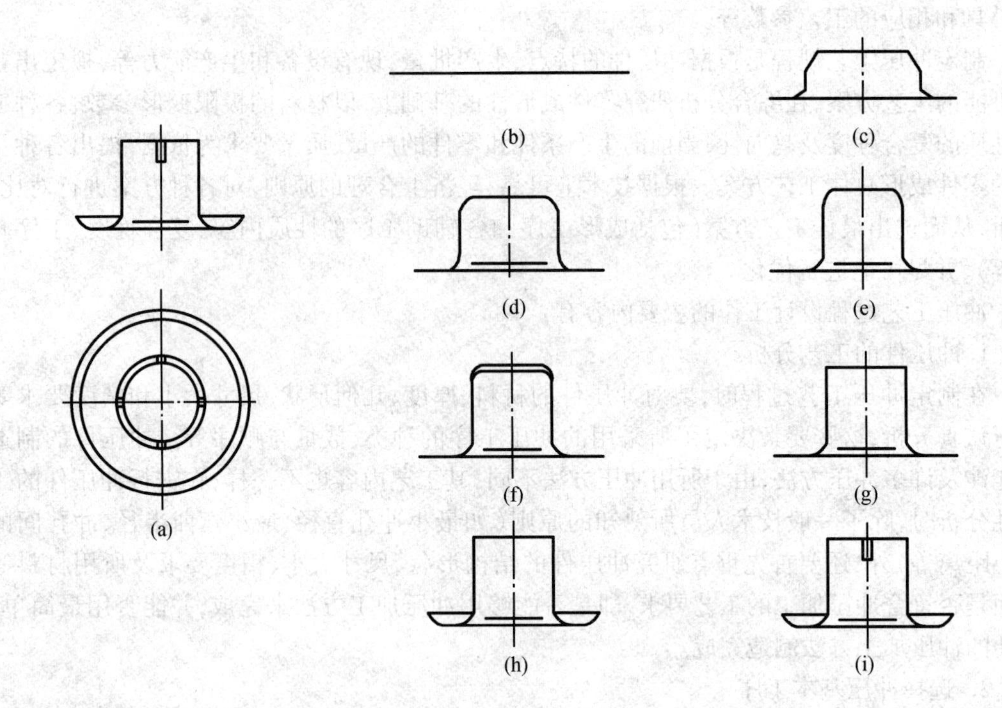


**图 4.2　消音器的冲压工艺**

(a)零件;(b)坯料;(c)一次拉深;(d)二次拉深;(e)三次拉深;(f)冲孔;(g),(h)翻边;(i)切槽

变形规律和零件质量要求,其次要考虑到操作方便、毛坯定位可靠、模具简单等。确定冲压顺序的一般原则如下:

①对于有孔或有缺口的平板件,如选用简单模时,一般先落料,再冲孔或切口;使用连续模时,则应先冲孔或切口,后落料。

②对于带孔的弯曲件,孔边与弯曲区的间距较大,可先冲孔,后弯曲。如孔边在弯曲区附近或孔与基准面有较高要求时,必须先弯曲后冲孔。

③对于带孔的拉深件,一般都是先拉深后冲孔,但是孔的位置在零件底部,且孔径尺寸要求不高时,也可先在毛坯上冲孔,后拉深。

④多角弯曲件,应从材料变形和弯曲时材料移动两方面考虑确定先后顺序,一般情况下先弯外角,后弯内角。

⑤对于形状复杂的拉深件,为便于材料变形和流动,应先成形内部形状,再拉深外部形状。

⑥整形或校平工序,应在冲压件基本成形以后进行。

4. 工序的组合方式

工序组合是指把零件的多个工序合并成为一道工序用连续模或复合模进行生产。一个冲压件往往需要经过多道工序才能完成,因此,编制工艺方案时,必须考虑是采用简单模逐个工序冲压,还是将工序组合起来,用复合模或连续模生产。

5. 辅助工序

对于某些组合冲压件或有特殊要求的冲压件,在分析了基本工序、冲压次数、顺序工序的组合方式后,尚需考虑非冲压辅助工序,如钻孔、铰孔、车削等机械加工,以及焊接、铆合、热处理、表面处理、清理和去毛刺等工序。

6. 冲压设备的选择

冲压设备选择是工艺设计中的一项重要内容,它直接关系到设备的合理使用、安全、产品质量、模具寿命、生产效率及成本等一系列重要问题。冲压设备的选择要根据零件的大小、所需的冲压力(包括压料力、卸料力等)、冲压工序的性质和工序数目、模具的结构形式、模具闭合高度和轮廓尺寸,来决定所需设备的类型、吨位、型号和数量。

7. 制定冲压工艺卡

冲压工艺卡综合地表达了冲压工艺设计的具体内容,包括:工序名称、工序次数、工序草图(半成品形状和尺寸)、所用模具、所选设备、工序检查要求、板料规格和性能、毛坯形状和尺寸等。工艺卡片是生产中的重要技术文件。它不仅是模具设计的重要依据,而且也起着生产的组织管理、调度、各工序间的协调以及工时定额的核算等作用。目前工艺卡片尚未有统一的格式。

## 4.3 冲压工艺规程实例

**油封外夹圈冲压工艺规程**

油封外夹圈零件图及三维模型图如图4.3和图4.4所示。其冲压工艺规程卡片见表4.1。

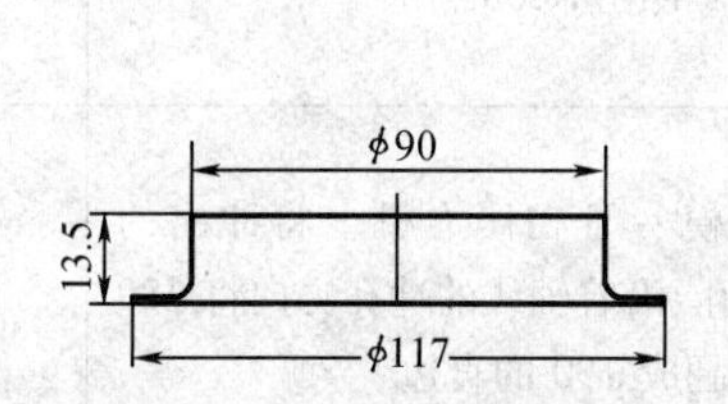


**图4.3 油封外夹圈零件图**

**图4.4 油封外夹圈三维模型**

**表4.1 油封外夹圈冲压工艺卡**

| 冲压件名称 | 油封外夹圈 | 件数/件 | 128 |
| --- | --- | --- | --- |
| 材料 | 08 | 材料规格/mm | 1.5×2 000×1 000 |
| 材料排样 | | | |

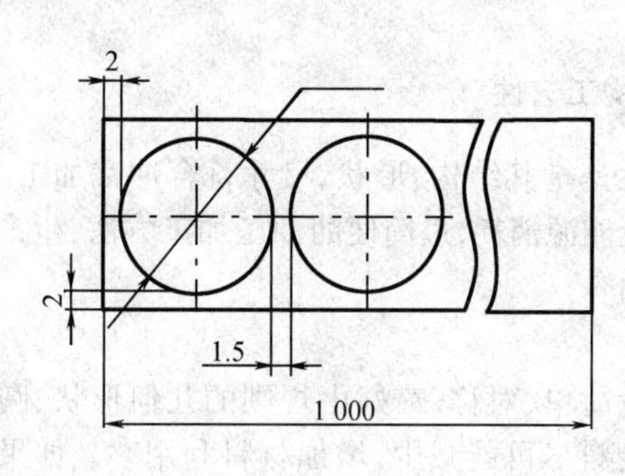

表 4.1(续)

| 序号 | 工序名称 | 工序简图 | 操作说明 | 设备 |
| --- | --- | --- | --- | --- |
| 1 | 剪切下料 | 1 000<br>125 | 在 1.5×2 000×1 000 的 08 钢薄板上垂直于 2 000 长边每隔 125 mm 处画线,在剪床上沿着画线剪断,获得 16 件 1 000×125 板条 | 剪床 |
| 2 | 落料 | $\phi$124 | 用冲模－Ⅰ对 16 件 1 000×125 板条在冲床上落料、获得 $\phi$124×1.5 钢片(08 钢)128 件 | 冲床、冲模－Ⅰ |
| 3 | 拉深 | $\phi$90<br>$\phi$117 | 用拉深模在压力机上逐件将 $\phi$124×1.5 钢片(08 钢)进行拉深变形,获得外缘为 $\phi$117、内腔为 $\phi$90×8.5 的拉深件 | 压力机、拉深模 |
| 4 | 冲孔 | $\phi$80 | 用冲模－Ⅱ在压力机上将拉深后的 $\phi$90 孔、沿着中心线按着拉深方向对底部冲出 $\phi$80 的孔 | 压力机、冲模－Ⅱ |
| 5 | 翻边 | $\phi$90<br>13.5<br>$\phi$117 | 用冲模－Ⅲ在压力机上将冲出的 $\phi$80 孔、沿着轴线的冲孔方向将 $\phi$80 的孔翻成 $\phi$90 的直边 | 压力机、冲模－Ⅲ |
| 6 | 修边 | | 用修边模在压力机上将拉深后的 $\phi$117 裁平齐。 | 压力机、修边模 |

## 4.4 冲压件结构工艺性

### 4.4.1 冲裁件的结构工艺性

冲裁件的结构工艺性是指其结构、形状、尺寸符合冲裁加工工艺和要求。良好的工艺性应能采用最少的材料及能源消耗,最简便的冲压加工方法,生产出符合品质要求的产品。主要有以下几个方面的内容。

1. 冲裁件的形状

冲裁件的形状应尽量简单、对称,最好由规则的几何形状、圆弧、直线等组成。工件的形状及尺寸应考虑到使废料尽可能减少,增加材料利用率。如果对工件作用功能无影响,应尽量设计成少、无废料的工件形状。如图 4.5(a)所示工件,应该采用落料模冲制,分析工件的使用功能后将工件上 4 – $R6$ 取消，如图 4.6(a)所示工件，则可采用条料切断模完成，从而提高了材料利用率，也减少了模具制造成本，提高了生产效率。又如图 4.7 和图 4.8 所示工件，在三孔尺寸及间距必须保证的前提下，对工件形状做了改进，达到提高材料利用率、降低成本的目的。冲裁件的形状还要尽可能避免长槽和细长悬壁结构。

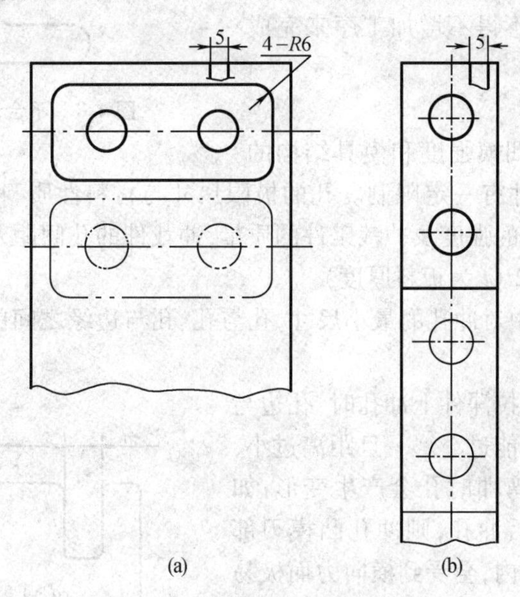


图 4.5 冲裁件形状改进示意图

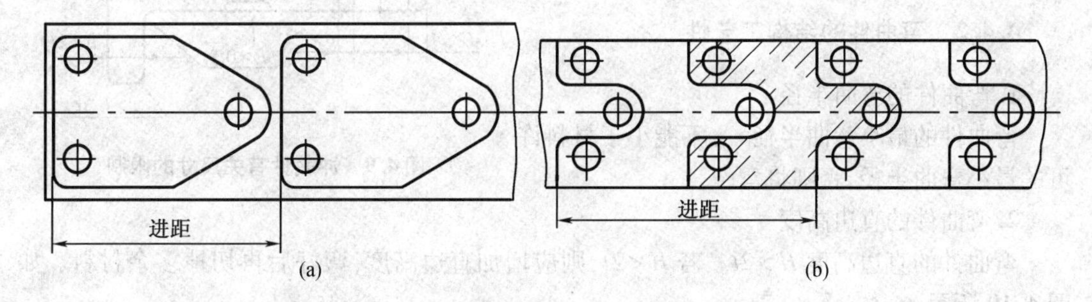


图 4.6 冲裁件形状改进示意图

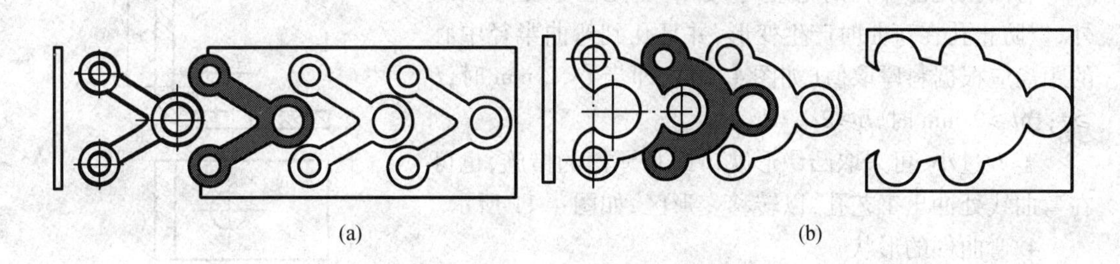


图 4.7 冲裁件形状改进示意图

2. 冲裁件的圆角

冲裁工件轮廓图形上，直线与直线，或直线与弧线成某角度相交时，应在交接部位以圆角连接。如果是尖角连接，则不仅模具制造困难，模具磨损很快，有时还不得不增加工序来完成制作。

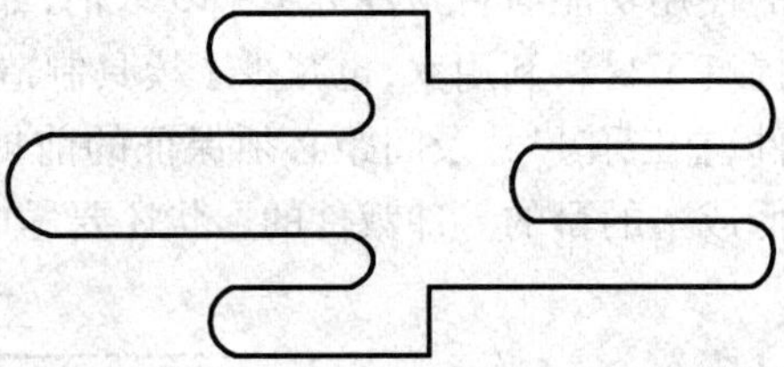

**图 4.8　不合理的冲裁件外形**

3. 冲裁件尺寸

冲裁时由于受凸、凹模强度和模具结构的限制，冲裁件的最小尺寸有一定限制。孔的极限尺寸与材料性质、料厚及孔的形状等因素有关。为了保证冲裁模的强度及冲裁工件的质量，冲裁件的孔间距及孔到工件外缘的距离不能过小，一般要大于 $2t$（$t$ 为板料厚度）。

如图 4.9 所示，图中对冲孔的最小尺寸，孔与孔、孔与边缘之间的距离等尺寸都有一定的限制。

在成形件如弯曲或拉深件上冲孔时，孔边与工件直壁之间的距离不能过小。一旦距离过小，如果是先冲孔后弯曲，弯曲时孔会产生变形；如果是先弯曲（或拉深）后冲孔，则冲孔凸模刃部部分边缘将处在弯曲区内，会受到横向力而极易折断，使冲孔十分困难，甚至改成用生产效率较低的钻孔来加工。

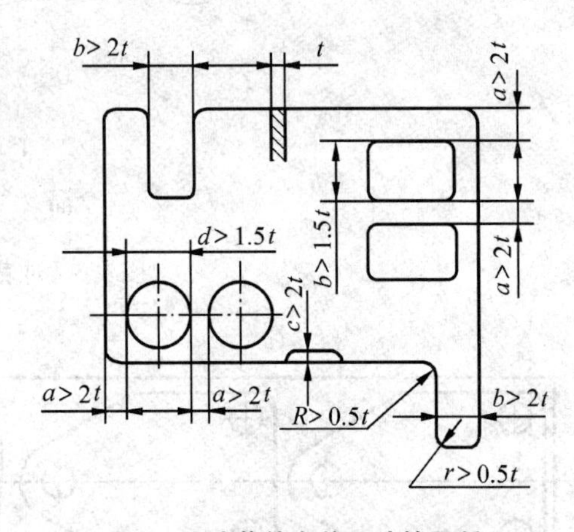


**图 4.9　冲裁件有关尺寸的限制**

### 4.4.2　弯曲件的结构工艺性

1. 弯曲件的弯曲半径

弯曲件的最小弯曲半径 $r_{min}$ 不能小于材料许可的最小弯曲半径，否则将弯裂。

2. 弯曲件的直边高度

弯曲件的直边高度 $H>2t$。若 $H<2t$，则应增加直边高度，弯好后再切掉多余材料。如图 4.10 所示。

3. 弯曲件孔边距

弯曲预先已冲孔的毛坯时，必须使孔位于变形区以外，以防止孔在弯曲时产生变形，并且孔到弯曲半径中心的距离应根据料厚取值（如图 4.10），即当 $t<2$ mm 时，$L\geqslant t$；当 $t\geqslant 2$ mm 时，$L\geqslant 2t$。

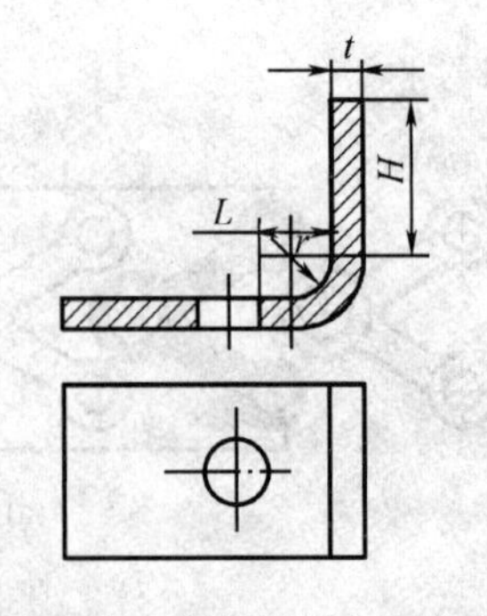


**图 4.10　弯曲件的直边高度**

若 $L$ 过小，可采取凸缘形缺口或月牙槽的措施，也可在弯曲线处冲出工艺孔，以转移变形区，如图 4.11 所示。

4. 弯曲件的形状

弯曲件的形状应尽量对称，弯曲半径应左右一致，保证板料受力时平衡，防止产生偏移。当弯曲不对称制件时，也可考虑成对弯曲后再切，如图 4.12 所示。

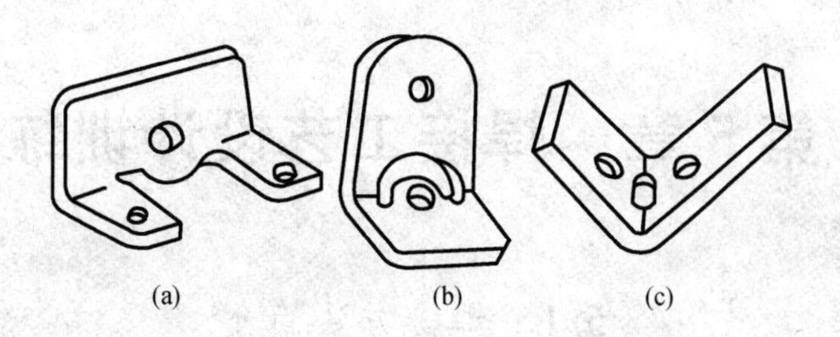

(a) (b) (c)

**图 4.11 孔边距过小时的弯曲方法**

(a)冲出凸缘形缺口;(b)冲出月牙槽;(c)冲出工艺孔

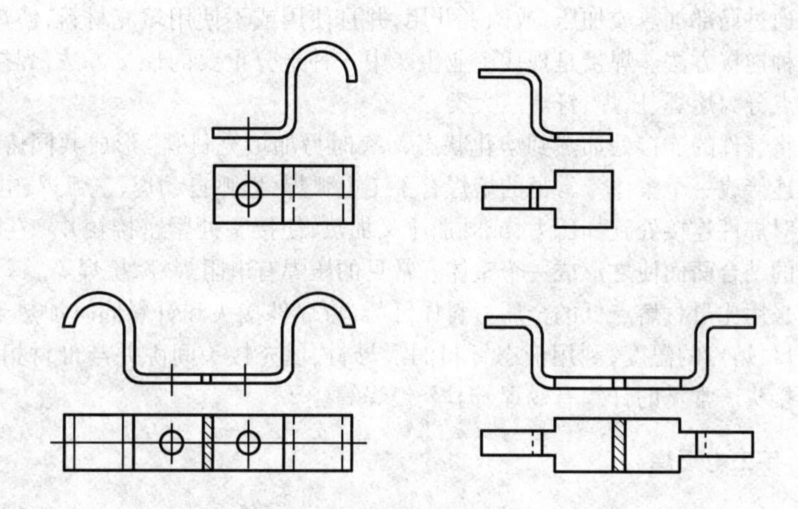

**图 4.12 弯曲成形**

5. 弯曲件的尺寸公差

弯曲件的尺寸公差等级最好在 IT13 以下,角度公差大于 15′。

### 4.4.3 拉深件的结构工艺性

1. 拉深件的形状

拉深件的形状应力求简单、对称,尽量采用圆形、矩形等规则形状,以有利于拉深。

2. 拉深件的圆角半径

拉深件的圆角半径应尽可能大些,以便于成形和减少拉深次数及整形工序。

3. 拉深件各部分的尺寸比例

拉深件各部分的尺寸比例应合理,其凸缘的宽度应尽量窄而一致,以便使拉深工艺简化。

4. 拉深件的公差等级及表面质量

拉深件直径尺寸的公差等级为 IT9 ~ IT10,高度尺寸公差等级为 IT8 ~ IT10,经整形工序后公差等级可达 IT6 ~ IT7。拉深件的表面质量取决于原材料的表面质量,一般不应要求过高。

# 第5章　焊接工艺设计训练

## 5.1　焊接方法简介

### 5.1.1　焊接方法概述

焊接是通过局部加热或加压，或两者并用，并且使用或不使用填充材料，使焊件达到原子结合的一种连接方法。焊接是现代工业生产中一种十分重要的连接方法，焊接方法按焊接过程的特点分为熔焊、压焊、钎焊三大类。

熔焊是将焊件的连接处加热到熔化状态，（有时另加填充材料）形成共同熔池，然后冷却凝固使之连接成一个整体。常见的熔焊有手工电弧焊、埋弧自动焊、氩弧焊、电渣焊等。

压焊是对焊件连接处施加压力，或既加压又加热，使接头处紧密接触并产生塑性变形，通过原子间的结合面而使之形成一个整体。常见的压焊有电阻焊、摩擦焊等。

钎焊是采用比母材熔点低的金属材料作钎料，将焊件接头和钎料同时加热到高于钎料熔点、低于母材熔点的温度，利用液态钎料润滑母材、填充接头间隙并与母材相互扩散，从而形成钎焊接头。常见的钎焊有锡焊、铜焊、银焊等。

### 5.1.2　手工电弧焊

手工电弧焊是利用电弧热局部熔化焊件和焊条以形成焊缝的一种手工操作焊接方法，也称为焊条电弧焊。在我国的工业生产中，是当前应用最广泛的焊接方法之一。

手工电弧焊的主要特点是可以采用各种与所焊母材相配的焊条焊制优质的焊接接头。最适合的被焊材料为碳钢、低合金钢、高合金钢和铬镍不锈钢等。有色金属手工电弧焊的接头质量不如钨极氩弧焊和熔化极惰性气体保护焊。

手工电弧焊的焊接参数包括接头和坡口形式、焊接位置、焊条直径、焊接电流、电弧电压、焊接速度、焊接顺序、焊缝层次和运条方式。其中最主要的参数是焊接电流、电弧电压和焊接速度。

### 5.1.3　埋弧焊

埋弧焊是利用在焊剂层下燃烧的电弧热量，熔化焊丝、焊剂和母材金属而形成焊缝的一种熔焊方法。它是我国应用最普遍的机械化焊接方法之一。

埋弧焊所需的基本设备和器具由焊接电源、送丝机构、行走机构或焊件变位机、焊丝盘、焊枪和电气控制系统等组成。

埋弧焊的优点是电流大、生产效率高，焊接质量好，劳动条件好；缺点是适应性差、焊前工作要求严。

埋弧焊通常用于碳钢、低合金结构钢、不锈钢和耐热钢等中厚板（6～60 mm）结构的长直焊缝与较大直径（大于300 mm）环缝的平焊，尤其适用于成批生产。

### 5.1.4 钨极氩弧焊

钨极惰性气体保护焊是采用纯钨或活化钨作为电极的惰性气体保护焊。它利用钨极(非熔化极)与焊件之间产生的电弧热,熔化母材或填充焊丝形成熔池连接被焊工件的一种焊接方法,整个焊接过程在惰性气体保护下进行,也称为TIG焊接法。使用钨电极以氩气作为保护气体的电弧焊即为钨极氩弧焊。

钨极氩弧焊按操作方式分为手工、机械和自动三种。手工钨极氩弧焊的焊接设备和器具主要包括:焊接电源、控制器或自动程序控制器、焊枪、供气系统、冷却水循环系统。机械化或自动钨极氩弧焊还应配备焊接机头行走机构或焊件变位机构。

钨极氩弧焊焊缝质量高,焊接过程不产生氧化。在不锈钢、铝合金和钛合金的焊件生产中是一种首选的焊接方法。直流钨极氩弧焊适用于壁厚0.3~5 mm的不锈钢、钛及其合金、低合金钢和碳钢重要焊件;交流钨极氩弧焊适用于壁厚10 mm以下的铝、镁及其合金的焊接件。

### 5.1.5 $CO_2$气体保护焊

$CO_2$气体保护焊是熔化极气体保护焊最原始的形式。熔化极气体保护焊是在气体保护下,利用焊丝与焊件之间的电弧熔化连续给送的焊丝和母材,形成熔池和焊缝的焊接方法。按保护气体分为$CO_2$气体保护焊、混合气体保护焊和惰性气体保护焊,前两种简称MAG焊,后一种简称MIG焊。

$CO_2$气体保护焊设备主要包括:焊接电源、等速送丝机、焊枪及送丝软管、供气系统、控制和调节系统、焊接电缆等。

$CO_2$气体保护焊与手工电弧焊相比,焊接效率可提高1~3倍;与手工电弧焊和埋弧焊相比,生产成本可成倍降低;焊接变形较小,特别适用于薄板的焊接。其缺点是焊接飞溅较大、焊缝形成不良。

$CO_2$气体保护焊常用于碳钢和低合金钢的焊接,适用于各种空间位置。不能焊接对氧亲和力较高的钢材和金属,如高铬钢、铬镍不锈钢、铝及其合金、钛及其合金等。

### 5.1.6 电阻焊

电阻焊是利用电流流经焊件接合面的接触电阻产生的热量,将焊接部位加热到红塑性状态或熔化状态,并施加一定压力而形成牢固结合的一种焊接方法。电阻焊接接头的形式可分为点焊、缝焊、凸焊和对焊四种。

点焊大多数用于不要求气密的搭接接头。焊接效率高,适于组织大批量生产。主要应用在汽车车身、飞机壳体、机车车箱、电子元器件和家具制造等领域。

缝焊也称滚焊,其电极呈圆盘状。缝焊可以形成连续的密封焊缝,可用于有气密要求的各种接头。

凸焊是电阻点焊的一种特殊形式,凸焊的先决条件是必须在焊件接合面上预制凸点,或焊件接合面的形状相似于凸点,凸焊时采用平端电极,在压紧焊件的同时通电,凸点熔化形成焊点。凸焊不仅可用于板材结构,还可用于螺钉、螺母、线材和管件的连接。不适宜厚度小于0.5 mm以下的焊件。

对焊也称接触对焊。它是焊件本身充当电极,焊接电流由夹紧机构传递给焊件,电流通过焊件接触端面将其加热至熔化状态或半熔化状态后加挤压力形成连接。

点焊、缝焊、凸焊主要用于3 mm以下的薄板和各种薄壁焊件的焊接。对焊适用的焊件尺寸几乎不受限制，主要取决于工厂电力的功率。

## 5.2 焊接结构工艺设计

### 5.2.1 焊接生产工艺过程

焊接结构生产首先应进行焊接生产的准备工作，然后才能实施焊接生产过程。焊接生产的准备工作主要内容是焊接工艺设计。焊接生产过程就是把各种原材料或半成品用以焊接为主的工艺手段，按照已设计好的图样要求去制造（焊接）成焊接产品的制造过程。

各种金属材料要制成符合设计要求的焊接结构，需经过许多加工步骤（即工序）。焊接结构的形式虽然繁多，但其生产过程却基本相似。一般的金属焊接结构生产工艺过程，包括材料复验入库、备料加工、装配－焊接、焊后热处理、除锈油漆、质量检验、合格产品入库的全过程，如图5.1所示。在实际施工中，各道工序之间都要进行质量检验，以保证焊接结构的质量。

图5.1中序号1～10表示出焊接结构制造流程，其中序号1～5为备料工艺过程的工序，还包括穿插其间的11和12工序。由于数控切割技术的发展，下料工艺的自动化程度和精细程度大大提高，手工的画线、号料和手工切割等工艺正逐渐被淘汰。序号6、7以及12、13为装配－焊接工艺过程的工序。检验工序需在各工艺工序后进行。序号12表明机械加工与装配－焊接之间的关系：备料工序的零件需要机械加工，如钻孔；机械加工后的零件供给装配－焊接工序，如轴或套类；部件或总装配－焊接工序后需要进行机械加工（即焊后加工）。

1. 材料的存放和发放

材料复验入库一般在材料库中进行，其主要任务是材料的保管和发放。材料库主要有两种：一是金属材料库，主要存放保管钢材；二是焊接材料库，主要存放焊丝、焊剂和焊条。

2. 备料加工工艺

备料加工工艺由原材料加工成零件和毛坯或半成品的系列工序组成，包括材料预处理、放样、画线、号料、下料、边缘加工、矫正、成形加工、端面加工以及制孔和清理等。备料工序通常以工序流水的形式在焊接车间内备料加工工段进行。

3. 装配－焊接工艺

在焊接结构生产中，装配工艺和焊接工艺非常密切，在绝大多数的情况下，装配与焊接是交叉进行的。装配焊接工艺包括边缘清理、装配、焊接等工序。装配－焊接过程中时常穿插其他的加工，如机械加工、预热及焊后热处理、零部件的矫形等。

4. 焊后热处理

焊后热处理是焊接工艺的重要组成部分，是保证焊件使用特性和寿命的关键工序。焊后热处理不仅可以消除或降低结构的焊接残余应力，稳定结构的尺寸，而且能改善接头的金相组织，提高接头的各项性能，如抗冷裂性、抗应力腐蚀性、抗脆断性、热强性等。根据焊件材料的类别，可以选用不同种类的焊后热处理：消除应力处理、回火、正火＋回火，调质处理、固溶处理（只用于奥氏体不锈钢）、稳定化处理（只用于稳定型奥氏体不锈钢）、时效处理

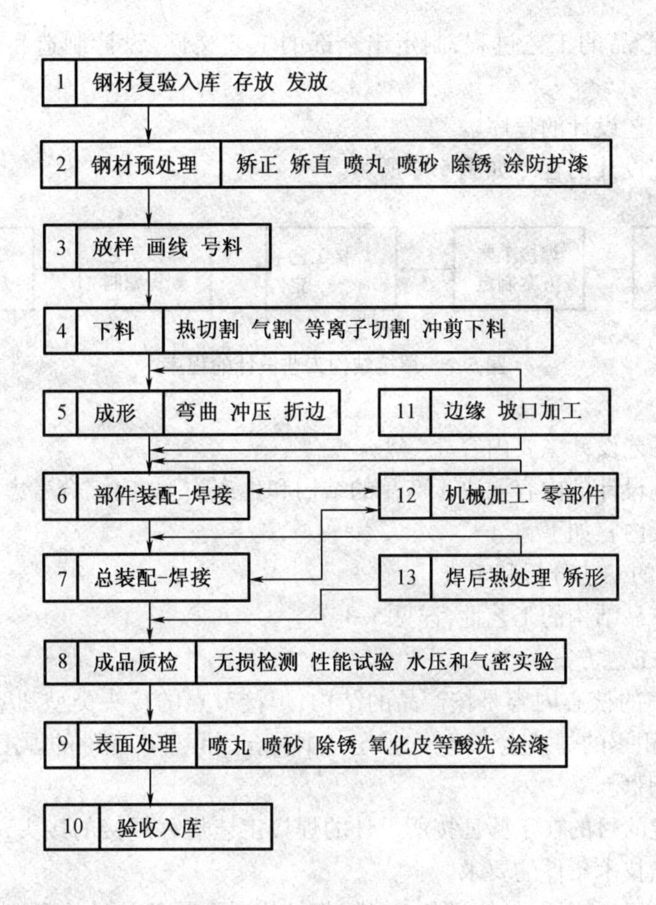


图5.1 焊接结构生产工艺过程

(用于沉淀硬化钢)。

5. 检验工序

检验工序贯穿整个生产过程,检验工序从原材料的入库复验开始,随后在生产加工每道工序都采用不同的工艺进行不同内容的检验,最后制成品还要进行最终质量检验。最终质量检验可分为:焊接结构的外形尺寸检查,焊缝的外观检查,焊接接头的无损检查,焊接接头的密封性检查,结构整体的耐压检查。检验是对生产实行有效监督,保证产品质量的重要手段。

6. 表面处理

表面处理是指在所有制造工序和检验程序结束后,对焊接结构整个内外表面或部分表面或仅限焊接接头及邻近区进行修正和清理,清除焊接表面残留的飞溅,消除击弧点及其他工艺检测引起的缺陷,最后的工序是喷漆。修正的方法通常采用电动或风动砂轮机打磨,氧化皮、油污、锈斑和其他附着物的表面清理可采用砂轮、钢丝刷和抛光机等进行。大型焊件的表面清理可采用喷丸或抛丸处理。不锈钢焊件的表面处理通常采用酸洗法,酸洗后再钝化处理。

### 5.2.2 焊接工艺设计内容

焊接结构工艺设计就是产品生产前的工艺准备,其基本任务是设计出能保证优质、高效、低耗地制造出产品的工艺过程,制定出全部的工艺文件,设计制造和调整好各种工艺装备。

1. 焊接结构工艺设计的程序

焊接结构工艺设计的程序如图5.2所示。

图5.2 焊接结构工艺设计的程序

2. 焊接结构工艺设计主要内容

焊接结构工艺设计的内容取决于产品的结构和生产类型,应综合考虑确定具体的工艺设计内容。其主要内容如下:

(1)产品图样的工艺分析和审查

目的是提高产品结构的工艺性,详见5.3节。

(2)制定焊接工艺方案

焊接工艺方案的核心内容是按产品的结构、焊接节点的接头类型和壁厚,所用各种材料的特性,根据已积累的焊接生产经验,拟定基本符合实际生产条件的焊接生产工艺路线。

(3)焊接工艺评定

焊接工艺评定的目的在于验证按所设计的焊接工艺规程焊接的接头,其致密性和理化性能是否符合产品技术条件的要求。

在我国,锅炉、压力容器、核能设备、管道、钢结构、桥梁、船体结构和海洋工程建筑等主要焊接结构的制造法规,都明确强制性地规定:在产品正式投产前,必须对所采用的焊接工艺规程,按有关的标准进行焊接工艺评定。

对于一般的焊接结构和非法规产品,焊接工艺规程可直接按产品技术条件、产品图样、工厂有关焊接标准,焊接材料和焊接工艺试验报告以及已积累的生产经验数据编制焊接工艺规程,经过一定的审批程序即可投入使用,无需事先经过焊接工艺评定。

(4)焊接工艺规程的编制

焊接工艺规程是指导焊工按法规要求焊制产品焊缝的工艺文件,应当列出为完成符合质量要求的焊缝必需的全部焊接工艺参数。主要包括:焊接方法,母材金属类别、钢号及厚度范围,焊接材料的种类、牌号、规格,预热和后热温度、热处理方法和制度,焊接工艺参数,接头及坡口形式,操作技术,焊后检查方法及要求等。焊接工艺规程不仅是对焊工的指导性文件,而且也是焊接质量检验的主要依据之一。

(5)综合工艺规程的编制

工艺规程是直接指导工人技术操作的基本文件。同时也是企业组织生产、安排生产作业计划、生产调度、技术检查、劳动组织和材料供应等工作的重要技术依据。综合工艺规程是除焊接工艺规程以外的其他生产工艺文件,一般包括工艺过程卡、装配－焊接工艺卡、工序卡等。

3. 工艺规程的格式和内容

工艺文件的具体格式是多种多样的,一般无特殊要求应采用标准格式。原机械工业部颁布的《工艺规程格式》(JB/T 9165.2—1998)规定了30多种文件的格式,可以采用其中的"焊接工艺卡片"、"装配工艺过程卡片"、"装配工序卡"等。

工艺规程形式和内容与生产类型有关。单件小批生产一般编装配-焊接工艺过程卡,关键零件编工艺卡;成批生产一般编装配-焊接工艺卡,关键零件编工序卡;大批大量生产绝大多数零件都要编工序卡。

(1)工艺过程卡

一般按生产工艺过程的内容填写或编制,内容包括:

①产品的名称、代号、材料、质量和数量。

②加工地点、加工工序名称及顺序。

③各工序所用之加工设备、装备及工具。

④每一工序的工人人数、工种及级别。

⑤完成每一工序的估算定额。

(2)备料工艺卡

①产品的名称、代号、材料、质量和数量。

②一次生产的零件数目。

③零件经过工序名称、顺序及零件在各工序加工后的尺寸及公差,常附简图说明。

④设备、装备及工具的类型,详细的加工参数及有关的技术说明。

⑤各工序工种工人数、材料及劳动定额。

⑥各工序的检验方法及所用设备或工具。

(3)装配-焊接工艺卡

在批量生产或大批大量生产中,可分别编制装配工艺卡及焊接卡,其主要内容如下:

①产品的名称、代号、材料、质量和数量。

②一次生产的零件数目。

③零件经过工序名称、顺序及零件在各工序加工后的尺寸及公差,常附简图说明。

④设备、装备及工具的类型,详细的加工参数及有关的技术说明。

⑤各工序工种工人数、材料及劳动定额。

⑥各工序的检验方法及所用设备或工具。

⑦装配基面及装配顺序,预留余量或间隙数值;点固焊位置,焊接长度及方法、材料。

⑧焊接方法、设备类型、焊接参数、焊接顺序及方向、焊缝形状及尺寸等。

⑨焊条、焊丝、焊剂及气体的种类、规格、使用注意事项及消耗定额等。

⑩胎具、夹具和机械装置等的调节、检查和操作的方法、顺序及注意事项等。

### 5.2.3 备料加工工艺

焊接结构生产过程中的材料准备、零件的备料加工是焊接生产中必经的工序,它将直接或间接影响到整个焊接结构的质量和生产效率。备料加工包括材料预处理、放样、画线、号料、下料、边缘加工、矫正、成形加工、端面加工、制孔等工序,备料加工各工序的常用工艺方法见表5.1。

**表5.1　备料加工各工序常用工艺方法**

| 工序 | 加工对象 | 工艺方法 | 适用范围 | 说明 |
|---|---|---|---|---|
| 矫正 | 钢板 | 手工 | 无机械设备或无适用的设备 | 应使用平锤垫锤 |
| | | 钢板矫正机(平板) | 根据设备特性可矫厚度1.5~40 mm | 可矫正剪切后的切口变形 |
| | | 压力机 | 厚度>40 mm的钢板 | 水压机或液压机 |
| | 型钢 | 手工 | 无机械设备或无适用的设备 | |
| | | 型钢矫正机 | 角钢、槽钢、工字钢 | 可矫正断面形状 |
| | | 调直机(顶床) | 断面大或局部弯曲 | 不能矫正断面形状 |
| | | 压力机 | | |
| 划线 | 钢板及型钢 | 画线、放样及号料 | 单件小批生产的零件<br>成批生产的零件 | |
| 下料 | 钢板 | 手工剪 | 剪切厚度<4 mm | 剪切精度较差 |
| | | 龙门剪 | 一般剪切厚度<25 mm | |
| | | 圆盘剪 | 一般剪切厚度<3 mm | |
| | | 冲剪 | 联合冲剪机一般冲剪小料<br>大功率冲床可利用模具落料 | |
| | 型钢 | 冲剪、锯割 | 角钢、圆钢、各种型钢 | |
| | 钢板及型钢 | 气割 | 各种型钢及钢板 | 包括手工、半自动、自动光电及数控 |
| | | 等离子切割 | 不锈钢、铝及难熔材料 | |
| 弯曲成型 | 钢板 | 手工 | 单件生产 | |
| | | 卷板机 | 卷圆筒及锥形筒 | 卷板机有三辊及四辊 |
| | | 压力机 | 曲面成形(如封头等) | |
| | 型钢 | 手工 | 型钢及钢管弯曲成形 | |
| | | 型钢弯曲机 | 型钢弯曲成形 | |
| | | 弯管机 | 钢管弯曲成形 | |
| 边缘加工 | 钢板及型钢 | 风铲 | 去除冷加工硬化层、边缘及坡口加工 | 精度较差 |
| | | 气割 | | 有自淬倾向的材料应考虑预热 |
| | | 刨边机 | | 精度高 |
| | | 铣边机 | | |
| | | 立车 | | |

表 5.1(续)

| 工序 | 加工对象 | 工艺方法 | 适用范围 | 说明 |
| --- | --- | --- | --- | --- |
| 孔加工 | 钢板及型钢 | 钻孔 | 手提钻、立钻及摇臂钻 | 大量生产中采用多头专用钻床 |
| | | 冲孔 | 大量生产 | 孔缘有冷加工硬化层 |
| | | 割孔 | 大尺寸或无精度要求 | |
| 表面及焊口清理 | 钢板及型钢 | 气体火焰 | 去油污、水分等 | 成本高 |
| | | 喷丸或喷砂 | 去锈、去氧化皮 | 效率高效果好,但应防粉尘 |
| | | 手砂轮或钢丝刷 | 一般用于焊口清理 | 劳动量大 |
| | | 酸洗 | 去锈、去氧化皮、去油污等 | 注意劳动保护 |

1. 材料预处理

各类焊接结构用钢材必须经过相应的预处理,以确保接头的焊接质量。钢材预处理工艺通常包括清理、矫正和表面防护处理等。

(1)钢材的矫正

钢材在轧制、运输及堆放过程中常会产生弯曲、扭曲、波浪变形等,这些变形的存在将使下料、切割、装配等工作不能正常进行,因此必须进行钢材的矫正。

钢材的矫正通常采用机械反变形、火焰加热和手工锤击等方法。机械矫正是利用各种矫正机械对变形的钢材施加一定压力,使之产生反方向变形而实现矫正,常用的有拉伸矫正机、压力矫正机和辊式矫正机。

(2)钢材表面的清理

钢材表面的清理是通过机械或化学的方法对钢材表面附着的尘土、泥沙、油污和锈蚀等进行清除,是焊接结构制造中重要工序之一。

钢材表面清理方法主要有机械除锈法和化学除锈法两大类。机械除锈法最常用的有喷砂、喷丸、风动或电动砂轮、钢丝刷、砂纸带打磨等方法。化学除锈法就是用酸溶液进行除锈清理,这种方法清理效率高,除锈均匀且质量稳定,但成本较高并污染环境。对于小型车间,经常采用手工或风动钢丝刷或砂轮等方法清理钢材表面。对于大批大量生产的企业,则采用机械装置或化学方法进行钢材表面的清理。

2. 画线、放样及号料

画线、放样及号料是原材料切割下料前的准备工序。画线是指在原材料上或经初加工的坯料上,按设计图样以 1:1 的比例绘制下料线、加工线、中心线、各种基准线和检验线等。对于成批生产的部件或标准件可采用样板进行画线,俗称号料。放样通常是在专门的放样台上进行的,它是按照设计图纸,以 1:1 的比例画出结构部件或零件的图形和平面展开尺寸,然后制成各种样板、样杆和样箱作为焊接结构画线、下料、加工、装配等工作的依据。

采用先进的数控切割机和相应的编程套料软件,可以省略繁琐的放样画线工序。

在制作样板时,应考虑焊接收缩变形量及零件加工余量。表 5.2 列出各种焊接接头在不同板厚下的横向收缩量。用样板号料时应注意留出切割间隙,表 5.3 列出气割和等离子弧切割切口间隙尺寸。放样过程中也会造成一定的尺寸偏差,表 5.4 为常用放样允许误差。

**表 5.2　焊缝收缩量经验数据**

| 接头类型 | 焊缝方向<br>板厚/mm | 焊缝横向/mm | | | | | | | | 焊缝纵向<br>/(mm/m) |
|---|---|---|---|---|---|---|---|---|---|---|
| | | 5 | 8 | 10 | 12 | 14 | 16 | 20 | 24 | |
| 对接接头 | | 1.3 | 1.4 | 1.6 | 1.8 | 1.9 | 2.1 | 2.6 | 3.1 | 0.15 ~ 3 |
| 对接接头 | | 1.2 | 1.3 | 1.4 | 1.6 | 1.7 | 1.9 | 2.4 | 2.8 | 0.15 ~ 3 |
| 连续角焊缝 | | 1.6 | 1.8 | 2.0 | 2.1 | 2.3 | 2.5 | 3.0 | 3.5 | 0.2 ~ 0.1 |
| 连续角焊缝 | | 0.8 | 0.8 | 0.8 | 0.7 | 0.7 | 0.6 | 0.6 | 0.4 | 0.2 ~ 0.1 |
| 单 V 角焊缝 | | 0.4 | 0.3 | 0.25 | 0.20 | 0.20 | 0.20 | 0.20 | 0.20 | 0 ~ 0.1 |

**表 5.3　切口间隙尺寸**

| 材料厚度/mm | 气割 | | 等离子弧切割 | | 材料厚度/mm | 气割 | | 等离子弧切割 | |
|---|---|---|---|---|---|---|---|---|---|
| | 手工 | 自动、半自动 | 手工 | 自动、半自动 | | 手工 | 自动、半自动 | 手工 | 自动、半自动 |
| ≤10 | 3 | 2 | 9 | 6 | 52 ~ 65 | 6 | 4 | 16 | 12 |
| 12 ~ 30 | 4 | 3 | 11 | 8 | 70 ~ 130 | 8 | 5 | 20 | 14 |
| 32 ~ 50 | 5 | 4 | 14 | 10 | 135 ~ 200 | 10 | 6 | 24 | 16 |

**表 5.4　常用放样允许误差**

| 序号 | 名称 | 允许误差值/mm | 序号 | 名称 | 允许误差值/mm |
|---|---|---|---|---|---|
| 1 | 平行线和基准线 | ±0.5 ~ 1 | 4 | 位置线 | ±0.5 |
| 2 | 轮廓线 | ±0.5 ~ 1 | 5 | 角度 | ±1° |
| 3 | 样板和样条 | ±1 | 6 | 装配用样杆、地样 | ±1 |

3. 下料

下料是采用各种方法把零件从钢材上切割下来的过程。金属件的坯料一般可用气割、等离子弧切割、剪切、冲裁、锯切等方法下料。通常将气割、等离子弧切割、激光切割等称为热切割,具体介绍如下:

(1)气割

氧气切割简称气割,也称火焰切割。由于设备简单、操作方便、生产率较高、切割质量较好、成本较低等一系列优点,特别是可以切割厚度大、形状复杂的零件,所以成为一种极为重要和有效的工艺方法,应用广泛。气割设备按切割过程自动化程度分为手工火焰切割设备、机械火焰切割设备和自动火焰切割设备。

(2)等离子弧切割

等离子弧切割是利用等离子弧的高温熔化被割的金属材料,并由高速的离子气流吹除熔化金属,实现切割的过程。等离子弧切割技术由于切割效率高,可切割材料的种类多,生产成本低,在工业生产中的应用范围仅次于火焰切割。等离子弧切割按切割过程自动化程度分为手工等离子弧切割设备、机械等离子弧切割设备和数控等离子弧切割设备。

(3)激光切割

利用激光束的热能量将被切工件切缝区熔化和汽化,同时用辅助气体排除熔化物从而形成切缝。其主要优点是切缝细,对一般低碳钢,其宽度可小到0.1~0.2 mm;切口表面光滑,零件切后不需加工即可使用。目前限于设备条件,工业上还仅限于将激光切割头装在数控切割机上实现薄板的机械化自动切割。

(4)水射流切割

水射流切割是利用压力达200~400 MPa的高压水,有时还加入一些粉末状的磨料,通过喷嘴喷射到工件上的一种切割方法。可以切割金属、复合材料、陶瓷、玻璃、塑料等。

上面几种切割方法的速度比较见表5.5。各种热切割方法在选用时要依具体情况不同而异,但基本选用原则如下:

①板厚在25 mm以下,边缘为直线的尺寸不太大的钢板零件应该采用剪切,而板厚大于25 mm的钢板剪切时,边缘会产生较大的变形,又受剪切设备能力的限制,故一般都采用氧气切割。

②边缘为曲线的厚钢板件,一般都采用氧气切割。但对于批量很大、尺寸较小的零件应采用冲裁方法。

③尺寸较小、周边为曲线、要求形状一致的钢板件,可以采用仿形切割。对于质量要求较高的任意形状钢板件,应尽量采用光电跟踪切割或数控切割。

④边缘为曲线的不锈钢、有色金属零件,应采用等离子切割,直边应采用剪切。

⑤在切割直线和坡口时,应尽量采用半自动切割机代替手工切割,以提高切割质量。

⑥对零件边缘既有曲线又有直线时,可以先剪切后切割,这样既可以提高生产率,又使边缘整齐。

**表5.5 几种切割方法的速度比较** 单位:mm/min

| 碳钢钢板厚/mm | 氧-乙炔切割 | 等离子弧切割 | 激光切割 | 水射流切割 |
|---|---|---|---|---|
| <1 | — | — | <5 000 | 3 300 |
| 2 | — | — | 3 500 | 600 |
| 6 | 600 | 3 700 | 1 000 | 200 |
| 12 | 500 | 2 700 | 300 | 100 |
| 25 | 450 | 1 200 | — | 45 |
| 30 | 300 | 250 | — | — |
| >100 | >150 | — | — | — |

4. 边缘和坡口加工

金属的边缘和坡口加工通常可采用各种热切割方法来完成。但对于装配精度要求严格的结构部件，以及淬硬倾向较高的金属材料，热切割后需对边缘再进行机械加工，或直接加工出所要求形状的坡口。机械加工可以采用刨削、铣削、车削等切削加工工艺。

5. 成形加工

在焊接结构制造中，有相当一部分构件，如筒体、封头等，都需在焊接之前对坯料进行成形加工。最常用的成形加工方法有卷圆、弯曲、折弯、旋压和冲压成形等方法。

金属材料的成形加工，可在常温和高温下进行。对于塑性良好的薄板材料、薄壁型材和管材，通常都在常温下作冷成形加工，而塑性较差、强度较高，以及厚板、厚壁管等，则应加热到一定温度进行热成形加工。

### 5.2.4 装配-焊接工艺

焊接结构的装配是将零、部件按图纸的要求组合起来，经定位焊成为整体的工艺过程。在进行金属结构件的装配时，将零件装配成部件称为部件装配，将零件或部件总装起来称为总装配。焊件的组装（或称装配）是决定焊接质量的关键工序，而焊件的组装质量又取决于下料和成形的尺寸精度。

1. 焊接结构装配-焊接次序

根据装配-焊接的顺序分为整装整焊、部件装配焊接-总装配焊接、交替装焊三种类型。恰当地选择装配-焊接次序是控制焊接结构的应力与变形的有效措施之一，主要按产品结构的复杂程度、生产批量和变形大小选定。

整装整焊的装配和焊接在不同的工位上进行，这种装配方法适用于结构简单的，批量生产的焊件。部件装配焊接-总装配焊接是一种先进的装配工艺，适用于可分解成各个独立部件的复杂结构，如船体结构、铁道车辆和汽车车身等结构。交替装焊适用于大型复杂结构单件小批量生产。

决定装配-焊接次序，首先是考虑对装配工作是否方便、焊接时的可焊到性及方法。其次是对焊接应力与变形的控制是否有利，以及其他一系列生产问题。

2. 装配工艺要点

（1）装配前的检查

装配的质量在很大程度上取决于坯料、零件和成形件的外形尺寸和形位公差。因此，在装配前必须按施工图样检查所组装的各零件尺寸是否符合图样的规定，特别要注意按焊缝坡口的形状和尺寸，如钝边、坡口和角度等是否符合焊接工艺规程的规定。

（2）装配焊接后的机械加工

许多焊接结构中的一些零件是需要机械加工并与其他构件精确配合的，为了保证这些零件的精度，可靠的方法是先完成所有装配及焊接工作，甚至在构件经过退火消除内应力后，再进行机械加工。这种工艺过程生产成本高，同时要求具备大型机床才能实现。当对构件中加工零件的精度要求不太高时，可以采用带有定位装置的装焊胎夹具，并选择正确定位基准、装配过程和焊接工艺来完成。

(3)装配零件的定位与找正

对零件进行定位、夹紧和测量是装配的三个基本条件。常用的零件定位方法有画线定位、销轴定位、挡铁定位和样板定位等。画线定位通常用于简单的单件小批装配或总装时的部分较小零件的装配。销轴定位是利用零件上的孔(或工艺孔)进行定位,定位比较准确。挡铁定位应用比较广泛,可以利用小块钢板或小块型钢作为挡铁,取材方便。样板定位常用于钢板与钢板之间的角度测量定位和容器上各种管口的安装定位。

装配工艺卡应规定装配的基准面、基准线,测量方法和测量工具。

(4)正确掌握公差标准

为了使整个结构焊后达到质量标准,在制定装配工艺时必须注明结构的特殊要求及公差尺寸,并在生产中严格遵守公差标准。

(5)对定位焊的要求

装配时用定位焊(又称点固焊)和定位板固定零件时,其强度和刚度的要求是:从装配到焊接的运送过程中定位焊缝不能断开或超过规定的变形,并且有利于减小焊接变形。定位焊的位置和尺寸应不影响焊接接头和结构的质量及工作能力,不影响整体焊缝的施焊。定位焊缝保证焊接质量,应采用和基本焊缝相同的焊接材料、焊接参数和热参数。

(6)焊接工装夹具的选用

为了提高装配工作质量和工作效率,应尽量考虑采用通用的和专用的装配工装夹具或装焊夹具。在装配工艺卡中应注明装配工夹具的名称、规格和编号。

3. 焊接工艺要点

焊接结构生产的理想情况是焊后结构既能满足技术要求,而又不进行矫形和返修。因此,施焊过程中控制焊接变形是一项最主要的任务。

(1)根据材料的焊接性、厚度和结构与接头刚度,选择焊接材料、焊接方法、顺序、规范和焊接位置(尽量用平焊位置和采用自动焊)。

(2)多层及双面焊接要检查坡口、间隙,焊接中要注意去渣和清根。

(3)焊后对内外缺陷、尺寸公差和变形程度等进行质量检查。

(4)在焊前和焊接过程中,采取必要措施消除和减少变形,如反变形法,对称焊接等。

4. 装焊工装夹具

装焊工装夹具是指将待装配的零件准确组对,定位并夹紧的工艺装备。既可用于装配又可用于焊接的工装夹具称为装焊工装夹具。成批生产中,正确的设计和选用装焊工装夹具,可大大缩短装配和焊接的周期,减轻劳动强度,提高生产效率,保证焊件的装配和焊接质量。

装焊工装夹具设计的依据是焊件结构尺寸的公差要求、组成焊件的零件和坯料的加工工艺及尺寸公差、焊件的装焊次序、拟采用的焊接工艺方法和焊件的生产批量。

### 5.2.5 焊接检验与质量管理

焊接结构的生产过程中不可避免会产生各种各样不符合设计或要求的缺陷,产生这样缺陷的原因涉及到焊接结构设计、材料接合性能以及焊接工艺等方面。为了确保焊接结构的安全运行,必须对焊接缺陷进行有效的控制和定期检验。焊接检验是焊接结构生产过程中自始至终不可缺少的重要工序,是保证焊接产品质量的重要措施。

1. 焊接缺陷的类别及分级

焊接质量控制的主要任务是防止、检测和消除各种焊缝缺陷。国家标准 GB/T 6417—1986《金属熔化焊焊缝缺陷分类及说明》对焊缝缺陷进行了定义和分类。该标准将金属熔焊焊缝缺陷分为6大类:第1类 裂纹;第2类 孔穴;第3类:固体夹杂;第4类:未熔合和未焊透;第5类:形状缺陷(指焊缝形状);第6类:其他缺陷。按缺陷在接头中分布的位置和形态又可将其分成若干小类,并将各种缺陷用数字序号标记。

评定焊接接头质量最重要的技术指标是:焊接接头的性能和缺陷的容限尺寸。指导性国家标准 GB/T 12469—1990《焊接质量保证 钢熔化焊接头的要求和缺陷分级》对此作了必要的原则性规定。

2. 焊接检验

焊接检验的目的一方面是通过不同的方法检查出焊接接头中的缺陷,并且应按相应的标准或规定对焊接接头质量作出评定;另一方面是对保证焊接接头质量的工艺条件进行检查,查出可能影响焊接接头质量的改变,并且予以监督改正。焊接检验的方法应该包括无损检验、破坏性检验和焊接工艺保证条件的检验。

3. 质量管理

焊接结构生产的质量管理是指从事焊接生产或工程施工的企业通过建立质量保证体系发挥质量管理职能,进而有效地控制焊接产品质量的全过程。

我国的产品质量标准,依据发布的单位和通用范围的不同,分为三级,即国家标准、部标准和企业标准。此外,有的企业还实行两种特殊质量标准,即"内控标准"和国际标准。企业所生产的产品,凡符合质量标准者为合格品,否则为不合格品。在不合格品中,属于不可修复的不合格品,即废品;属于可以修复的不合格品,称为返修品。

## 5.3 焊件结构工艺性

### 5.3.1 焊接接头及焊接符号

1. 焊接接头坡口形式

焊接接头坡口形式主要根据接头的板厚、焊接方法和技术要求来选定。对于手工电弧焊,当板厚小于6 mm时,在保证技术条件的前题下,可采用Ⅰ形坡口。当板厚超过以上厚度及要求全焊透的焊缝,按板厚可加工成V形、X形和U形等形式的坡口,表5.6列出了手工电弧焊焊接接头坡口形式与尺寸。更详细请参考国家标准 GB/T 985—1988《气焊、手工电弧焊及气体保护焊焊缝坡口的基本形式与尺寸》。

坡口的形状应便于加工,V形、X形坡口可采用气割,也可采用刨边机。U形或双U形坡口不能采用气割,所以在无刨边机的条件下尽量采用V形、X形坡口。另外,单V单U形坡口容易产生角变形,而双V双U坡口容易调整焊件角变形。

**表 5.6 手工电弧焊焊接接头形式与坡口尺寸**

| 接头形式 | 坡口形式与尺寸 |
| --- | --- |
| 对接接头 | 不开坡口（≤6，2）；V形坡口（60°，2，2，6~26）；X形坡口（60°，2，2，12~60）；U形坡口（R5，10°，2，2，20~60）；双U形坡口（R5，10°，2，2，40~60） |
| T形接头 | 不开坡口（0~2，2~30）；单边V形坡口（2，2，55°，4~30）；K形坡口（2，2，55°，10~40）；单边双U形坡口（2，20°，R8，40~60） |
| 角接接头 | 不开坡口（0~1，2~5）；单边V形坡口（55°，2，2，4~30）；V形坡口（60°，2，2，12~30）；K形坡口（55°，2，2，20~40） |
| 搭接接头 | δ，L，L≤4δ；塞焊 |

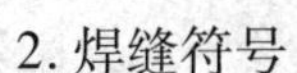

2. 焊缝符号

在图纸上标注出焊缝形式、焊缝尺寸和焊接方法的符号称为焊缝符号。由 GB/T 324—2008《焊缝符号表示法》和 GB/T 5158—2005《焊接及相关工艺方法代号》进行了规定。

焊缝的符号主要由基本符号、补充符号（GB/T 324—1988 中还有辅助符号）、指引线和焊缝尺寸等组成。基本符号是表示焊缝横截面的基本形式或特征的符号，标注在指引线横线上边或下边，表 5.7 是常用基本符号。标注双面焊焊缝或接头时，基本符号可以组合使用。补充符号用来补充说明有关焊缝或接头的表面形状、衬垫、焊缝分布、施焊地点等特征，见表 5.8 部分补充符号。

指引线由箭头线和基准线（实线和虚线）组成，必要时可加尾部，如图 5.3 所示。

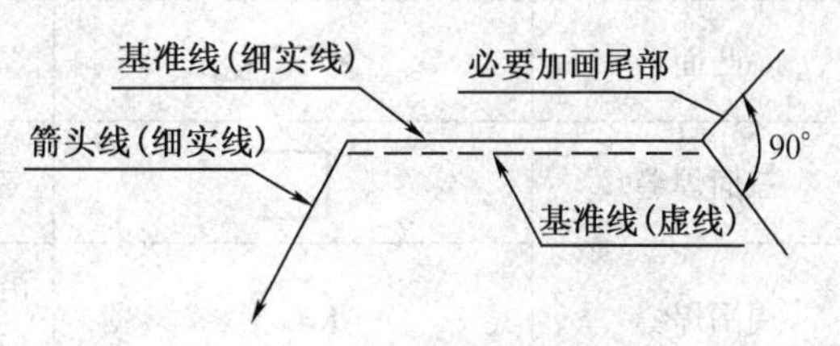


**图 5.3 焊缝指引线组成**

**表 5.7　常用基本符号**

| 焊缝名称 | 焊缝横截面形状 | 符号 | 焊缝名称 | 焊缝横截面形状 | 符号 |
|---|---|---|---|---|---|
| I 形焊缝 |  | 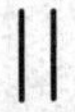 | V 形焊缝 |  |  |
| 带钝边 V 形焊缝 |  |  | 单边 V 形焊缝 |  |  |
| 钝边单边 V 形焊缝 | 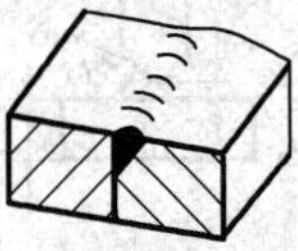 | 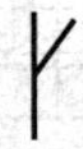 | 带钝边 V 形焊缝 |  |  |
| 封底焊缝 | 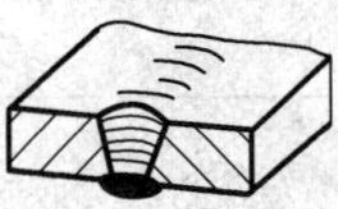 |  | 卷边焊缝 |  |  |
| 角焊缝 |  |  | 塞焊缝或槽焊缝 |  |  |
| 点焊缝 | 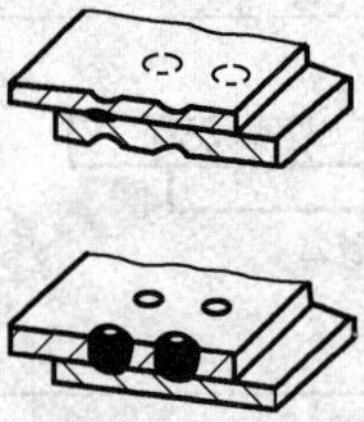 | 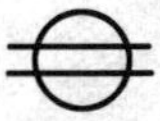 | 塞焊缝或槽焊缝 |  |  |

**表 5.8　部分补充符号**

| 名称 | 符号 | 说明 |
|---|---|---|
| 平面 | | 焊缝表面通常经过加工后平整 |
| 凹面 | | 焊缝表面凹陷 |
| 凸面 | | 焊缝表面凸陷 |
| 三面焊缝 |  | 三面带有焊缝 |
| 周围焊缝 |  | 沿着工件周边施焊的焊缝<br>标注位置为基准线与箭头线的交点处 |
| 现场焊缝 |  | 在现场焊接的焊缝 |

焊缝尺寸的标注规则是:横向尺寸标注在基本符号的左侧;纵向尺寸标注在基本符号的右侧;坡口角度、坡口面角度、根部间隙标注在基本符号的上侧或下侧;相同焊缝数量标注在尾部。表5.9是常见焊缝标注示例。

**表5.9 常见焊缝标注示例**

| 标注示例 | 说明 |
| --- | --- |
| 70° 6 111 | V形焊缝,坡口角度70°,焊缝有效高度6 mm |
| 4 | 角焊缝,焊角高度4 mm,在现场沿工件周围焊接 |
| 5 | 角焊缝,焊角高度5 mm,三面焊接 |
| 5 8×(10) | 槽焊缝,槽宽(或直径)5 mm,共8个焊缝,间距10 mm |
| 5 12×80(30) | 断续双面角焊缝,焊角高度5 mm,共12段焊缝,每段80 mm,间隔30 mm |
| 5 | 在箭头所指的另一侧焊接,连续角焊缝,焊缝高度5 mm |

### 5.3.2 焊接结构工艺性

焊接结构需采用具体焊接方法制造,因此结构设计时必需充分考虑焊接过程工艺性要求,使焊缝布置合理,结构强度高,应力变形小,并且制造方便。此外,产品图样工艺分析和审查的主要目的也是提高焊接结构的工艺性。由此可见,焊接结构工艺性好是设计人员和工艺人员共同工作的结果。

焊接结构工艺性首先要考虑操作是否方便,否则有时不能实现焊接,或因施焊条件太困难而使接头质量下降。结构中焊缝布置合理,将减小应力变形及其所造成的影响,提高结构强度。

焊接结构工艺性是比较复杂的,有时需要有比较丰富的实践经验才能处理得好,表5.10列举了焊接结构工艺性改进实例。

**表 5.10　焊接结构工艺性改进实例**

| 设计原则 | 焊接结构工艺性图例 | | 说明 |
|---|---|---|---|
| | 改进前 | 改进后 | |
| 焊缝位置便于操作 | | | |
| 便于操作 | 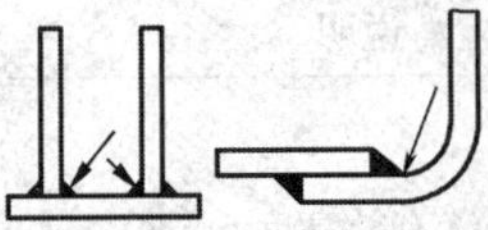 | 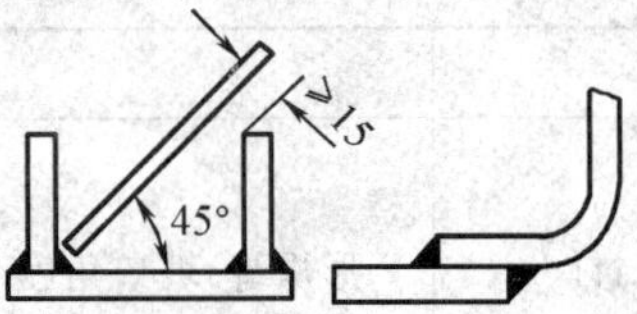 | 手弧焊要考虑焊条操作空间,改进前焊接作业空间不足 |
| | 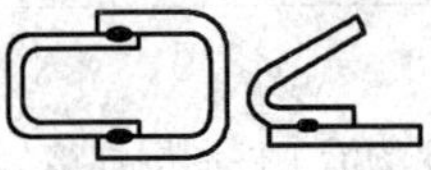 | 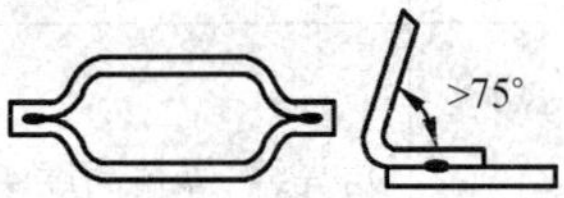 | 点焊或缝焊应考虑电极伸入方面 |
| 减少焊接应力和变形 | | | |
| 焊缝应对称布置或接近中性轴 |  | 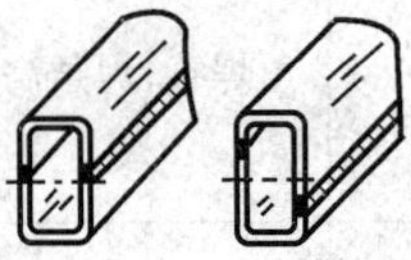 | 焊缝应对称布置,以减少收缩力矩或弯曲变形 |
| |  |  | 焊缝应靠近中性轴,以减少收缩力矩或弯曲变形 |
| 焊缝应避免过分密集或交叉 | 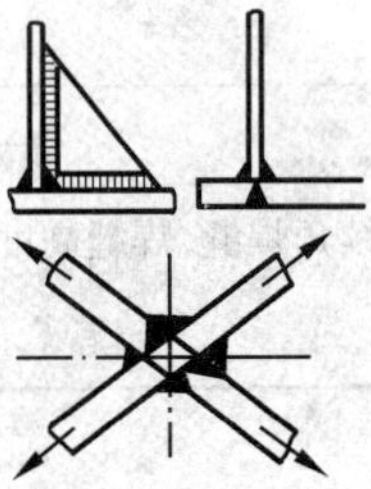 | 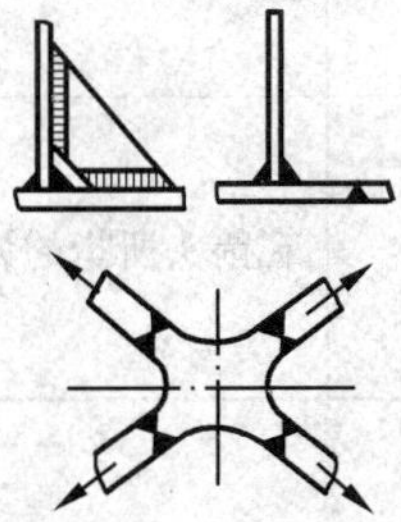 | 焊缝位置应尽可能分散,改进前会使接头处严重过热,导致应力与变形增大 |
| 尽量减少焊缝数量 | 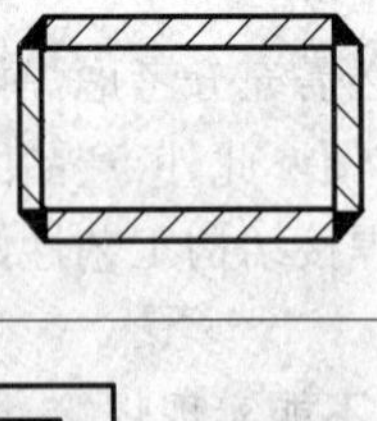 | 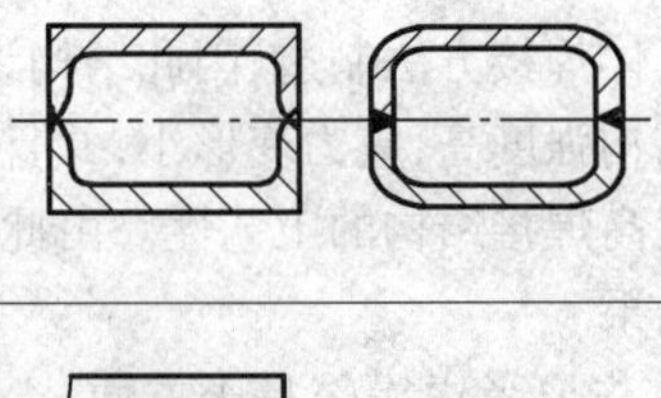 | 充分利于型材或冲压件,可减少焊缝数量 |
| 焊缝端部产生锐角处应去掉 | 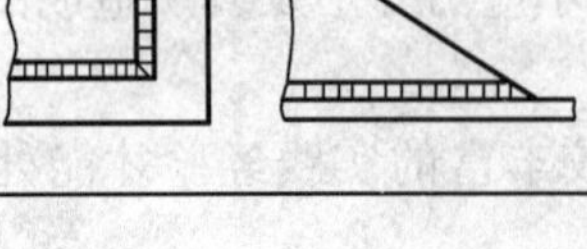 | 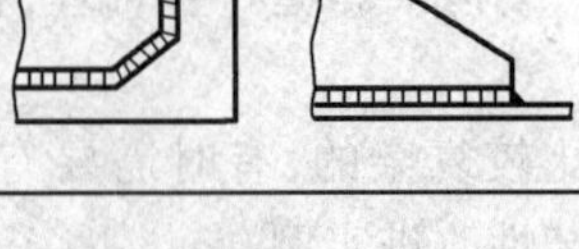 | 改进前为锐角,存在应力集中 |

表 5.10(续)

| 设计原则 | 焊接结构工艺性图例 | | 说明 |
|---|---|---|---|
| | 改进前 | 改进后 | |
| 不同厚度接头应平滑过渡 | 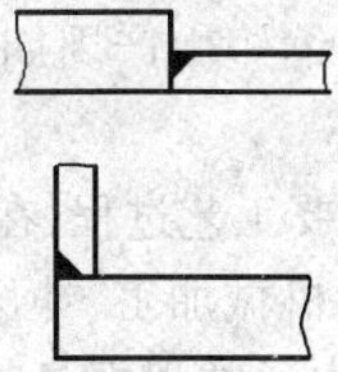 | 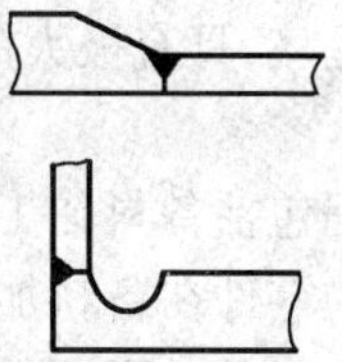 | 避免焊缝处应力集中,产生应力和变形 |
| 焊接结构强度 | | | |
| 焊缝应尽量避开最大应力 | 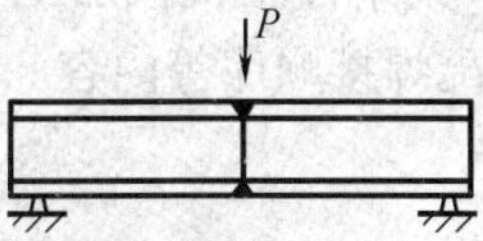 P | 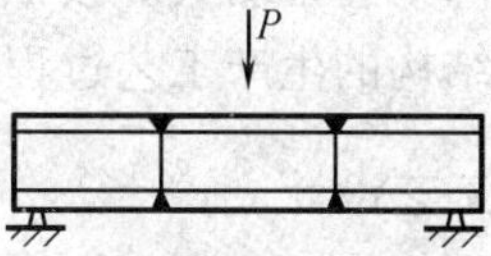 P | 改进前焊缝在最大应力处 |
| 焊缝应尽量避开应力集中处 | 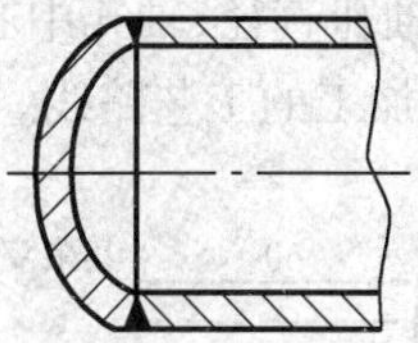 | 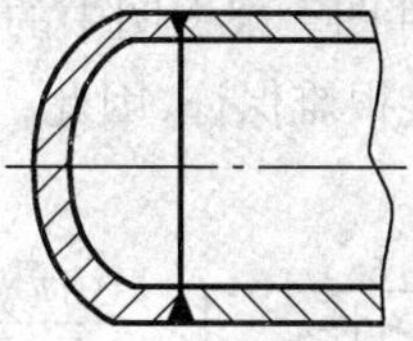 | 改进前焊缝在应力集中处,改时后避开 |
| 焊缝的根部要避免受拉应力 | 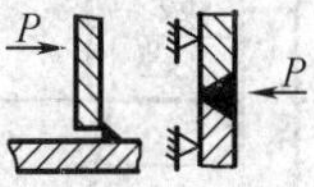 P P |  P | 受弯曲的焊缝应设计在受拉的一侧,不得在受压未焊侧 |
| 考虑加工或装配工序 | | | |
| 焊缝避开加工表面 | 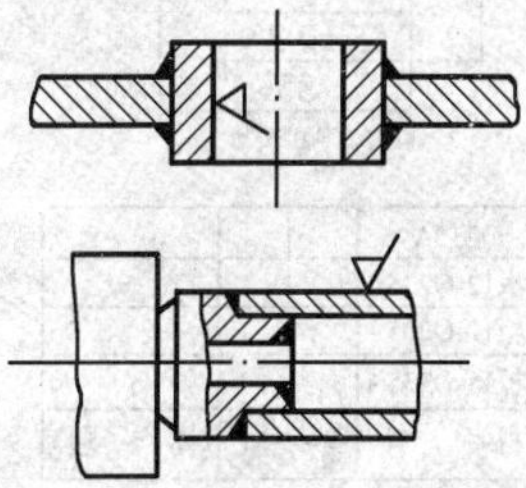 | 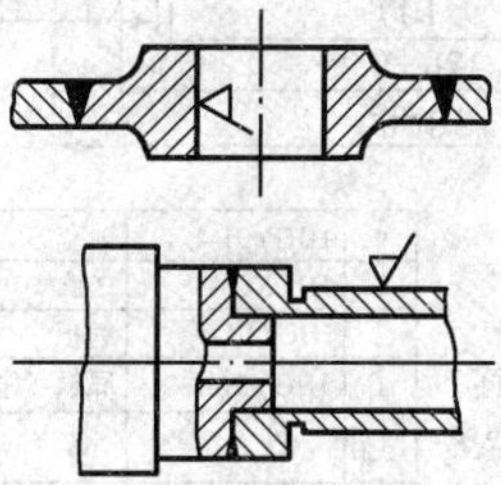 | 减小对加工质量的影响,降低加工难度 |
| 安装面尽可能不要有焊缝 | 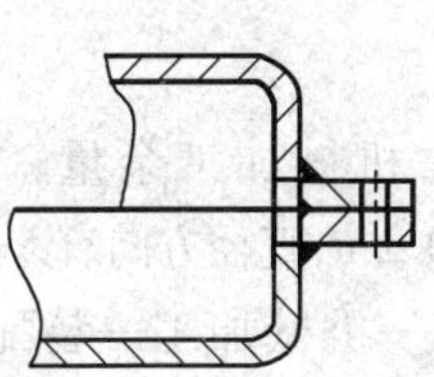 | 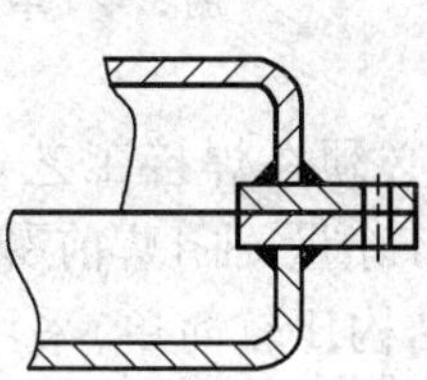 | 影响加工及装配 |

# 5.4 焊接工艺设计实例

在机械零件制造中,广泛使用焊接结构作为零件的毛坯。另外,在单件小批生产时,常用焊接毛坯取代铸件或锻件毛坯,具有极大的灵活性。可以缩短生产周期,降低金属消耗,以及减少随后的机械加工量。

焊接结构的生产工艺过程包括备料加工、装配焊接等主要工艺过程,在5.2节中已简要介绍。但对于具体焊接结构的零件在备料加工中,往往包括机械加工、冲压等工艺过程,在装配焊接后还要进行机械加工工艺过程,因此,在实际生产中通常根据具体情况,分类进行工艺设计,编制不同的工艺文件。

本节以支座和箱体类件为例,说明其焊接工艺过程。其中涉及机械加工工艺的内容没有详细展开,重点在于焊接结构的生产工艺过程,以及装配焊接顺序等内容。

## 5.4.1 单孔支座焊接工艺设计

支座可以采用铸件毛坯,也可采用焊件毛坯。在单件小批生产中,常用焊件毛坯,图5.4是焊接结构单孔支座零件图。根据图中的技术要求,轴孔直径、轴孔中心到底面距离要求加工精度较高,加工后焊接很难保证,因此,宜采用焊后加工的工艺路线。

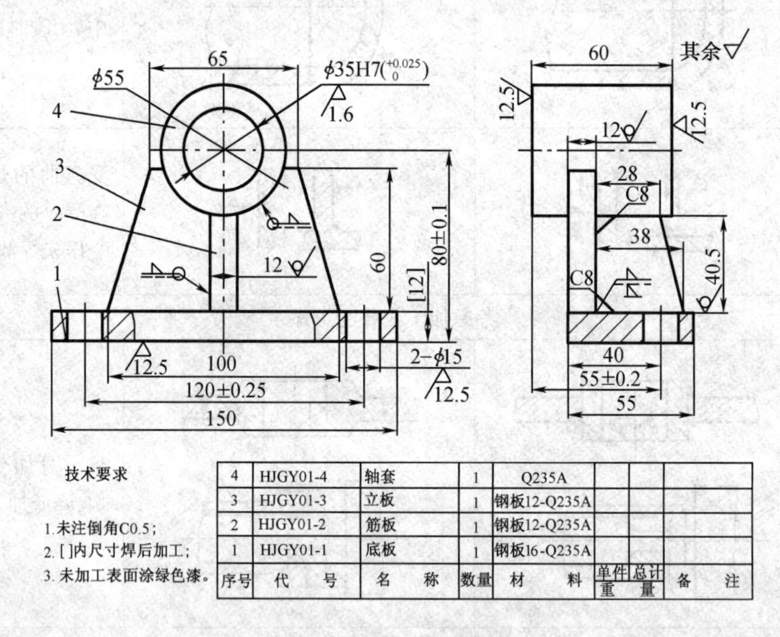


| 4 | HJGY01-4 | 轴套 | 1 | Q235A | | | |
|---|---|---|---|---|---|---|---|
| 3 | HJGY01-3 | 立板 | 1 | 钢板12-Q235A | | | |
| 2 | HJGY01-2 | 筋板 | 1 | 钢板12-Q235A | | | |
| 1 | HJGY01-1 | 底板 | 1 | 钢板16-Q235A | | | |
| 序号 | 代号 | 名称 | 数量 | 材料 | 单件重量 | 总计重量 | 备注 |

**图5.4 单孔支座图**

对于焊后加工的焊件,必须在焊接工艺设计时考虑机械加工余量。件1底板选用16 mm厚钢板,留有4 mm加工余量;轴孔焊前零件直径为30 mm,直径方向有5 mm加工余量。

单孔支座焊接零件的结构比较简单,采用备料加工—机械加工—装配—焊接—热处理—表面处理的生产工艺路线。详细焊接工艺过程见表5.11单孔支座焊接工艺过程。

焊缝以角焊缝为主,且焊缝长度较短,采用焊条电弧焊的焊接方法焊接。焊缝高度按等强度通用技术条件可以满足要求。

**表 5.11 单孔支座焊接工艺过程**

| 工序号 | 工序名称 | 工序内容 | 工序简图 | 设备及工艺装备 |
| --- | --- | --- | --- | --- |
| 0 | 预处理 | 除锈 | | |
| 1 | 备料加工 | 件 1 底板画线、气割下料 | 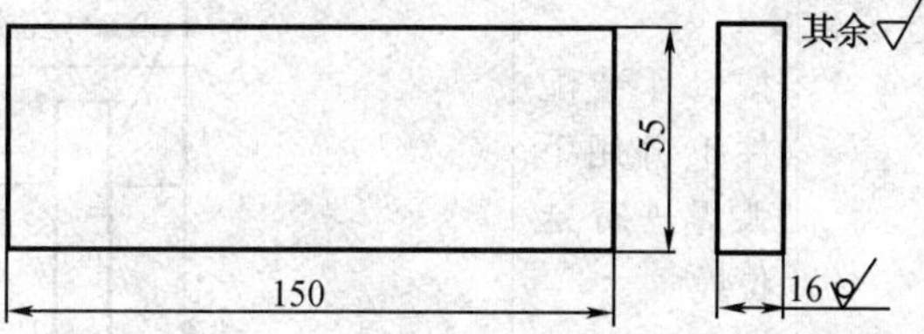 55; 150; 其余; 16 | 气割<br>钢板尺 |
| 2 | 备料加工 | 件 2 筋板画线、气割下料 | 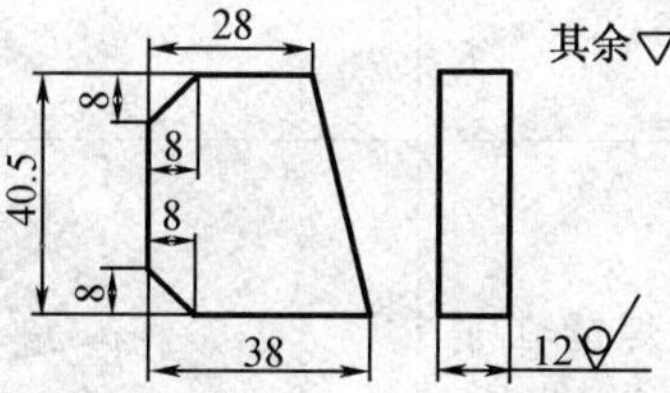 28; 8; 8; 8; 8; 40.5; 38; 其余; 12 | 气割<br>钢板尺 |
| 3 | 备料加工 | 件 3 立板画线、气割下料，开坡口 5×5 | 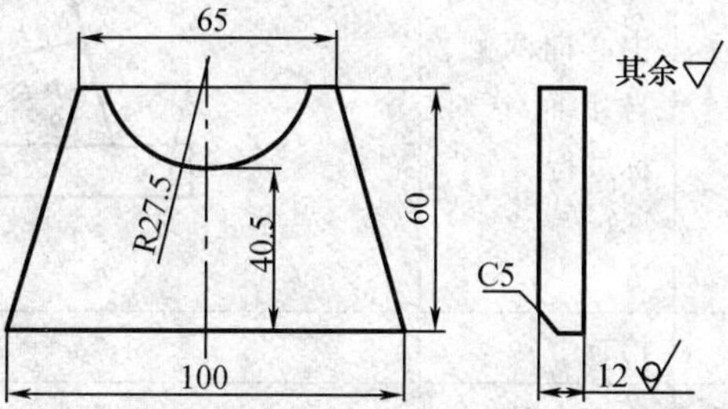 65; R27.5; 40.5; 60; 100; C5; 其余; 12 | 气割<br>钢板尺 |
| 4 | 机械加工 | 件 4 轴套车削加工 | 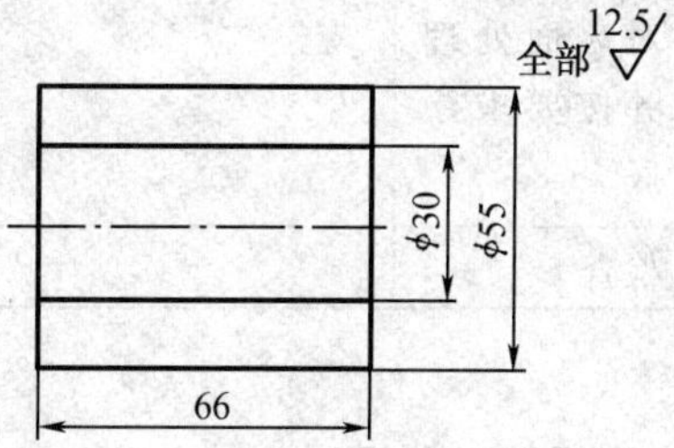 12.5; 全部; φ30; φ55; 66 | 车床 |
| 5 | 检 | 检查 | | |
| 6 | 装配 | 1. 件 1、3 上画线<br>2. 在件 1 上按线装配件 3、件 2，并用手弧焊进行定位焊 | 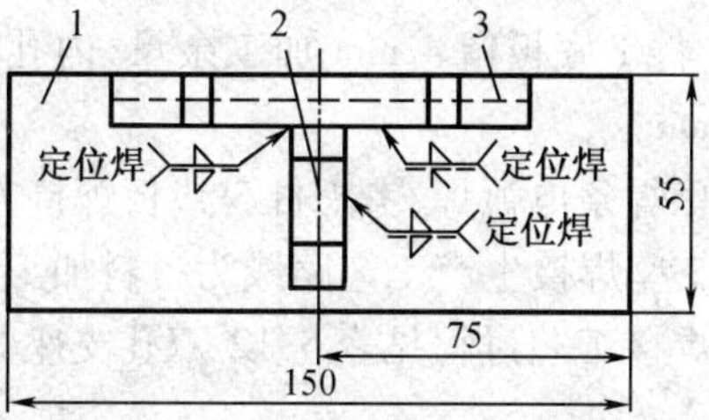 1; 2; 3; 定位焊; 定位焊; 定位焊; 55; 75; 150 | 交流手弧焊机<br>角尺<br>直尺 |

表 5.11(续)

| 工序号 | 工序名称 | 工序内容 | 工序简图 | 设备及工艺装备 |
|---|---|---|---|---|
| 7 | 装配 | 按尺寸装配件 4,并用手弧焊进行定位焊 | 定位焊<br>4<br>84<br>18<br>定位焊 | 交流手弧焊机<br>角尺<br>直尺 |
| 8 | 焊接 | 对焊缝在平焊位置焊接,焊接顺序由中心向两侧、自下而上对称进行 | 4<br>3<br>2<br>1 | 交流手弧焊机 |
| 9 | 检 | 检查 | | |
| 10 | 热处理 | 去应力退火 | | |
| 11 | 涂漆 | 对表面处理并按要求涂底漆 | | |
| 12 | 检 | 检查 | | |

### 5.4.2 双孔支座焊接工艺设计

图 5.5 是双孔支座焊接产品图,根据技术要求,同单孔支座类似需采用焊后加工轴孔、底面、安装孔等。件 1 底板留 4 mm 加工余量,内孔在备料加工中采用气割下料,留余量较大,直径方向 13 mm。

焊接方法采用焊条电弧焊,考虑件 3 垫板焊接方便性,先将件 3 与件 2 组成部件后再与件 1 组焊。双孔支座焊接生产工艺路线为备料加工—部件装配—总装配—焊接—热处理—表面处理。详细焊接工艺过程见表 5.12 双孔支座焊接工艺过程。

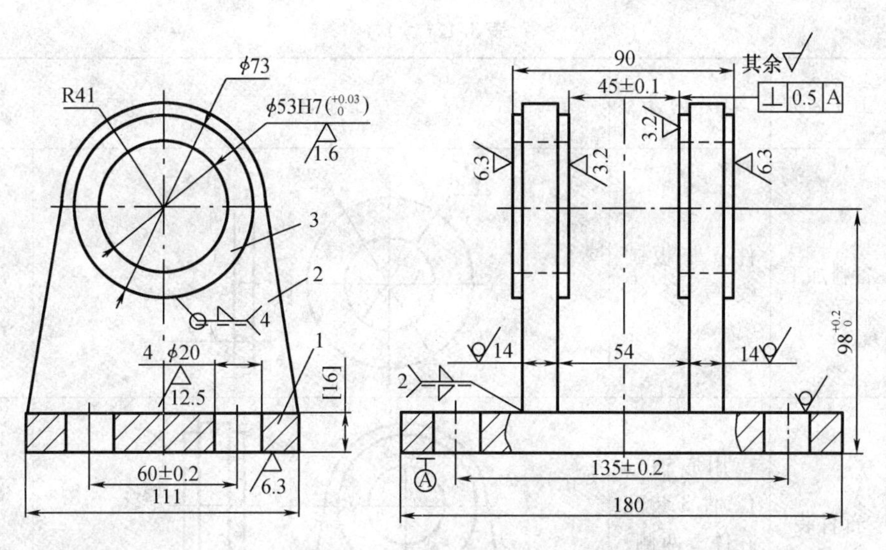


技术要求

1. 未注倒角C0.5；
2. [ ]内尺寸焊后加工；
3. 未加工表面涂绿色漆。

| 序号 | 代号 | 名称 | 数量 | 材料 | 单件重量 | 总计重量 | 备注 |
|---|---|---|---|---|---|---|---|
| 3 | HJGY02-3 | 垫板 | 4 | 钢板8-Q235A | | | |
| 2 | HJGY02-2 | 耳板 | 2 | 钢板14-Q235A | | | |
| 1 | HJGY02-1 | 底板 | 1 | 钢板20-Q235A | | | |

**图5.5 双孔支座图**

**表5.12 双孔支座焊接工艺过程**

| 工序号 | 工序名称 | 工序内容 | 工序简图 | 设备及工艺装备 |
|---|---|---|---|---|
| 0 | 预处理 | 除锈 | | |
| 1 | 备料加工 | 件1底板画线、气割下料 | 其余; 111; 180; 20 | 气割<br>钢板尺 |
| 2 | 备料加工 | 件2耳板画线、气割下料 | 其余; R41; ϕ40; 82; 111; 14 | 气割<br>钢板尺<br>划规 |

表 5.12(续)

| 工序号 | 工序名称 | 工序内容 | 工序简图 | 设备及工艺装备 |
|---|---|---|---|---|
| 3 | 备料加工 | 件 3 垫板画线、气割下料 | 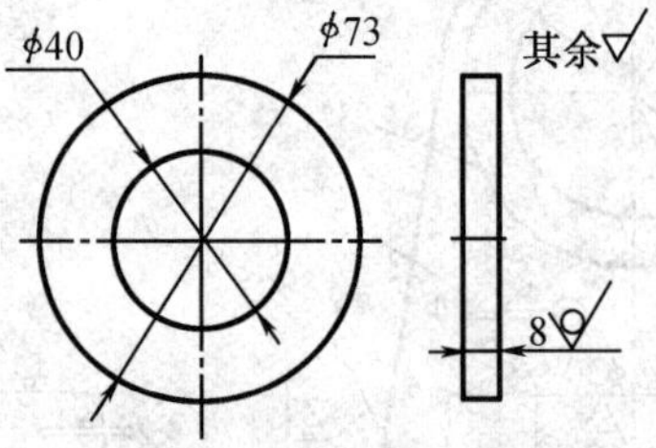  | 气割<br>钢板尺<br>划规 |
| 4 | 部件装配焊接 | 1. 用心轴定位,件 3 装配在件 2 两侧,定位焊<br>2. 焊缝焊接 | 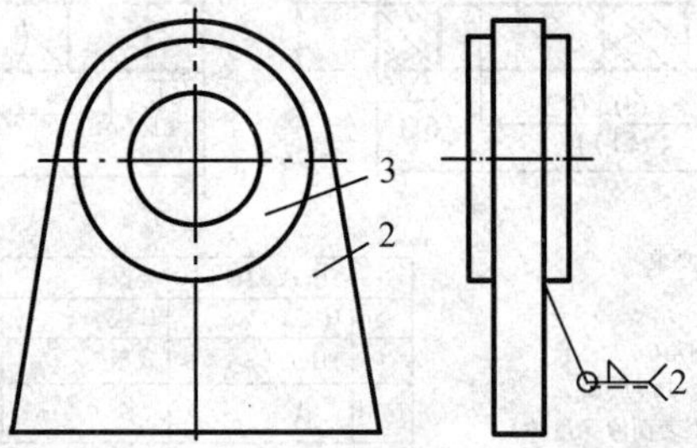  | 交流手弧焊机<br>直径 40 心轴 |
| 5 | 总装配焊接 | 1. 件 1 上画线<br>2. 在件 1 上按线和心轴装部件并定位焊<br>3. 对 2 条双面焊缝焊接 | 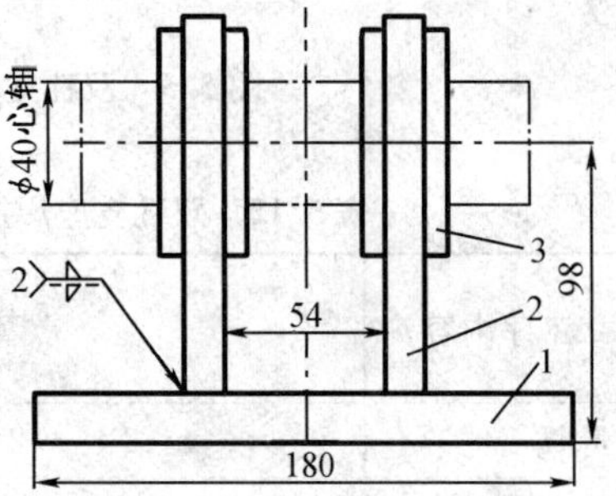  | 交流手弧焊机<br>直径 40 心轴<br>角尺<br>直尺 |
| 6 | 检 | 检查 | | |
| 7 | 热处理 | 去应力退火 | | |
| 8 | 涂漆 | 对表面处理并按要求涂底漆 | | |
| 9 | 检 | 检查 | | |

### 5.4.3 减速器盖焊接工艺设计

减速器箱体和减速器盖通常采用铸件毛坯,但在单件小批生产时,常用焊件替代铸件,可以减小铸型的费用,又可缩短制造周期。图 5.6 是减速器箱盖焊接产品图,根据零件的技术要求,采用焊后加工。涉及焊后加工表面的零件,钢板厚度选取上留有加工余量,见图 5.6 明细表中的材料栏。

焊接工艺路线采用备料加工—机械加工—装配—焊接—热处理—表面处理。减速器盖零件数目较多,应注意装配和焊接的顺序。焊接方法采用焊条电弧焊,有条件的也可采用 $CO_2$ 气体保护焊,可减小变形。备料加工以气割下料为主,为提高制件质量,也可采用等离子切割的方法。具体焊接工艺过程见表 5.13 减速箱器盖焊接工艺过程。

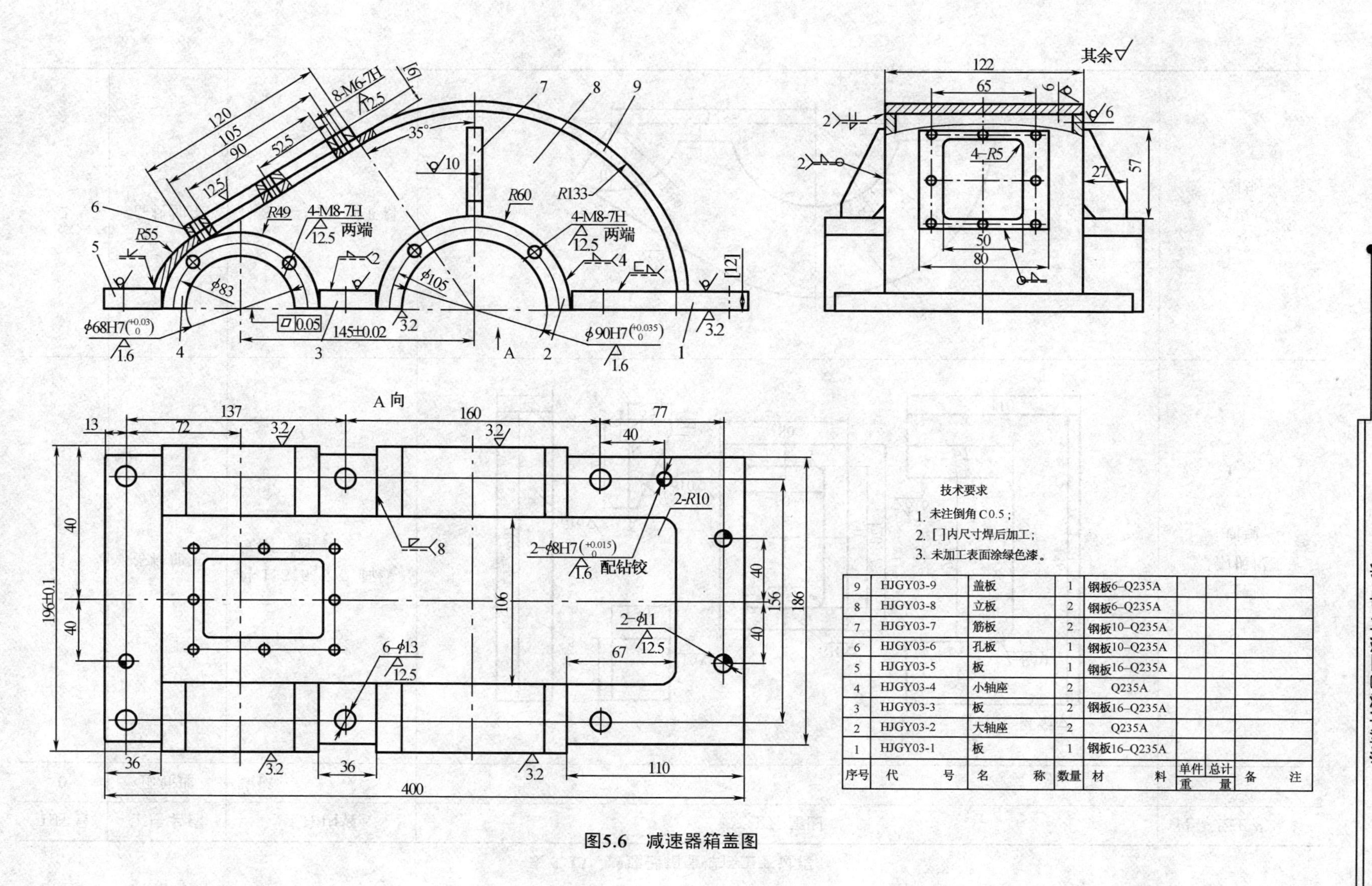


| 序号 | 代号 | 名称 | 数量 | 材料 | 单件重量 | 总计重量 | 备注 |
|---|---|---|---|---|---|---|---|
| 9 | HJGY03-9 | 盖板 | 1 | 钢板6–Q235A | | | |
| 8 | HJGY03-8 | 立板 | 2 | 钢板6–Q235A | | | |
| 7 | HJGY03-7 | 筋板 | 2 | 钢板10–Q235A | | | |
| 6 | HJGY03-6 | 孔板 | 1 | 钢板10–Q235A | | | |
| 5 | HJGY03-5 | 板 | 1 | 钢板16–Q235A | | | |
| 4 | HJGY03-4 | 小轴座 | 2 | Q235A | | | |
| 3 | HJGY03-3 | 板 | 2 | 钢板16–Q235A | | | |
| 2 | HJGY03-2 | 大轴座 | 2 | Q235A | | | |
| 1 | HJGY03-1 | 板 | 1 | 钢板16–Q235A | | | |

图5.6 减速器箱盖图

表 5.13 减速器箱盖焊接工艺过程

| 工序号 | 工序名称 | 工序内容 | 工序简图 | 设备及工艺装备 |
| --- | --- | --- | --- | --- |
| 0 | 预处理 | 除锈 | | |
| 1 | 备料加工 | 件 1,3,5,6,7 画线、气割下料 | 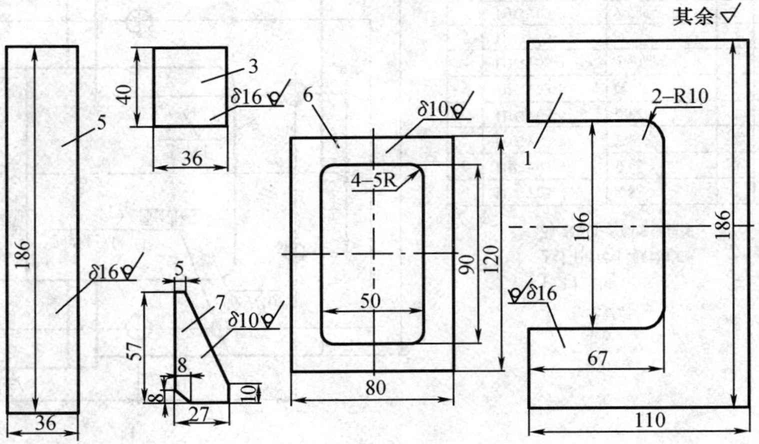 | 气割<br>钢板尺<br>划规 |
| 2 | 备料加工 | 件 8 画线、气割下料 | 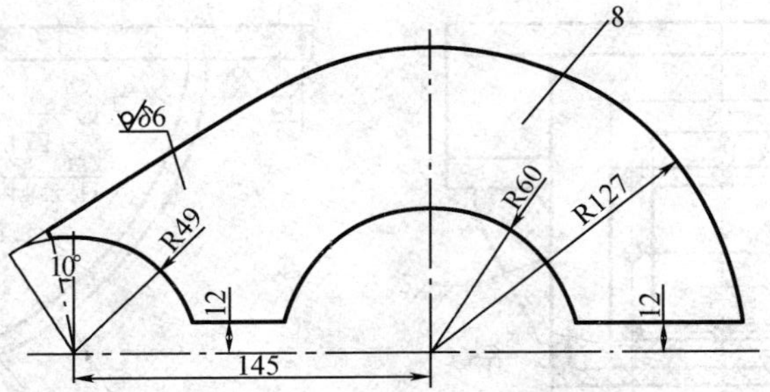 | 气割<br>钢板尺<br>划规 |

表 5.13(续)

| 工序号 | 工序名称 | 工序内容 | 工序简图 | 设备及工艺装备 |
|---|---|---|---|---|
| 3 | 备料加工 | 1. 件 9 画线、龙门剪下料<br>2. 弯曲成形<br>3. 气割割口 | 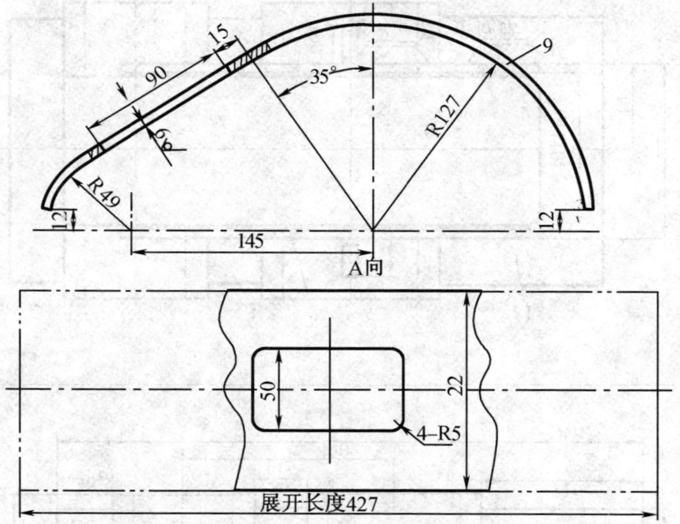 15 90 6 35° 9 R127 R49 12 145 A向 12<br>50 22 4-R5<br>展开长度427 | 剪板机<br>气割<br>钢板尺<br>划规 |
| 4 | 机械加工 | 件 2、4 机械加工(具体工序内容省略) | 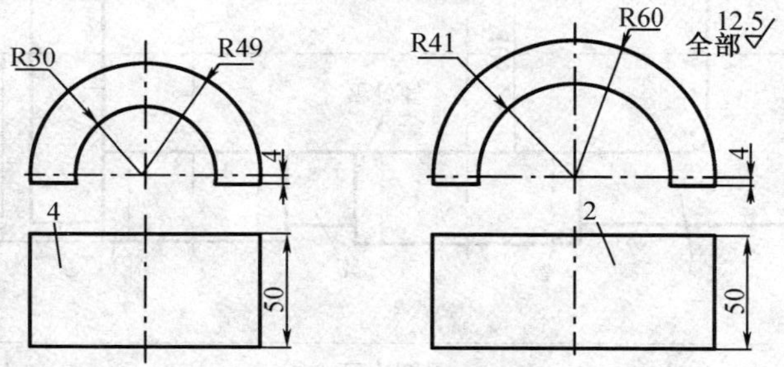 R30 R49 4 4 50<br>R41 R60 12.5 全部 4 2 50 |  |

**表 5.13**(续)

| 工序号 | 工序名称 | 工序内容 | 工序简图 | 设备及工艺装备 |
| --- | --- | --- | --- | --- |
| 5 | 装配 | 1. 在焊接平台上组对装配件 1、2、3、4、5<br>2. 用手弧焊进行定位焊 | 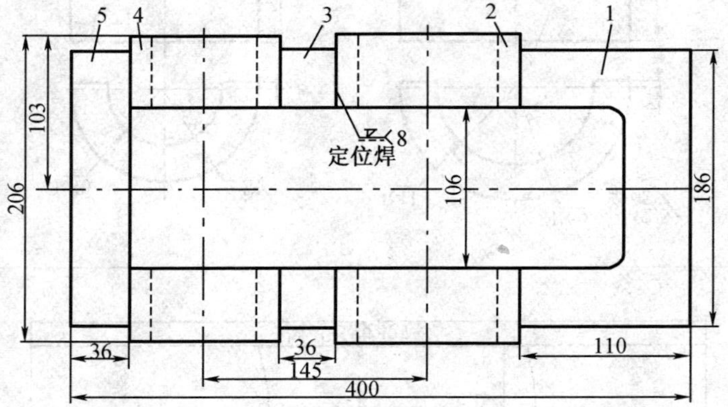  | 交流手弧焊机<br>角尺<br>直尺 |
| 6 | 装配 | 1. 组对装配件 8、7<br>2. 用手弧焊进行定位焊 | 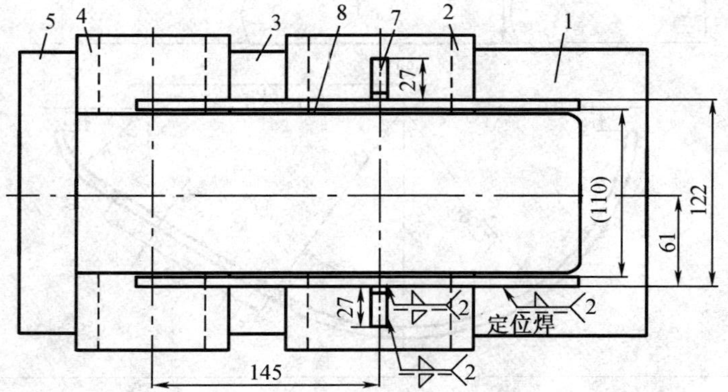  | 交流手弧焊机<br>角尺<br>直尺 |

表 5.13(续)

| 工序号 | 工序名称 | 工序内容 | 工序简图 | 设备及工艺装备 |
|---|---|---|---|---|
| 7 | 装配 | 1. 组对装配件 9、6<br>2. 用手弧焊进行定位焊 | 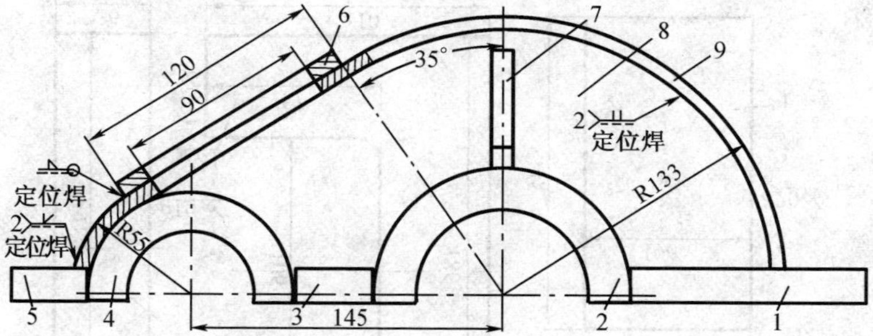<br>120<br>90<br>35°<br>R133<br>R55<br>145<br>定位焊<br>2<br>定位焊<br>2<br>定位焊<br>1<br>2<br>3<br>4<br>5<br>6<br>7<br>8<br>9 | 交流<br>手弧<br>焊机<br>角尺<br>直尺 |
| 8 | 焊接 | 对焊缝在平焊位置焊接，焊接顺序由中心向两侧对称进行 | 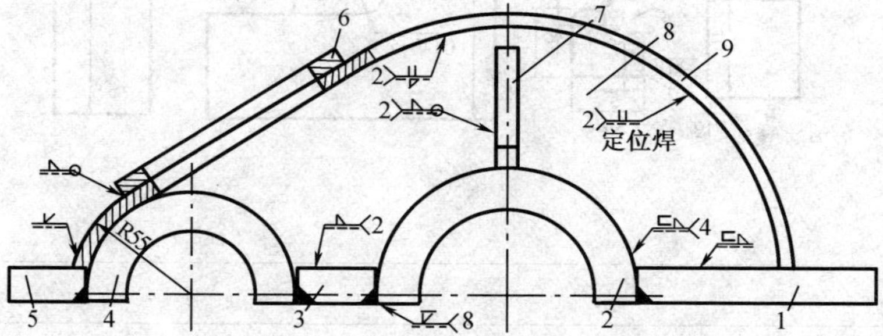<br>R55<br>2<br>2<br>2<br>定位焊<br>4<br>8<br>1<br>2<br>3<br>4<br>5<br>6<br>7<br>8<br>9 | 交流<br>手弧<br>焊机 |
| 9 | 检 | 检查 | | |
| 10 | 热处理 | 去应力退火 | | |
| 11 | 校形 | 进行矫形 | | |
| 12 | 涂漆 | 对表面处理并按要求涂漆 | | |
| 13 | 检 | 检查 | | |

### 5.4.4 减速器箱体焊接工艺设计

图 5.7 是焊接结构减速器箱体产品图，根据零件结构和技术要求，宜采用焊后加工的工艺。其生产工艺过程同减速器盖，工艺路线为备料加工—机械加工—装配—焊接—热处理—表面处理。备料加工以剪板机剪切下料和气割下料为主，焊接方法采用焊条电弧焊方法。具体焊接工艺过程见表 5.14 减速器盖焊接工艺过程。

表 5.14 减速器箱体焊接工艺过程

| 工序号 | 工序名称 | 工序内容 | 工序简图 | 设备及工艺装备 |
|---|---|---|---|---|
| 0 | 预处理 | 除锈 | | |
| 1 | 备料加工 | 件 1,7,11,6,9 画线、气割下料 | 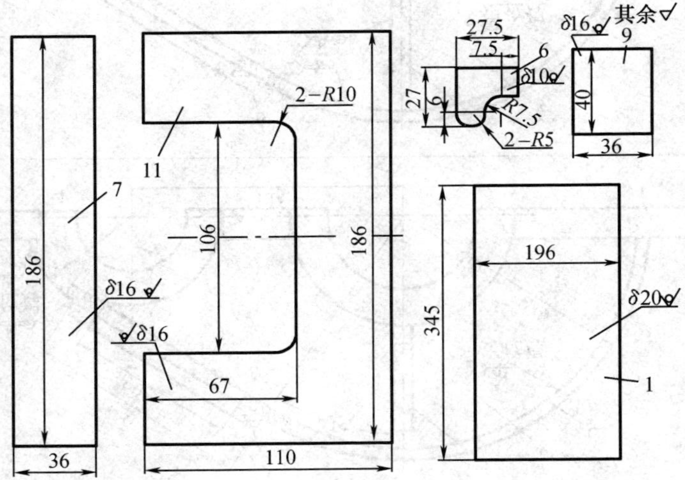 7 186 36 δ16; 11 2-R10 106 67 186 110 δ16 δ16; 27.5 7.5 6 δ10 27 6 R7.5 2-R5; δ16 其余 9 40 36; 345 196 δ20 1 | 气割<br>钢板尺<br>划规 |

表 5.14(续)

| 工序号 | 工序名称 | 工序内容 | 工序简图 | 设备及工艺装备 |
| --- | --- | --- | --- | --- |
| 2 | 备料加工 | 1. 件 2,13,4,3 画线,剪切下料<br>2. 件 2 画线、气割圆弧 | 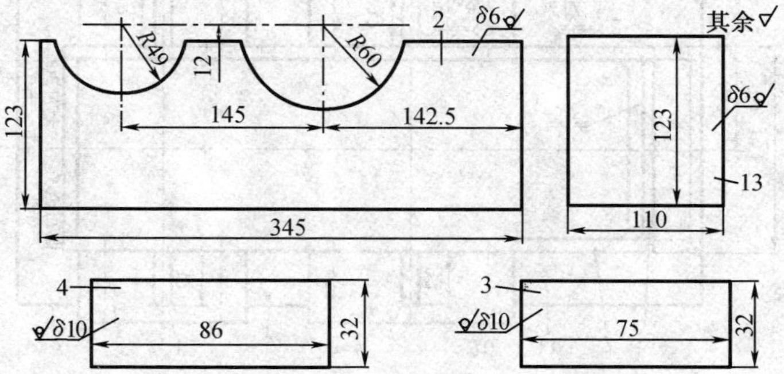 R49 12 R60 2 δ6 123 145 142.5 345 其余 δ6 123 13 110 4 δ10 86 32 3 δ10 75 32 | 剪板机<br>气割<br>钢板尺<br>划规 |
| 3 | 机械加工 | 机械加工件 5、8、10、12(具体工序内容省略) | 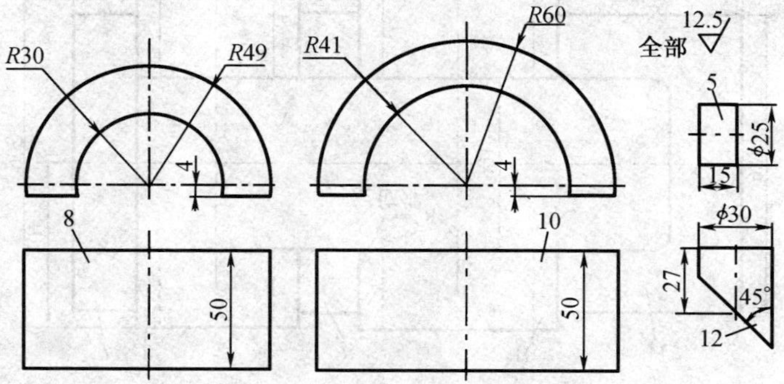 R30 R49 4 8 50 R41 R60 4 10 50 全部 12.5 5 ϕ25 15 ϕ30 27 45° 12 | |

表 5.14(续)

| 工序号 | 工序名称 | 工序内容 | 工序简图 | 设备及工艺装备 |
|---|---|---|---|---|
| 4 | 装配 | 1. 在焊接平台上组对装配件 7、8、9、10、11<br>2. 用手弧焊进行定位焊 | 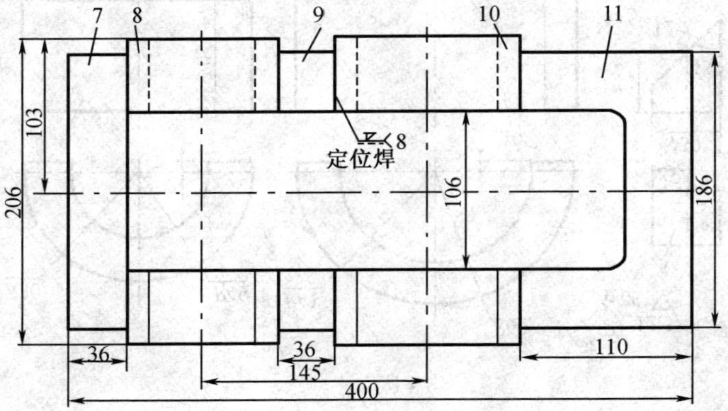 | 交流手弧焊机<br>角尺<br>直尺 |
| 5 | 装配 | 1. 依次组装件 2、13、3、4<br>2. 用手弧焊进行定位焊 | 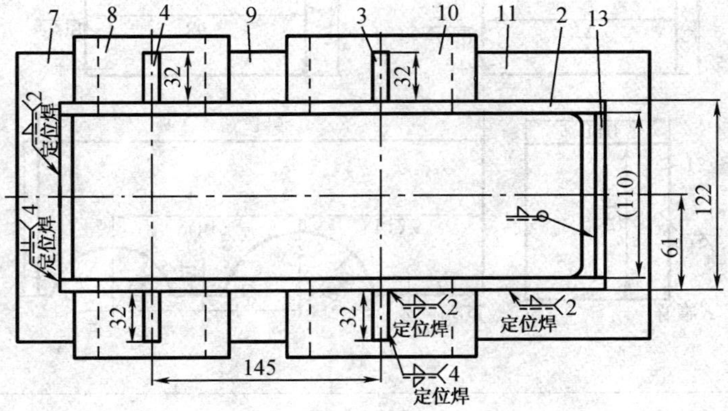 | 交流手弧焊机<br>角尺<br>直尺 |

**表 5.14**(续)

| 工序号 | 工序名称 | 工序内容 | 工序简图 | 设备及工艺装备 |
| --- | --- | --- | --- | --- |
| 6 | 装配 | 1. 组对装配件 1、6、5、12<br>2. 用手弧焊进行定位焊 | 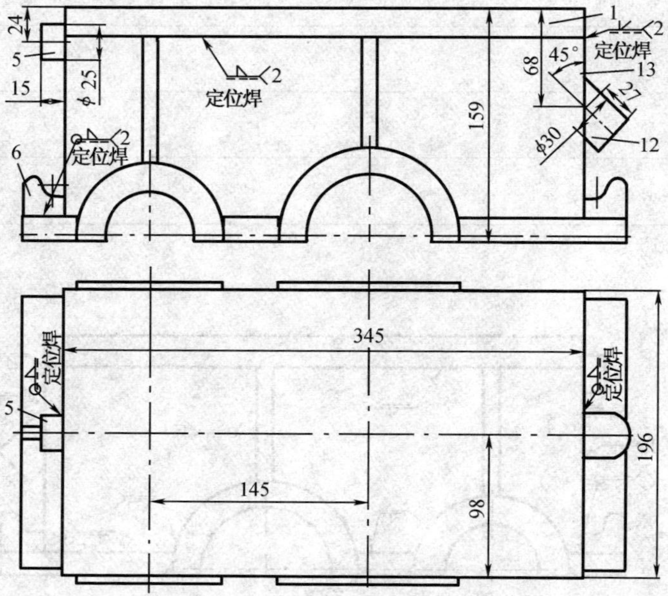 | 交流手弧焊机<br>角尺<br>直尺 |

表 5.14(续)

| 工序号 | 工序名称 | 工序内容 | 工序简图 | 设备及工艺装备 |
| --- | --- | --- | --- | --- |
| 7 | 焊接 | 对焊缝在平焊位置焊接,焊接顺序由中心向两侧对称进行 | | 交流手弧焊机 |
| 8 | 检 | 检查 | | |
| 9 | 热处理 | 去应力退火 | | |
| 10 | 校形 | 进行矫形 | | |
| 11 | 涂漆 | 对表面处理并按要求涂漆 | | |
| 12 | 检 | 检查 | | |

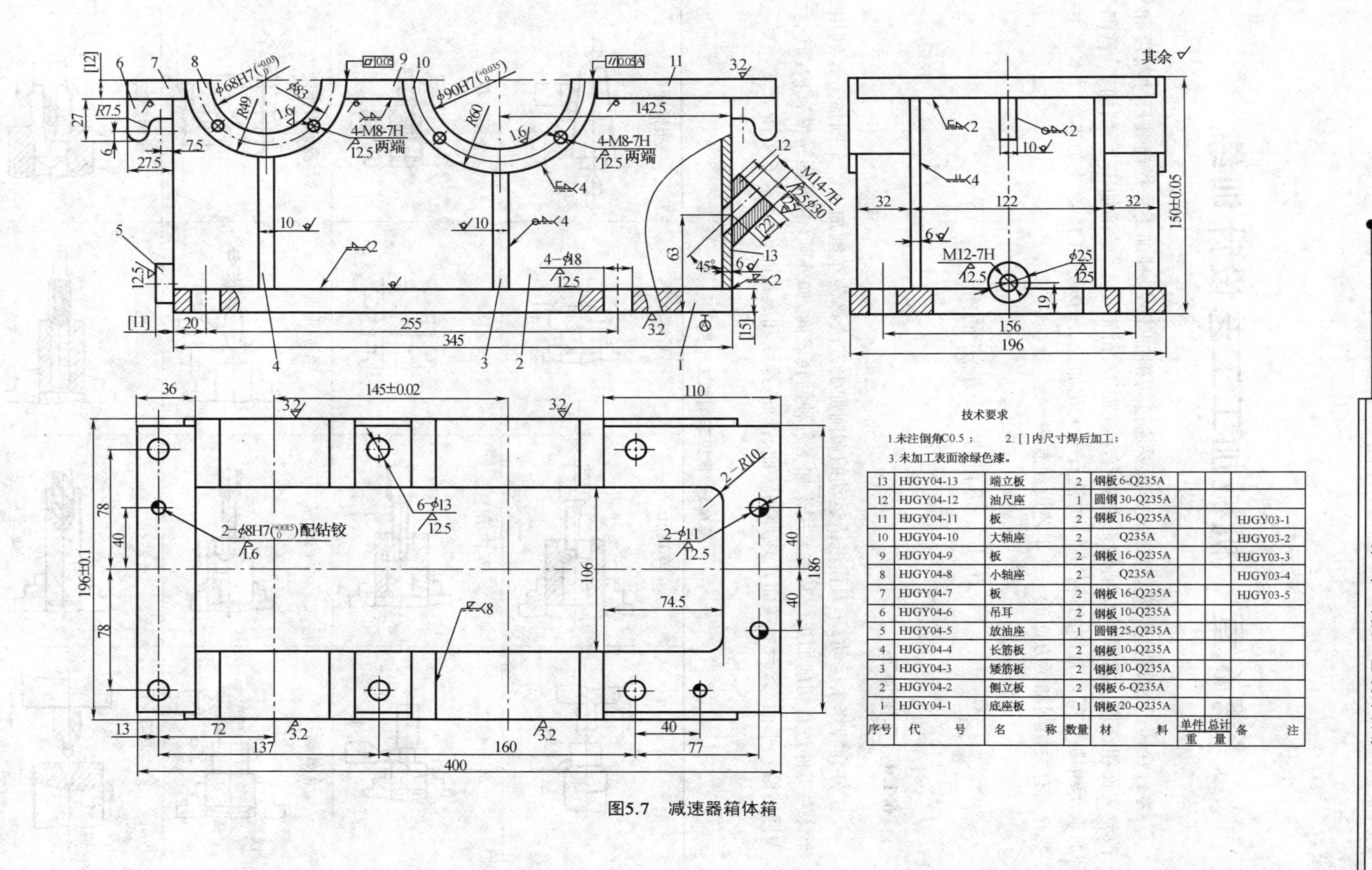


| 序号 | 代号 | 名称 | 数量 | 材料 | 单件重量 | 总计重量 | 备注 |
|---|---|---|---|---|---|---|---|
| 13 | HJGY04-13 | 端立板 | 2 | 钢板 6-Q235A | | | |
| 12 | HJGY04-12 | 油尺座 | 1 | 圆钢 30-Q235A | | | |
| 11 | HJGY04-11 | 板 | 2 | 钢板 16-Q235A | | | HJGY03-1 |
| 10 | HJGY04-10 | 大轴座 | 2 | Q235A | | | HJGY03-2 |
| 9 | HJGY04-9 | 板 | 2 | 钢板 16-Q235A | | | HJGY03-3 |
| 8 | HJGY04-8 | 小轴座 | 2 | Q235A | | | HJGY03-4 |
| 7 | HJGY04-7 | 板 | 2 | 钢板 16-Q235A | | | HJGY03-5 |
| 6 | HJGY04-6 | 吊耳 | 2 | 钢板 10-Q235A | | | |
| 5 | HJGY04-5 | 放油座 | 1 | 圆钢 25-Q235A | | | |
| 4 | HJGY04-4 | 长筋板 | 2 | 钢板 10-Q235A | | | |
| 3 | HJGY04-3 | 矮筋板 | 2 | 钢板 10-Q235A | | | |
| 2 | HJGY04-2 | 侧立板 | 2 | 钢板 6-Q235A | | | |
| 1 | HJGY04-1 | 底座板 | 1 | 钢板 20-Q235A | | | |

图5.7 减速器箱体箱

# 第 6 章　机械加工工艺设计训练

零件在铸造、锻造、焊接等以后，一般要通过切削加工、特种加工来提高其尺寸精度和改善表面粗糙度。常用的切削加工方法有车削加工、钳工加工、镗削加工、刨削加工、铣削加工、磨削加工等。常用的特种加工方法有电火花加工、超声波加工、激光加工等。本章主要介绍有关切削加工方面的一些工艺设计方法。

## 6.1　切削加工方法简介

### 6.1.1　车削加工

工件旋转作主运动，车刀作进给运动的切削加工方法称为车削加工。车削加工是利用车床对工件进行切削加工。其主要用来加工各种回转表面，如外圆（含外回转槽）、内圆（含内回转槽）、平面（含台肩端面）、成形回转面、锥面、螺纹和滚花面等，如表 6.1 所示。

**表 6.1　常见车削加工范围**

| 车外圆 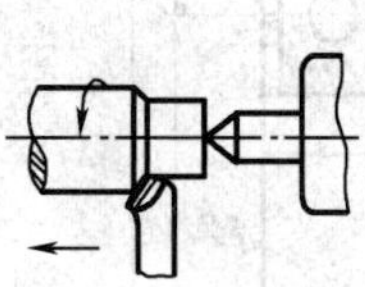 | 车内孔 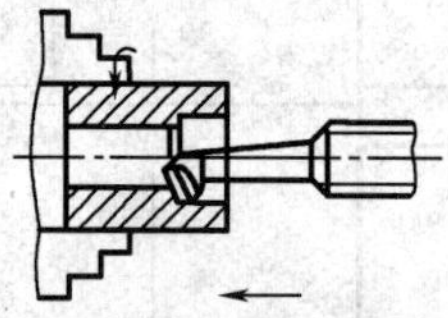 | 车端面 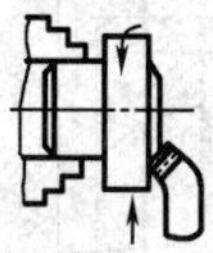 | 车锥面 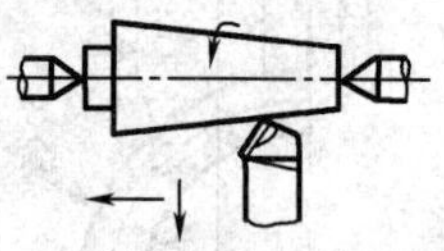 |
|---|---|---|---|
| 车外槽 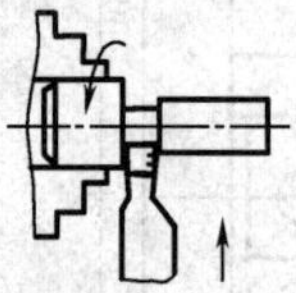 | 车内槽 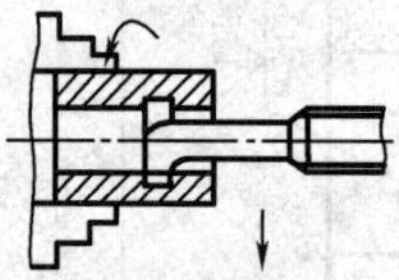 | 车端面槽 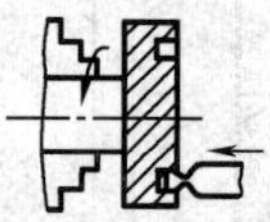 | 外圆滚花 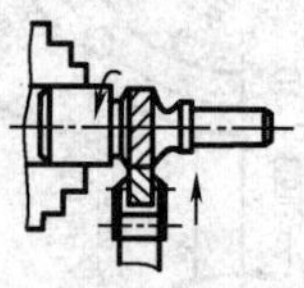 |
| 车外螺纹 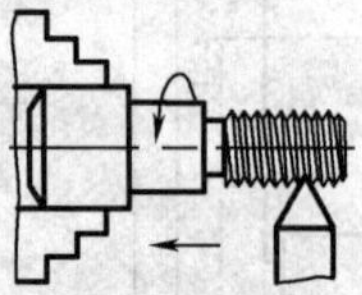 | 车内螺纹 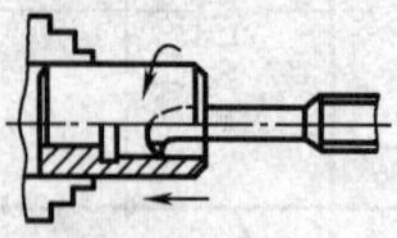 | 车成形面 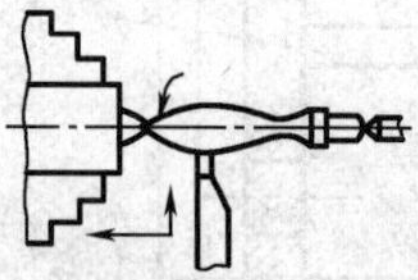 | 成形刀车削 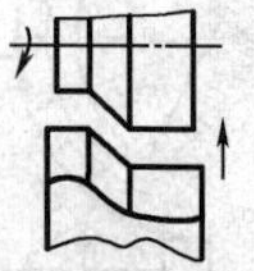 |
| 钻中心孔 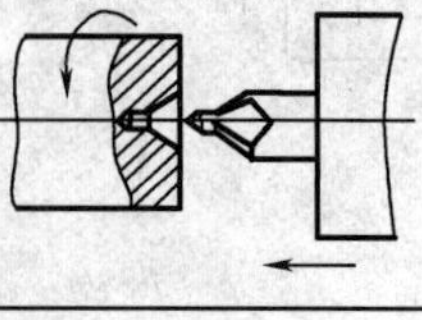 | 钻孔 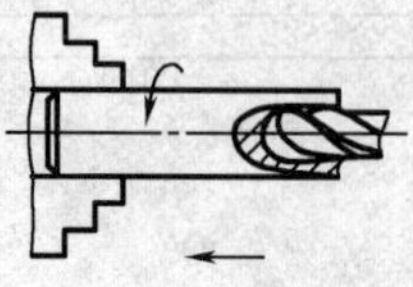 | 铰孔 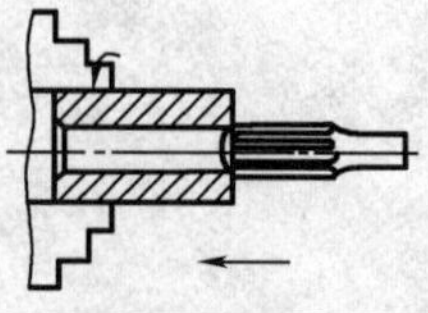 | 攻内螺纹 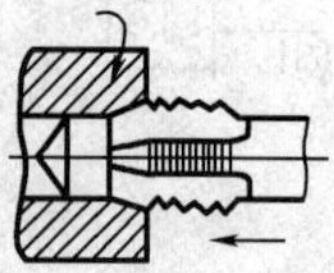 |

### 6.1.2 钻削加工

用钻头、扩孔钻、铰刀、锪刀在工件上加工孔的方法统称钻削加工。钻削加工是利用钻床对工件进行切削加工。钻削主要用来钻孔和扩孔,也可以用来铰孔、攻螺纹、锪沉头孔及锪凸台端面等,如图6.1所示。

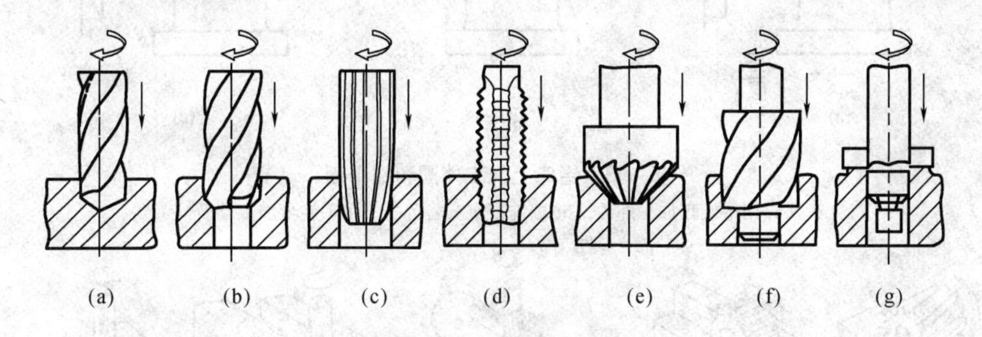


**图6.1 钻削的工艺范围**

(a)钻孔;(b)扩孔;(c)铰孔;(d)攻螺纹;(e)锪锥孔;(f)锪沉头孔;(g)锪端面凸台

### 6.1.3 镗削加工

镗刀旋转作主运动,工件或镗刀作进给运动的切削加工方法称为镗削加工。镗削加工是利用镗床对工件进行切削加工。镗削主要用于机座、箱体、支架等大而重零件上孔和孔系的加工,如图6.2所示。此外,它还可以加工外圆和平面,特别是与孔有位置精度要求,需要与孔在一次安装中加工出来的短而大的外圆和端平面,如图6.3所示。

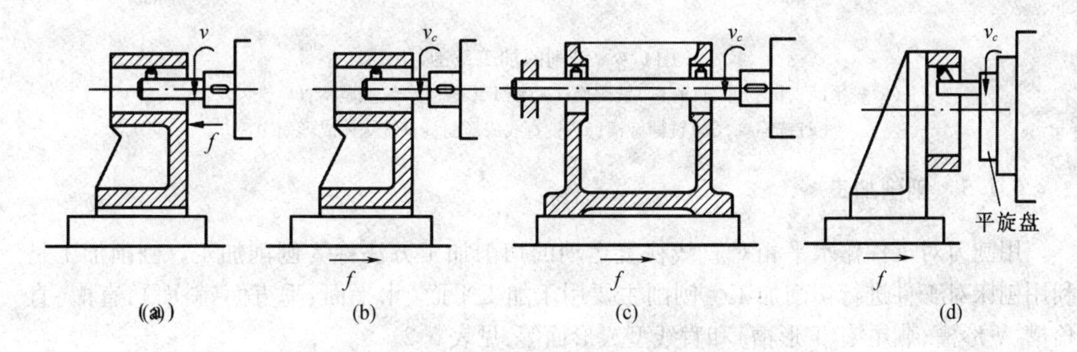


**图6.2 单刃镗刀在镗床上镗孔**

(a)悬臂式(主轴进给);(b)悬臂式(工作台进给);(c)支承式(工作台进给);(d)平旋盘镗大孔(工作台进给)

### 6.1.4 铣削加工

铣刀旋转作主运动,工件作进给运动的切削加工方法称为铣削加工。铣削加工是利用铣床对工件进行切削加工。铣削可加工平面(水平面、垂直面、斜面等)、沟槽(键槽、V形槽、燕尾槽、T形槽等)、分齿零件上齿槽(齿轮、链轮、棘轮、花键轴等)、螺旋形表面(螺纹、螺旋槽)和各种曲面,如图6.4所示。此外还可进行回转体表面、孔加工(包括钻孔、扩孔、铰孔、铣孔)和分度工作,用途非常广泛。

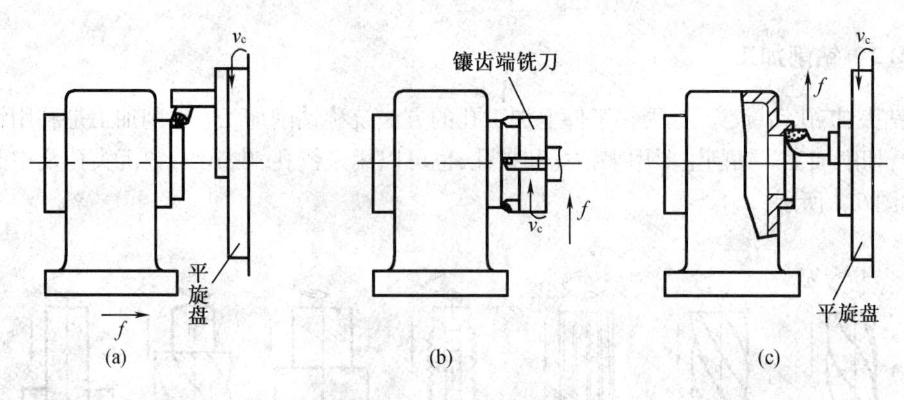


**图 6.3　镗床上加工外圆和端平面**

(a)用平旋盘加工外圆;(b)端铣刀加工端面;(c)用平旋盘加工端面

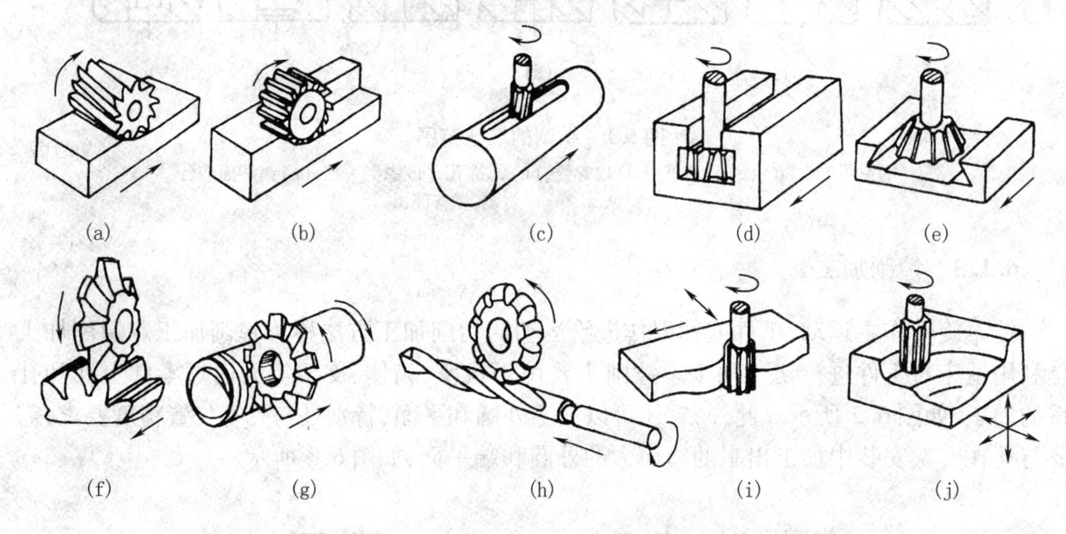


**图 6.4　铣削的加工范围**

(a)铣平面;(b)铣垂直面;(c)铣键槽;(d)铣 T 形槽;(e)铣燕尾槽;(f)铣齿轮;
(g)铣螺纹;(h)铣螺旋槽;(i)铣直线成形面;(j)铣立体成形面

### 6.1.5　刨削加工

用刨刀对工件作水平相对直线往复运动的切削加工方法称为刨削加工。刨削加工是利用刨床对工件进行切削加工。刨削主要用于加工平面(水平面、垂直面、斜面)、直槽(直角槽、V 形槽、燕尾槽、T 形槽)和直线型成形面等,见表 6.2。

**表 6.2　刨削的工艺范围**

| 刨平面 | 刨垂直面 | 刨台阶面 | 刨斜面 |
| --- | --- | --- | --- |
| $v_c$ $f$ | $v_c$ $f$ | $f$ $v_c$ $f$ | $v_c$ $f$ |

表 6.2(续)

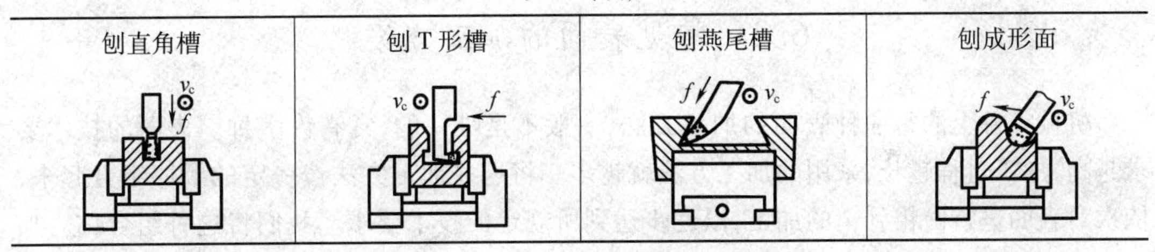


### 6.1.6 插削加工

用插刀在垂直方向上相对工件作往复直线运动的切削加工方法称为插削加工。插削加工在插床上进行,其结构原理与牛头刨床同属一类,实际是一种立式刨床。插削主要用于加工单件或小批生产中内孔键槽和型孔,如孔内单键槽、花键孔、方孔和多边形孔等。图 6.5 是孔内单键的插削加工。

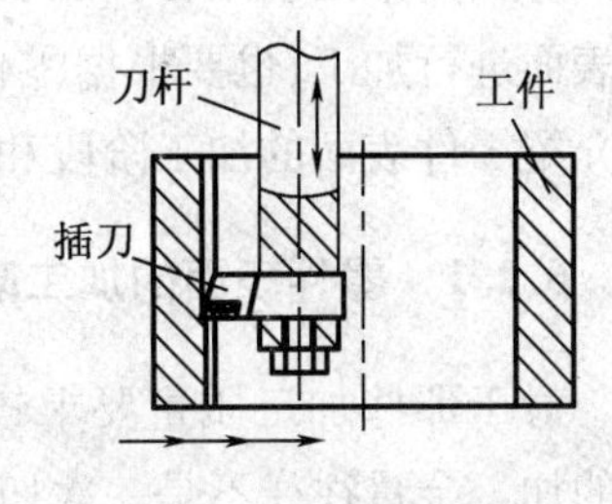


图 6.5 插削孔内单键

### 6.1.7 普通磨削

普通磨削是用砂轮以较高的线速度对工件表面进行加工的方法,一般在通用磨床上进行。磨削几乎可以加工各种表面。磨削主要用于加工外圆面、内圆面、锥面、平面、成形面、螺纹和齿轮等各种表面,还可以刃磨刀具和进行切断,见表 6.3。

表 6.3 磨削的加工范围

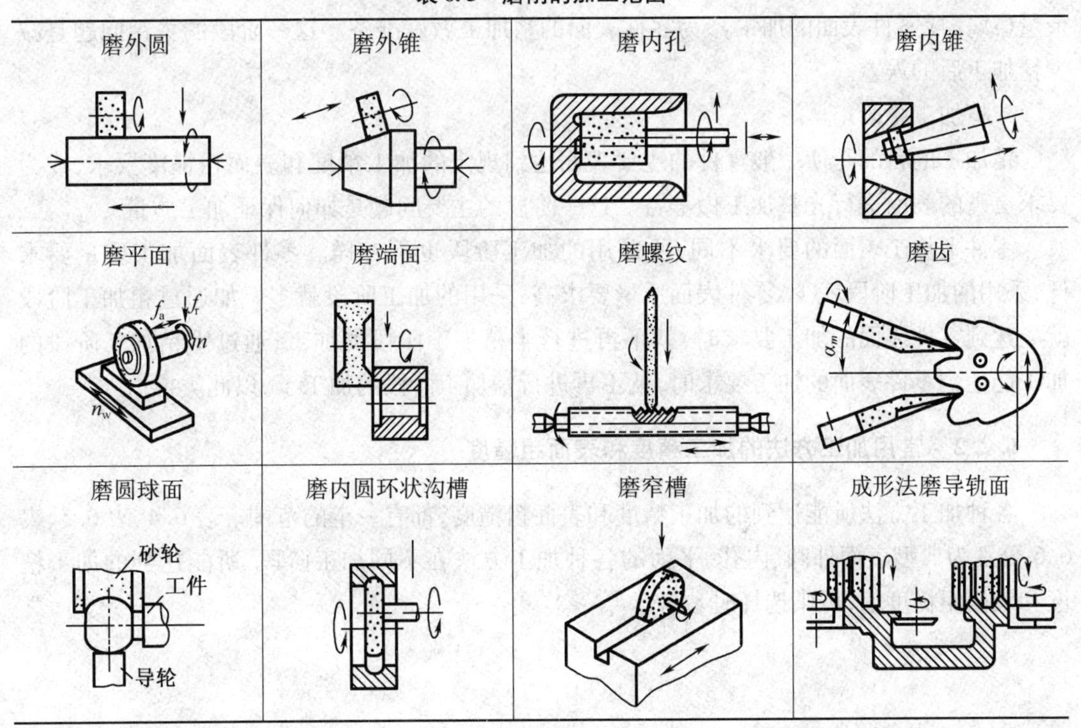

## 6.2 常见表面的加工方案

机械零件上的每一种表面的加工方法,一般不是唯一的,常有许多种。表面的技术要求越高,加工过程越长,采用的加工方法就越多。将这些加工方法按一定的顺序组合起来,依次对表面进行由粗到精的加工,以逐步达到所规定的技术要求。我们将这种组合称为加工方案。

加工方案是利用各种加工方法分阶段地对某一表面进行加工,即便是用一种加工方法对表面进行加工,也要根据零件表面的要求不同,采用不同的加工阶段来进行。下面分别来介绍零件表面的加工阶段和常见表面加工方案。

### 6.2.1 零件表面的加工阶段

对于那些加工质量要求较高或比较复杂的零件,为了保证零件表面的加工质量,表面上的加工余量往往不是一次切除掉的,而是逐步减少切削深度分阶段切除的。

通常将零件表面的加工划分为粗加工阶段、半精加工阶段、精加工阶段等,而且各加工阶段是依次进行的。

1. 粗加工阶段

此阶段的主要任务是切除各加工表面上大部分加工余量,使其接近(或达到)零件表面的形状和尺寸。这一阶段的关键问题是提高生产率。

2. 半精加工阶段

此阶段的主要目的是进一步提高加工精度和降低表面粗糙度 $R_a$ 值,并留下合适的加工余量(或完成零件表面的加工),为零件表面的精加工做好准备。这一阶段的关键问题是减少精加工后的误差。

3. 精加工阶段

精加工的目的是使一般零件的主要表面达到规定的加工精度和表面粗糙度要求,或为要求更高的表面进行光整加工做准备。这一阶段的主要问题是如何保证加工质量。

零件上加工表面的要求不同,所采用的加工阶段也不一样。零件表面加工质量要求低,采用的加工阶段就少,零件表面质量要求高,采用的加工阶段就多。如通过粗加工阶段就能达到零件表面的加工要求时,就不再进行半精加工阶段的加工;通过半精加工阶段的加工能达到零件表面的加工要求时,就不再进行精加工阶段的加工了,以此类推。

### 6.2.2 常用加工方法的加工精度和表面粗糙度

各种加工方法所能达到的加工精度和表面粗糙度,都有一定的范围。表6.4、表6.5、表6.6分别为典型表面外圆、内孔、平面的各种加工方法在不同加工阶段,所能达到的加工精度和表面粗糙度值,可供选择时参考。

表 6.4 外圆加工阶段的加工精度及表面粗糙度

| 加工方法 | 加工阶段 | 精度等级 IT | 表面粗糙度 $R_a$/μm |
|---|---|---|---|
| 车 | 粗　车 | 12 ~ 11 | 50 ~ 12.5 |
| | 半精车 | 10 ~ 9 | 6.3 ~ 3.2 |
| | 精　车 | 8 ~ 7 | 1.6 ~ 0.8 |
| | 金刚石车 | 6 ~ 5 | 0.8 ~ 0.2 |
| 磨 | 粗　磨 | 8 ~ 7 | 0.8 ~ 0.4 |
| | 精　磨 | 7 ~ 6 | 0.4 ~ 0.2 |

表 6.5 内孔加工阶段的加工精度及表面粗糙度

| 加工方法 | 加工阶段 | 精度等级 IT | 表面粗糙度 $R_a$/μm |
|---|---|---|---|
| 钻 | 钻　孔 | 13 ~ 11 | 50 ~ 12.5 |
| | 扩　孔 | 10 ~ 9 | 6.3 ~ 3.2 |
| | 铰　孔 | 8 ~ 7 | 1.6 ~ 0.8 |
| 车 | 粗　车 | 12 ~ 11 | 50 ~ 12.5 |
| | 半精车 | 10 ~ 9 | 6.3 ~ 3.2 |
| | 精　车 | 8 ~ 7 | 1.6 ~ 0.8 |
| | 金刚石车 | 7 ~ 6 | 0.8 ~ 0.2 |
| 镗 | 粗　镗 | 12 ~ 11 | 50 ~ 12.5 |
| | 半精镗 | 10 ~ 9 | 6.3 ~ 3.2 |
| | 精镗(浮动镗) | 8 ~ 7 | 1.6 ~ 0.8 |
| | 金刚镗 | 7 ~ 6 | 0.8 ~ 0.2 |
| 磨 | 粗　磨 | 8 ~ 7 | 1.6 ~ 0.8 |
| | 精　磨 | 7 ~ 6 | 0.4 ~ 0.2 |

表 6.6 平面加工阶段的加工精度及表面粗糙度

| 加工方法 | 加工阶段 | 精度等级 IT | 表面粗糙度 $R_a$/μm |
|---|---|---|---|
| 铣 | 粗　铣 | 13 ~ 11 | 50 ~ 12.5 |
| | 半精铣 | 10 ~ 9 | 6.3 ~ 3.2 |
| | 精　铣 | 8 ~ 7 | 3.2 ~ 1.6 |
| 刨 | 粗　刨 | 13 ~ 11 | 50 ~ 12.5 |
| | 半精刨 | 10 ~ 9 | 6.3 ~ 3.2 |
| | 精　刨 | 8 ~ 7 | 3.2 ~ 1.6 |
| | 宽刀精刨 | 7 ~ 6 | 0.8 ~ 0.4 |
| 磨 | 粗　磨 | 8 ~ 7 | 1.6 ~ 0.8 |
| | 精　磨 | 7 ~ 6 | 0.4 ~ 0.2 |
| 车 | 粗　车 | 12 ~ 11 | 50 ~ 12.5 |
| | 半精车 | 10 ~ 9 | 6.3 ~ 3.2 |
| | 精　车 | 8 ~ 7 | 3.2 ~ 1.6 |
| | 金刚石车 | 7 ~ 6 | 0.8 ~ 0.2 |

### 6.2.3 常见表面加工方案

1. 外圆表面加工方案

外圆表面加工最常用的方法有车削和磨削。依据外圆表面常用的加工方法和表6.4中所列出的各种加工方法在不同加工阶段的加工精度、表面粗糙度的情况,可制定外圆表面常见的加工方案,如表6.7所示。

**表6.7 外圆常见加工方案**

| 序号 | 加工方案 | 精度等级IT | 表面粗糙度 $R_a$/μm | 备注 |
|---|---|---|---|---|
| 1 | 粗车 | 11以下 | 50~12.5 | 适用于淬火钢以外的各种金属加工 |
| 2 | 粗车—半精车 | 10~9 | 6.3~3.2 | |
| 3 | 粗车—半精车—精车 | 8~7 | 1.6~0.8 | |
| 4 | 粗车—半精车—精车—金刚石车 | 6~5 | 0.8~0.2 | 主要用于要求较高的有色金属加工 |
| 6 | 粗车—半精车—磨 | 8~7 | 0.8~0.4 | 用于加工除有色金属件以外的结构形状适宜磨削的各类零件上的外圆表面 |
| 7 | 粗车—半精车—粗磨—精磨 | 7~6 | 0.4~0.2 | |

2. 内圆表面加工方案

内圆表面加工最常用的方法有钻削、车削、镗削和磨削等。依据内圆表面常用的加工方法和表6.5中所列出的各种加工方法在不同加工阶段的加工精度、表面粗糙度的情况,可制定内圆表面常见的加工方案,如表6.8所示。

**表6.8 内圆常见加工方案**

| 序号 | 加工方案 | 精度等级IT | 表面粗糙度 $R_a$/μm | 备注 |
|---|---|---|---|---|
| 1 | 钻(粗镗) | 13~11 | 50~12.5 | 适用于加工未淬火钢和铸铁以及有色金属的孔,特别适合加工小孔和细长孔 |
| 2 | 钻(粗镗)—扩 | 10~9 | 6.3~3.2 | |
| 3 | 钻(粗镗)—扩—铰 | 8~7 | 1.6~0.8 | |
| 4 | 钻(粗镗)—半精镗 | 10~9 | 6.3~3.2 | 适用于淬火钢以外的各种金属加工 |
| 5 | 钻(粗镗)—半精镗—精镗(浮动镗) | 8~7 | 1.6~0.8 | |
| 8 | 钻(粗镗)—半精镗—精镗—金刚镗 | 7~6 | 0.8~0.2 | 主要用于有色金属加工 |
| 9 | 钻(粗镗)—半精镗—磨 | 8~7 | 1.6~0.8 | 用于加工除有色金属件以外的结构形状适宜磨削的各类零件上的外圆表面 |
| 10 | 钻(粗镗)—半精镗—粗磨—精磨 | 7~6 | 0.4~0.2 | |

注:车削与镗削相同。

3. 平面加工方案

平面常用的切削加工方法有铣削、刨削、车削和磨削等。依据平面常用的加工方法和表6.6中所列出的各种加工方法在不同加工阶段的尺寸精度、表面粗糙度的情况，可制定平面常见的加工方案，如表6.9所示，由于平面本身没有尺寸精度，表中尺寸精度等级是指两平行平面之间距离尺寸的公差等级。

**表6.9 平面常见加工方案**

| 序号 | 加工方案 | 精度等级IT | 表面粗糙度 $R_a/\mu m$ | 备注 |
|---|---|---|---|---|
| 1 | 粗铣或粗刨 | 13～11 | 50～12.5 | 用于加工除淬硬件以外各种零件上中等精度的平面 |
| 2 | 粗铣或粗刨—半精铣或半精刨 | 10～9 | 6.3～3.2 | |
| 3 | 粗铣或粗刨—半精铣或半精刨—精铣或精刨 | 8～7 | 3.2～1.6 | |
| 6 | 粗铣或粗刨—半精铣或半精刨—粗磨 | 8～7 | 1.6～0.4 | 用于加工除有色金属以外的各种零件上的平面 |
| 7 | 粗铣或粗刨—半精铣或半精刨—粗磨—精磨 | 7～6 | 0.4～0.2 | |
| 8 | 粗车 | 12～11 | 50～12.5 | 多用于加工轴、盘、套等零件上的端平面和台阶平面。金刚石车主要用于加工高精度的有色金属平面 |
| 9 | 粗车—半精车 | 10～9 | 6.3～3.2 | |
| 10 | 粗车—半精车—精车 | 8～7 | 3.2～1.6 | |
| 11 | 粗车—半精车—精车—金刚石车 | 7～6 | 0.8～0.2 | |

4. 螺纹表面加工方案

螺纹常用的加工方法有攻丝、套扣、车螺纹、铣螺纹、磨螺纹和滚螺纹等。常用螺纹加工方案如表6.10所示。

**表6.10 常用螺纹加工方案**

| 序号 | 加工方案 | 精度等级 | 表面粗糙度 $R_a/\mu m$ | 备注 |
|---|---|---|---|---|
| 1 | 攻螺纹 | 8～6级 | 6.3～1.6 | 用于加工直径较小的内外螺纹 |
| 2 | 套螺纹 | 8～6级 | 6.3～1.6 | 用于加工直径较小的外螺纹 |
| 3 | 车螺纹 | 9～4级 | 3.2～0.8 | 用于加工与零件轴线同心的内外螺纹，多用于轴、盘套类零件 |
| 4 | 铣螺纹 | 9～8级 | 6.3～3.2 | 多用于大直径的梯形螺纹和模数螺纹的加工 |
| 5 | 车螺纹或铣螺纹—磨螺纹 | 4～3级 | 0.8～0.2 | 用于加工高精度内外螺纹 |
| 6 | 滚螺纹 | 6～4级 | 0.8～0.2 | 用于螺钉、螺栓等标准件上的外螺纹，滚螺纹可以加工传动丝杠 |

5. 齿形表面加工方案

齿轮是机械产品中应用较多的零件之一,是用来传递运动和动力的主要零件。它的主要部分——轮齿的齿面也是一种特定形状的成形面,有摆线形面、渐开线形面等。最常见的是渐开线形面。

齿轮常用的加工方法有铣齿、滚齿、插齿、磨齿等。齿轮常用的加工方案如表 6.11 所示。

**表 6.11　齿轮常用的加工方案**

| 序号 | 加工方案 | 精度等级 | 表面粗糙度 $R_a/\mu m$ | 备注 |
|---|---|---|---|---|
| 1 | 铣齿 | 11 ~ 9 级 | 6.3 ~ 1.6 | 用于加工少量和维修中较低精度的直齿轮、螺旋齿轮等 |
| 2 | 插齿或滚齿 | 8 ~ 7 级 | 6.3 ~ 1.6 | 用于加工不淬硬齿轮。其中插齿可加工直齿、内齿、多联齿轮等;滚齿可加工直齿、螺旋齿、涡轮和齿轮轴等 |
| 3 | 插(滚)齿—磨齿 | 6 ~ 3 级 | 0.8 ~ 0.2 | 用于加工淬硬的和不淬硬的各种齿轮。主要是提高齿轮加工精度 |

## 6.3　机械加工工艺设计

机械加工工艺过程是采用各种机械加工方法,直接用于改变毛坯的形状、尺寸、表面粗糙度以及力学物理性能,使之成为合格零件的过程。对这一过程的设计,称为机械加工工艺设计。

### 6.3.1　基本概念

1. 工艺过程

用机械加工的方法直接改变毛坯的形状、尺寸和表面质量,使之成为零件或部件的那部分生产过程,称为机械加工工艺过程。它包括机械加工工艺过程和机器装配工艺过程。本书所称工艺过程均指机械加工工艺过程,以下简称工艺过程。

2. 生产纲领

生产纲领是企业根据市场需求和自身的生产能力决定的,在计划期内应当生产产品的产量和进度计划。计划期常定为一年,所以生产纲领也常称年产量。

3 生产类型

生产类型是指企业生产专业化程度的分类。按照产品的生产纲领和投入生产的批量可将生产类型划分为:单件小批生产,成批生产和大批大量生产。生产类型的划分见表 6.12 所示。

表 6.12 生产类型的划分

| 生产类型 | | 零件的年产量/件 | | |
|---|---|---|---|---|
| | | 轻型零件(≤100 kg) | 中型零件(100 ~ 200 kg) | 重型零件(≥200 kg) |
| 单件生产 | | 100 以下 | 10 以下 | 5 以下 |
| 成批生产 | 小批生产 | 100 ~ 500 | 20 ~ 200 | 5 ~ 100 |
| | 中批生产 | 500 ~ 5 000 | 200 ~ 500 | 100 ~ 300 |
| | 大批生产 | 5 000 ~ 50 000 | 500 ~ 5 000 | 300 ~ 1 000 |
| 大量生产 | | 50 000 以上 | 5 000 以上 | 1 000 以上 |

(1)单件小批生产

单件小批生产是指生产的产品数量不多,生产中的各个工作地点的加工对象经常发生改变,而且很少重复或不定期重复,有时甚至完全不重复的生产。

(2)成批生产

成批生产是指产品以一定的生产批量成批地投入生产,并按一定的时间间隔,周期性地重复生产。

(3)大批大量生产

大批大量生产是指产品的产量很大,在大多数工作地点,经常重复地进行某一种零件的某一工序的生产。

4. 工序

一个或一组工人,在一个工作地点,对一个或同时几个工件进行加工所连续完成的那一部分工艺过程,称为工序。操作人员、工作地点、加工对象和连续作业构成了工序的四个要素,若其中任一要素发生变更,即成为另一工序。

5. 安装

工件在加工之前,使其在机床上或夹具中占据一正确的位置并夹紧的过程称为安装。

6. 工步

在工件被加工表面不变、切削工具不变、切削用量不变的条件下,所连续完成的那部分工艺过程称为工步。工步是工序的主要组成部分。一般情况一个工序可以有几个工步。

7. 走刀

由于加工余量较大或其他原因,需用同一刀具在切削用量不变的条件下,对同一表面进行多次切削,则刀具每一次切削称为一次走刀。

8. 工位

工件在机床上所占据的每一个位置上所完成的那部分工艺过程,称为工位。

### 6.3.2 毛坯的选择

毛坯的种类和制造方法对零件的加工质量、生产率、材料消耗及加工成本都有影响。因此,在选择毛坯时应综合考虑下列因素。

1. 零件的材料及力学性能

当零件的材料确定后,毛坯的类型也就大致确定了。例如零件的材料是铸铁或青铜,只能选铸造毛坯,不能用锻造。若零件的材料是钢质的,当零件的力学性能要求较高时,不管形状简单与复杂,都应选锻件;当零件的力学性能无过高要求时,可选型材或铸钢件。

2. 零件的结构形状与外形尺寸

形状复杂的毛坯常采用铸件,对于一般用途的阶梯轴,如各外圆的直径相差不大,可用棒料;若各外圆直径相差大,则宜用锻件。

3. 生产类型

当零件大批大量生产时,应选择毛坯加工精度和生产率高的先进的毛坯制造方法。当零件单件小批生产时,应选择毛坯加工精度和生产率比较低的一般毛坯制造方法。

### 6.3.3 定位基准的选择

定位基准是指在机械加工中用于确定工件位置的基准面。定位基准有粗基准和精基准之分。

零件开始加工时,只能以毛坯面作定位基准面,这种以毛坯面为定位基准的,称为粗基准。在以后的工序中用加工过的表面作定位基准的,称为精基准。

1. 精基准的选择

选择精基准时,重点考虑是如何减少工件的定位误差,保证工件的加工精度,同时也要考虑工件装卸方便,夹具结构简单,一般应遵循下列原则:

(1)基准重合的原则

尽量选用被加工表面的设计基准作为定位基准,这样可以避免因基准不重合而引起的误差。在对加工面的位置尺寸和位置关系有决定性影响的工序中,特别是当位置精度要求很高时,一般不应违反这一原则。否则,将由于存在基准不重合误差,精度难以保证。

例如,成批生产如图 6.6(a)所示零件,A,B 两面已加工,现需铣平面 C。如图 6.6(b)所示,选用 A 面为定位基准,则定位基准与设计基准不重合,尺寸(20 ± 0.15) mm 的尺寸只能间接地通过控制尺寸 A 来掌握,故该尺寸的精度决定于尺寸 A 和尺寸(50 ± 0.14) mm;若选用 B 面为定位基准,如图 6.6(c)所示,即基准重合,尺寸(20 ± 0.15) mm 是直接得到的,与尺寸 A 及尺寸 50 mm 的上下偏差无关。故采用基准重合的原则,有利于保证加工精度。

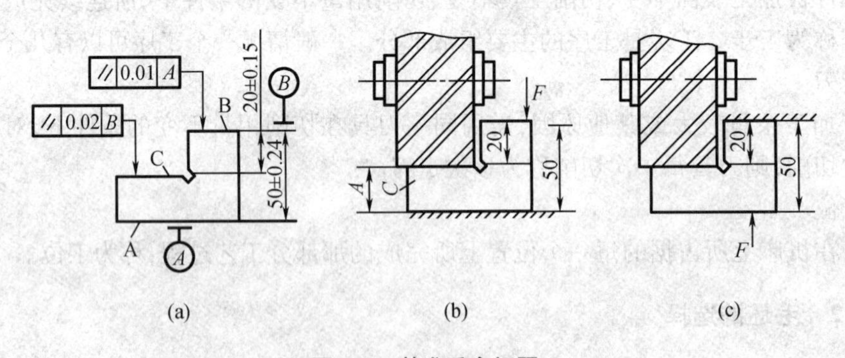


**图 6.6 基准重合问题**

(2)基准统一原则

当零件上有许多表面需要进行多道工序加工时,尽可能在各工序的加工中选用同一组基准定位,称为基准统一原则。基准统一可较好地保证各个加工面的位置精度,同时各工序所用夹具定位方式统一,夹具结构相似,可减少夹具的设计、制造工作量。

在实际生产中,经常采用的统一基准形式有:

①轴类零件常采用两个顶尖孔作为统一的基准。当采用两个顶尖孔作为统一基准加工各个表面时,可以保证各表面之间有较高的位置精度。如图6.7所示,该轴的四个外圆之间有较高的同轴度要求。轴的两个 $\varphi$55k6 外圆是加工 $\varphi$58m7、$\varphi$45m7 两个外圆的基准。由于该轴的结构特点,磨削加工这四个外圆表面时,不能同时加工,也不能采用基准重合的原则。采用基准统一的原则,用两个顶尖孔定位加工这四个表面,可以间接的保证各外圆之间的位置关系,如先磨削左端 $\varphi$55k6 外圆,然后磨削右端外圆 $\varphi$58m7、$\varphi$55k6、$\varphi$45m7,可以保证这四个外圆之间的同轴度要求。

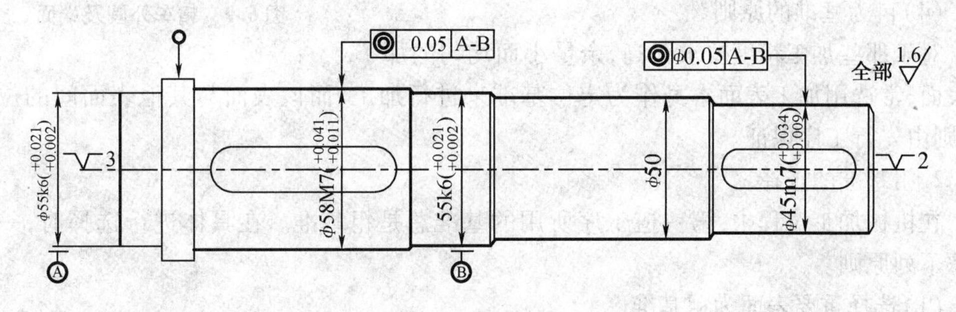


图6.7 传动轴

②支架箱体类零件常用一个大平面和两个距离较远的孔作为统一的基准。如图6.8所示,用箱体的底座和两个经过精加工的孔定位,加工箱体上的两组轴承孔时,可以保证两组孔之间以及两组孔与其他表面之间的位置要求。

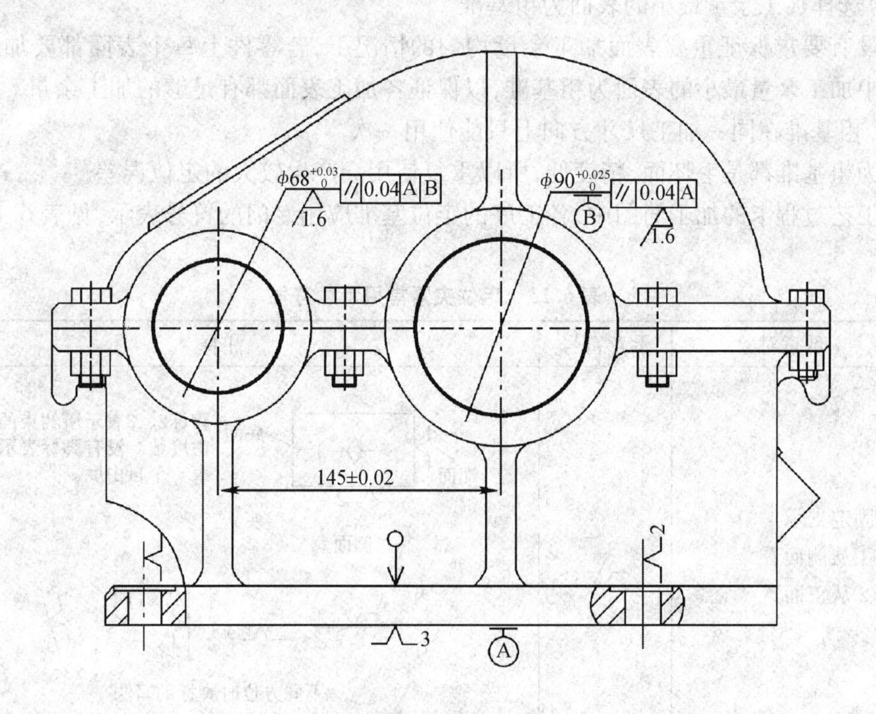


图6.8 镗孔

③盘套类零件常用一端面和一短孔或一端面和一个外圆，以及用一长孔(在孔内穿芯轴)作为统一的基准。如图6.9所示，用接盘内孔 $\varphi$50H7 作为统一的定位基准，同时加工外圆 $\varphi$90h6 和大端面，可以保证三者之间的位置精度。

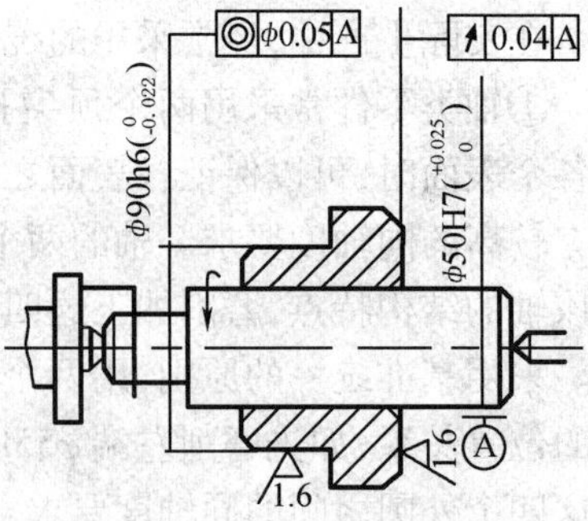

(3)互为基准的原则

对于两个表面间相互位置精度要求很高，同时自身尺寸与形状精度要求也很高的表面加工，常采用互为基准反复提高原则。

(4)自为基准的原则

对于那些加工精度要求很高，余量小而均匀的那些表面，常选用加工表面本身作为定位基准来进行加工，而该表面与其他表面间的位置精度，则由先行工序保证。

$\phi$0.05 A　0.04 A　$\phi90h6(^{0}_{-0.022})$　$\phi50H7(^{+0.025}_{0})$　1.6　1.6　A

**图6.9　精车外圆及端面**

2. 粗基准的选择

在机械加工过程中，第一道工序所用的基准总是粗基准。在具体进行选择时，一般应考虑下列原则。

(1)选择重要表面为粗基准

对于有重要表面的工件，为保证重要表面的加工余量小而均匀，则应选择该重要表面为粗基准。所谓重要表面一般是工件上加工精度以及表面质量要求较高的表面。

(2)选择不加工表面为粗基准

为了保证加工表面与不加工表面之间的相互位置要求，一般应选择不加工表面为粗基准。

(3)选择加工余量最小的表面为粗基准

在没有要求保证重要表面加工余量均匀的情况下，若零件上每个表面都要加工，则应选择其中加工余量最小的表面为粗基准，以保证各加工表面都有足够的加工余量。

(4)粗基准在同一加工尺寸方向上只能使用一次

因为粗基准都是毛坯面、精度低，所以重复使用会产生较大的定位误差。

在工艺过程卡的加工简图中，各工序的定位基准应用专门的符号表示，见表6.13。

**表6.13　定位夹紧常用示意符号**

| 序号 | 示意对象 | 示意符号 | 注释 |
|---|---|---|---|
| 1 | 固定支承<br>①从侧面看<br>②从正面看 | 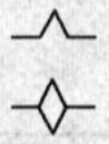 ⌃<br>◇ | 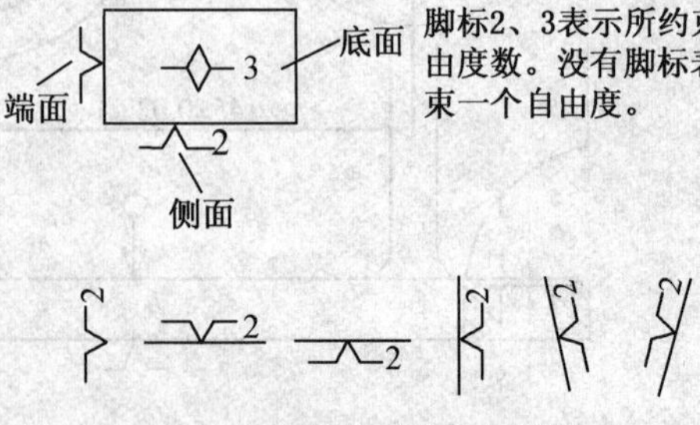 端面　底面　3　2　侧面<br>脚标2、3表示所约束的自由度数。没有脚标表示约束一个自由度。<br>2　2　2　2　2　2<br>不同方位时脚标的写法 |

表 6.13(续)

| 序号 | 示意对象 | 示意符号 | 注释 |
| --- | --- | --- | --- |
| 2 | 辅助支承<br>①从侧面看<br>②从正面看 | | 辅助支承<br>3<br>辅助支承<br>3 |
| 3 | 定位兼夹紧 | | 2<br>4<br>用三爪卡盘<br>用可胀长销式芯轴 |
| 4 | 夹紧力及夹紧方向<br>①平行于纸面夹向箭头所示方向<br>②垂直于纸面夹向纸面<br>③垂直于纸面向外夹紧 | | 2 3<br>3 2<br>3 2<br>3 2 |

### 6.3.4 工艺路线的拟定

工艺路线的主要任务是解决零件上各表面的加工方法,各表面之间的加工顺序以及确定整个工艺过程中的工序数量等问题。

1. 表面加工方法的选择

一般情况下,首先要找出零件上的主要表面,并根据它的技术要求,确定最终的加工方法(参考表6.4~6.6),然后再逐一确定前道工序的加工方法(参考表6.7~6.11)。主要表面的确定后,在确定次要表面的加工方法,最后形成整个零件的加工方案。

2. 加工顺序的安排

零件机械加工顺序通常包括切削加工、热处理和辅助工序,在拟定工艺路线时必须将三者统筹考虑,合理安排顺序。

(1)切削加工顺序的安排

切削加工工序安排的总原则是:前续工序必须为后续工序创造条件,做好基准准备。

①先基准后其他

先加工精基准面,然后用精基准面定位加工其他表面。如果零件加工需要的精基准面不止一个,则应按基面转换的顺序和逐步提高加工精度的原则来安排精基准面和主要表面的加工。

②先粗后精

零件上的各个加工表面应先集中安排粗加工,然后根据需要安排半精加工,最后安排精加工和光整加工。

通常粗加工、半精加工、精加工不连续进行。特殊情况下,也有单独进行由粗到精的连续加工,如钻、扩、铰孔,加工键槽,箱体上的镗孔等。

③先主后次

先安排主要表面的加工,再安排次要表面的加工,有时次要表面的加工可穿插在主要表面的加工工序中间,或稍后进行。在安排加工顺序时要注意退刀槽、倒角的安排。

形状复杂的铸、锻、焊件,加工前要先安排画线工序,为加工提供找正基准。但在大批量生产中,有专门的工装夹具,画线工序可免。

(2)热处理工序的安排

在制定工艺路线时,应根据零件的技术要求和材料的性质,合理地安排热处理工序。一般可按图 6.10 所示安排。

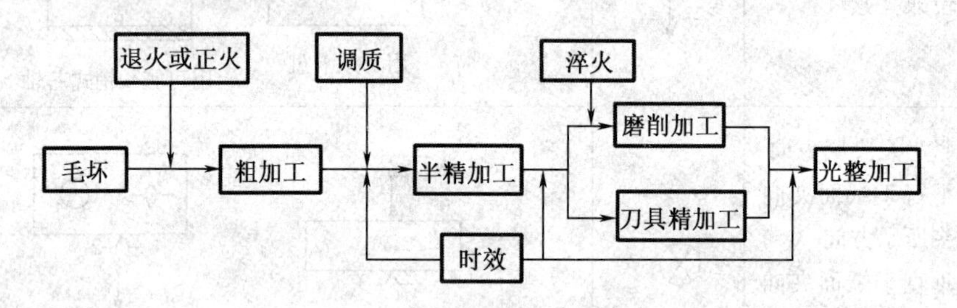


图 6.10　热处理工序的安排

零件机械加工的一般工艺路线为:毛坯制造—退火或正火—主要表面的粗加工,次要表面加工—调质(或时效)—主要表面的半精加工—次要表面加工—淬火(或渗碳淬火)—修基准—主要表面的精加工—表面处理。

(3)辅助工序的安排

辅助工序包括检验、去毛刺、清洗、防锈、去磁、平衡等。其中检验工序是主要的辅助工序,对保证加工质量,防止继续加工前道工序中产生的废品,起着重要的作用。除了在加工中各工序操作者自检外,在粗加工阶段结束后,关键或重要工序前后,零件在车间之间转换前后、全部加工结束后,一般均应安排检验工序。

4. 工序集中与工序分散

在安排了加工顺序以后,就需将零件的加工,按不同的加工阶段和加工顺序组合成若干个工序,从而拟定出整个加工路线。在组合成工序时,应采用工序集中或工序分散的原则。

(1)工序集中与工序分散的概念

工序集中是将零件的加工集中在少数几道工序内完成,每一工序的加工内容比较多。

工序分散就是将零件的加工分散到很多道工序内完成,每道工序加工的内容少,有时甚至每道工序只有一个工步。

(2)工序集中与工序分散选择原则

一般批量较小或采用数控机床等加工时,常用工序集中原则。而大批量生产时,常采用工序分散的原则。

### 6.3.5　各工序的加工余量、工序尺寸和公差的确定

1. 工序余量

工序余量是指某一表面在加工时相邻两工序尺寸之差(即在一道工序中所切除的金属层厚度)。在平面上加工,加工余量为单边余量。在回转表面(外圆和孔)上加工,加工余量

为双边余量。

各种加工方法需要的加工余量有所不同。在确定工序余量时，可参考表6.14。

**表6.14 常用加工方法一般所能达到的公差等级和表面粗糙度以及需留的加工余量**

| 加工表面 | 加工方法 | 公差等级 | 表面粗糙度 $R_a$ 值/μm | 加工余量 /mm | 说明 |
|---|---|---|---|---|---|
| 外圆 | 粗车 | IT12 ~ IT11 | 25 ~ 12.5 | 1 ~ 5 | 指尺寸在 $\phi$180 以下，长度在 500 以下的钢件直径余量 |
| | 半精车 | IT10 ~ IT9 | 6.3 ~ 3.2 | 0.45 ~ 0.55 | |
| | 精车 | IT8 ~ IT6 | 1.6 ~ 0.8 | 0.20 ~ 0.45 | |
| | 粗磨 | IT8 ~ IT7 | 1.6 ~ 0.8 | 0.25 ~ 0.85 | |
| | 精磨 | IT7 ~ IT6 | 0.8 ~ 0.4 | 0.06 ~ 0.1 | |
| 内圆 | 钻孔 | IT13 ~ IT11 | 25 ~ 12.5 | | 指孔径在 $\phi$180 以下的钢件直径余量 |
| | 扩孔 | IT10 ~ IT9 | 6.3 ~ 3.2 | 为所扩孔径的 0.3 ~ 0.5 倍 | |
| | 粗铰 | IT8 ~ IT7 | 3.2 ~ 3.6 | 0.1 ~ 0.5 | |
| | 精铰 | IT7 ~ IT6 | 1.6 ~ 0.8 | 0.05 ~ 0.2 | |
| | 粗镗 | IT12 ~ IT11 | 25 ~ 12.5 | 3 ~ 2 | |
| | 半精镗 | IT10 ~ IT9 | 6.3 ~ 3.2 | 2 ~ 1.5 | |
| | 精镗 | IT8 ~ IT7 | 1.6 ~ 0.8 | 1.5 ~ 1 | |
| | 粗磨 | IT8 ~ IT7 | 1.6 ~ 0.8 | 0.2 ~ 0.5 | |
| | 精磨 | IT7 ~ IT6 | 0.8 ~ 0.4 | 0.1 ~ 0.2 | |
| 平面 | 粗铣（刨） | IT14 ~ IT11 | 25 ~ 12.5 | 2 ~ 5 | 指平面最大尺寸在 500 以下的钢件的平面 |
| | 半精铣（刨） | IT10 ~ IT9 | 6.3 ~ 3.2 | 2 ~ 0.5 | |
| | 精铣（刨） | IT8 ~ IT7 | 1.6 ~ 0.8 | 0.5 ~ 0.2 | |
| | 粗车 | IT12 ~ IT11 | 25 ~ 12.5 | 2 ~ 5 | |
| | 半精车 | IT10 ~ IT9 | 3.3 ~ 3.2 | 1 ~ 1.5 | |
| | 精车 | IT8 ~ IT6 | 1.6 ~ 0.8 | 0.5 ~ 1 | |
| | 粗磨 | IT8 ~ IT7 | 1.6 ~ 0.8 | 0.2 ~ 0.5 | |
| | 精磨 | IT7 ~ IT6 | 0.8 ~ 0.4 | 0.1 ~ 0.2 | |

2. 工序尺寸及其公差

零件上的设计尺寸一般都要经过几道工序的加工才能得到，每道工序所应保证的尺寸称为工序尺寸。编制工艺卡片的一个重要工作就是要确定每道工序的工序尺寸及其公差。工序尺寸一般情况下是通过计算来确定，工序尺寸公差是通过查表得到的。

(1)工序尺寸的确定

先确定各工序的加工方法及其所要求的加工余量，再从终加工工序开始（即从设计尺寸开始）往前推，逐次加上各工序余量，可分别得到各工序基本尺寸（包括毛坯尺寸）。

(2)工序尺寸公差的确定

根据各工序中相关表面的加工精度，通过查表6.14来确定。机械加工的工序间尺寸的公差均按“入体分布”，即标注为向着零件体内的单向公差。例如一零件的某一外圆（内圆）直径尺寸在半精车后精车前的工序尺寸为 $\phi$50，查表6.14可知半精车后能达到的尺寸公差等级为IT9，查表6.15可知其标准公差数值为0.062，则此外圆（内圆）的工序尺寸和公差应

标注为 $\phi50^{0}_{-0.062}$（内圆为 $\phi50_{0}^{+0.062}$）。

### 6.3.6 机床与工艺装备的选择

1. 机床的选择

选择机床设备时应考虑以下几个原则。

(1)机床的主要规格尺寸应与加工零件的外部轮廓尺寸相适应。

(2)机床的精度应与工序要求的加工精度相适应。

(3)机床的生产率应与加工零件的生产类型相适应。

2. 工艺装备的选择

工艺装备选择应根据生产类型、具体加工条件、工件结构特点和技术要求等选择工艺装备。

(1)夹具的选择

单件小批生产，应尽量选用通用夹具，如各种卡盘、虎钳和回转台等。大批大量生产应采用高效率的专用夹具。夹具的精度应与工件的加工精度要求相适应。

(2)刀具的选择

一般采用通用刀具或标准刀具，必要时也可采用高生产率的复合刀具及其他一些专用刀具。刀具的类型、规格和精度应符合零件的加工要求。

(3)量具的选择

单件小批生产应采用通用量具，如游标卡尺、千分尺等。大批大量生产中应采用各种量规和一些高生产率的检验工具。选用的量具精度应与零件的加工精度相适应。

### 6.3.7 制定机械加工工艺过程的步骤

(1)分析零件图和产品装配图，进行零件的工艺性分析。

(2)确定零件的生产类型。

(3)确定毛坯的种类。

(4)选择定位基准。

(5)拟定工艺路线。

(6)确定各工序所用机床设备和工艺装备

(7)确定各工序的余量，计算工序尺寸和公差。

(8)确定各工序的切削用量和时间定额。

(9)确定各工序的技术要求和检验方法。

(10)编写工艺卡片。

### 6.3.8 机械加工工艺卡片的内容与格式

1. 机械加工工艺卡片的内容

机械加工工艺卡片的内容主要包括：加工工艺路线，各工序的加工内容、技术要求、工时定额以及所采用的机床、工艺装备等。

2. 机械加工工艺卡片的格式

机械加工工艺卡片的格式主要分为两种，即工艺过程卡片和工序卡片。

表 6.15 标准公差数值表

| 基本尺寸/mm | 公差等级 | | | | | | | | | | | | | | | | | | | |
|---|---|---|---|---|---|---|---|---|---|---|---|---|---|---|---|---|---|---|---|---|
| | IT01 | IT0 | IT1 | IT2 | IT3 | IT4 | IT5 | IT6 | IT7 | IT8 | IT9 | IT10 | IT11 | IT12 | IT13 | IT14 | IT15 | IT16 | IT17 | IT18 |
| | μm | | | | | | | | | | | | | | | mm | | | | |
| ~3 | 0.3 | 0.5 | 0.8 | 1.2 | 2 | 3 | 4 | 6 | 10 | 14 | 25 | 40 | 60 | 100 | 140 | 0.25 | 0.40 | 0.60 | 1.0 | 1.4 |
| 3~6 | 0.4 | 0.6 | 1 | 1.5 | 2.5 | 4 | 5 | 8 | 12 | 18 | 30 | 48 | 75 | 120 | 180 | 0.30 | 0.48 | 0.75 | 1.2 | 1.8 |
| 6~10 | 0.4 | 0.6 | 1 | 1.5 | 2.5 | 4 | 6 | 9 | 15 | 22 | 36 | 58 | 90 | 150 | 220 | 0.36 | 0.58 | 0.90 | 1.5 | 2.2 |
| 10~18 | 0.5 | 0.8 | 1.2 | 2 | 3 | 5 | 8 | 11 | 18 | 27 | 43 | 70 | 110 | 180 | 270 | 0.43 | 0.70 | 1.10 | 1.8 | 2.7 |
| 18~30 | 0.6 | 1 | 1.5 | 2.5 | 4 | 6 | 9 | 13 | 21 | 33 | 52 | 84 | 130 | 210 | 330 | 0.52 | 0.84 | 1.30 | 2.1 | 3.3 |
| 3050 | 0.6 | 1 | 1.5 | 2.5 | 4 | 7 | 11 | 16 | 25 | 39 | 62 | 100 | 160 | 250 | 390 | 0.62 | 1.00 | 1.60 | 2.5 | 3.9 |
| 50~80 | 0.8 | 1.2 | 2 | 3 | 5 | 8 | 13 | 19 | 30 | 46 | 74 | 120 | 190 | 300 | 460 | 0.74 | 1.20 | 1.90 | 3.0 | 4.6 |
| 80~120 | 1 | 1.5 | 2.5 | 4 | 6 | 10 | 15 | 22 | 35 | 54 | 87 | 140 | 220 | 350 | 540 | 0.87 | 1.40 | 2.20 | 3.5 | 5.4 |
| 120~180 | 1.2 | 2 | 3.5 | 5 | 8 | 12 | 18 | 25 | 40 | 63 | 100 | 160 | 250 | 400 | 630 | 1.00 | 1.60 | 2.50 | 4.0 | 6.3 |
| 180~250 | 2 | 3 | 4.5 | 7 | 10 | 14 | 20 | 29 | 46 | 72 | 115 | 185 | 290 | 460 | 720 | 1.15 | 1.85 | 2.90 | 4.6 | 7.2 |
| 250~315 | 2.5 | 4 | 6 | 8 | 12 | 16 | 23 | 32 | 52 | 81 | 130 | 210 | 320 | 520 | 810 | 1.30 | 2.10 | 3.20 | 5.2 | 8.1 |
| 315~400 | 3 | 5 | 7 | 9 | 13 | 18 | 25 | 36 | 57 | 89 | 140 | 230 | 360 | 570 | 890 | 1.40 | 2.30 | 3.60 | 5.7 | 8.9 |
| 400~500 | 4 | 6 | 8 | 10 | 15 | 20 | 27 | 40 | 63 | 97 | 155 | 250 | 400 | 630 | 970 | 1.55 | 2.50 | 4.00 | 6.3 | 9.7 |

(1)工艺过程卡编制

在编制工艺过程卡时,一般以工序为单位简要地说明零件的加工工艺过程即可,工序内容不需要很具体。

(2)工序卡编制

在编制工序卡时,一般以工序为单位,要详细地说明每个工步的加工内容、工艺参数、操作要求以及使用的设备和工艺装备等情况,一般都要有工序简图。

## 6.4 切削加工零件结构工艺性

### 6.4.1 零件结构工艺性概念

零件的结构工艺性是指这种结构的零件被加工的难易程度。它是评价零件结构优劣的技术经济指标之一。

在机械产品或零件结构设计时,一方面要满足使用性能要求,即所设计的产品或零件应当性能优良、工作效率高、寿命长、安全可靠、操纵灵活、易于维修等;另一方面还要满足制造工艺要求,即所设计的产品或零件在一定生产类型及生产条件下,能用生产周期短、生产率高、劳动量小、材料消耗少和生产成本低的加工方法制造出来。而后者即为结构工艺性的要求,满足这一要求的结构,则认为具有良好的结构工艺性。

### 6.4.2 零件结构的切削加工工艺性

为了提高零件结构的切削加工工艺性,在设计零件结构和分析切削加工工艺性时,主要考虑如下几个方面。

1. 提高标准化程度

(1)尽量采用标准化参数

零件的孔径、锥度、螺纹孔径和螺距、圆弧半径、沟槽等参数尽量选用标准数值。

(2)尽量采用标准型材

只要能满足使用要求,零件毛坯尽量采用标准型材。

2. 便于加工和提高效率

(1)零件结构要有足够的刚度。

(2)便于进刀和退刀。

(3)便于装夹和减少装夹次数。

(4)尽量减少刀具种类和换刀次数。

(5)尽量减少机床的调整次数。

(6)尽量减少加工表面数和缩小加工表面积。

3. 标注尺寸应考虑加工测量方便

(1)按加工顺序标注,易于保证加工尺寸要求。

(2)由实际存在的基面标注尺寸。

(3)形状和位置误差不能大于尺寸公差。

表6.16是零件结构的切削加工工艺性改进实例。

**表 6.16 零件结构的切削加工工艺性改进实例**

| 设计原则 | 结构工艺性图例 | | 说明 |
|---|---|---|---|
| | 改进前 | 改进后 | |
| 便于装夹 | 上表面(尺寸为500×400)加工 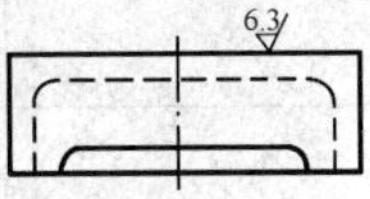<br>6.3 | 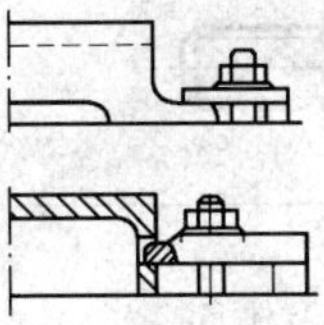 | 原设计无法用虎钳装夹,需逐边依次装夹加工;改进后可用边缘或夹紧孔夹紧,装夹方便了 |
| 减少装夹次数 | 键槽加工 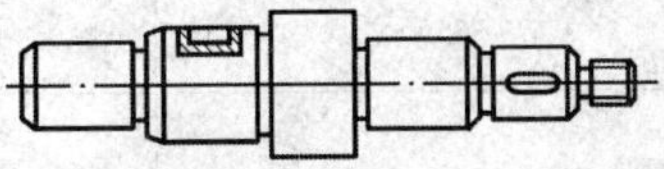 | 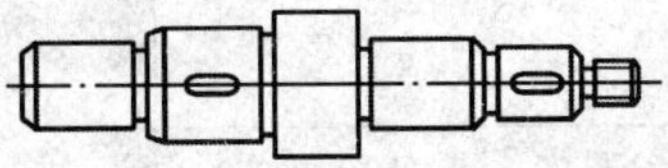 | 原设计铣削两键槽,需装夹两次;改进后只需装夹一次 |
| 尽量减少刀具种类和换刀次数 | 加工螺纹 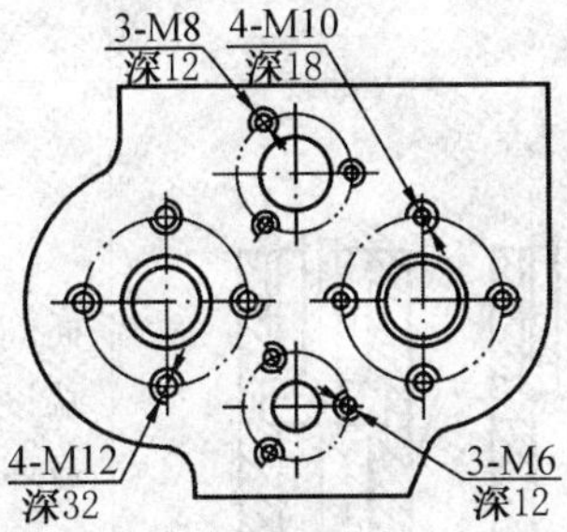<br>3-M8 深12<br>4-M10 深18<br>4-M12 深32<br>3-M6 深12 | 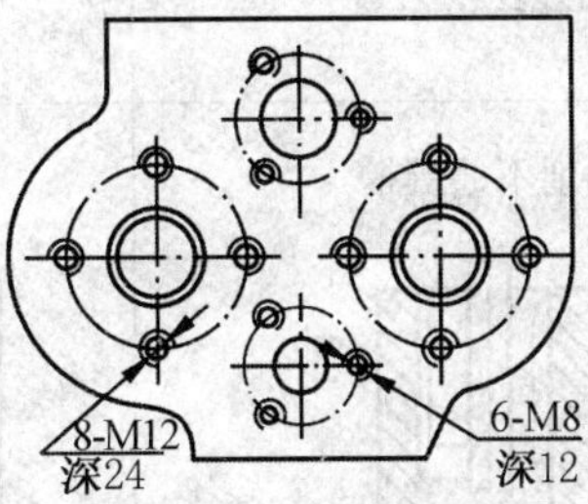 8-M12 深24<br>6-M8 深12 | 减少螺孔规格,从而减少刀具种类 |
| | 加工圆弧 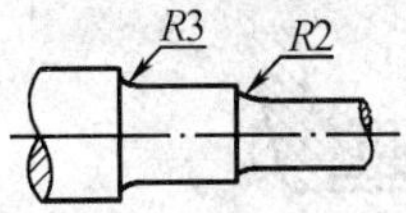<br>$R3$ $R2$ | 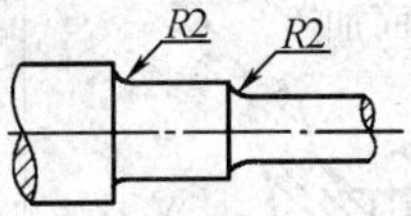 $R2$ $R2$ | 统一圆弧半径,减少刀具种类 |
| | 加工空刀槽 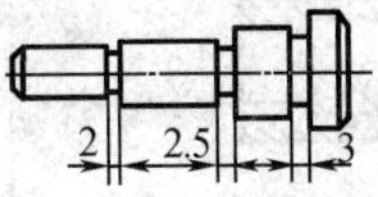<br>2 2.5 3 | 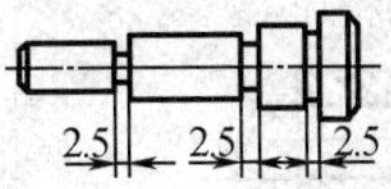 2.5 2.5 2.5 | 轴上的空刀槽宽度分别相同,减少刀具种类和换刀次数 |

表 6.16(续)

| 设计原则 | 结构工艺性图例 | | 说明 |
|---|---|---|---|
| | 改进前 | 改进后 | |
| 便于进刀和退刀 | 加工螺纹 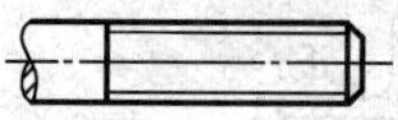 | 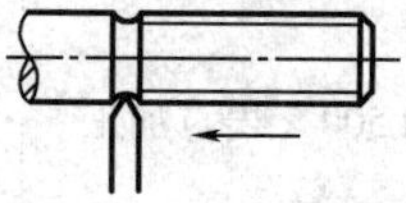 | 螺纹无法加工到轴肩根部,必须设置螺纹退刀槽 |
| | 磨削外圆及锥面 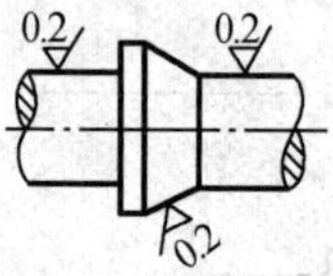 0.2 0.2 0.2 | 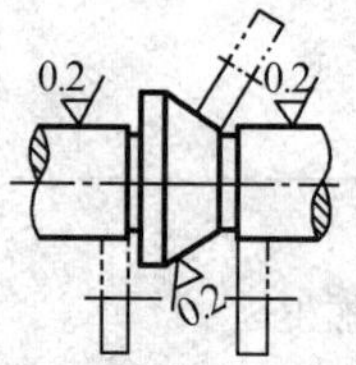 0.2 0.2 0.2 | 外圆面和锥面磨削必须设置砂轮越程槽 |
| | 磨削内孔 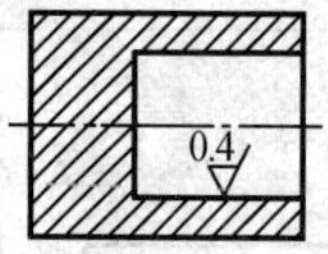 0.4 | 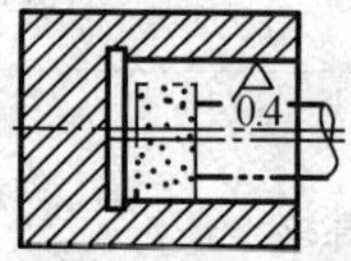 0.4 | 平底内孔端部必须设置退刀槽或越程槽 |
| | 插削不通键槽 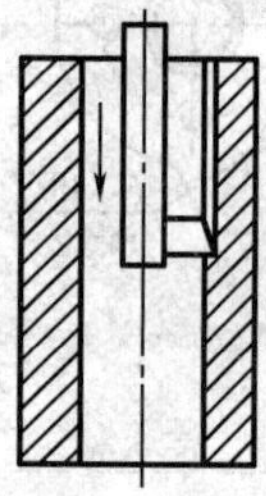 | 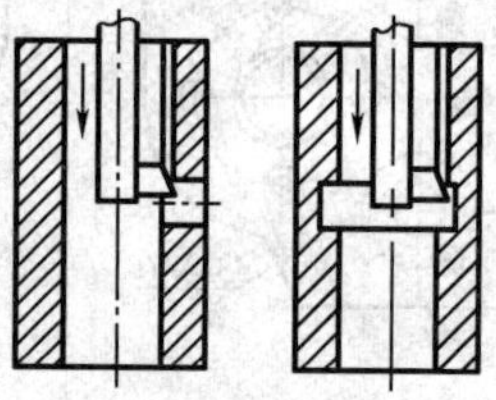 | 插削孔内键槽前端设计一让刀孔或环型越程槽 |
| 减少加工表面数和缩小加工表面积 | 上下面加工 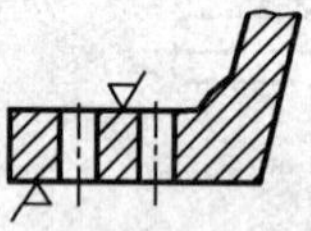 | 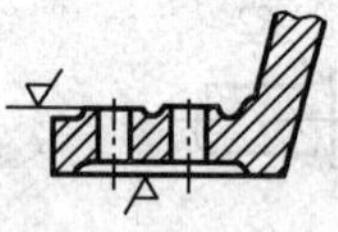 | 铸出凸台,减少加工面积 |
| | 内孔的精加工 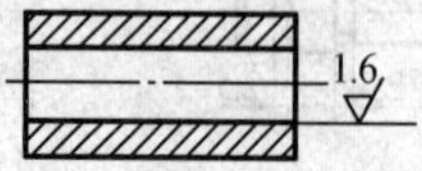 1.6 | 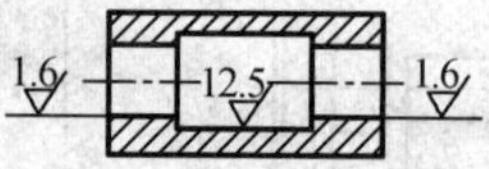 1.6 12.5 1.6 | 减少精加工面积 |

表 6.16(续)

| 设计原则 | 结构工艺性图例 | | 说明 |
|---|---|---|---|
| | 改进前 | 改进后 | |
| 零件结构要有足够刚度 | 加工上表面 3.2 | 3.2 | 改进前刚度差,刨削上平面易造成工件变形;改进后增加筋板,提高了刚度,可采用大的切削用量 |
| 尺寸按加工顺序标注 | $\phi13$ $\phi9$ $\phi4$ 64 48 36 17 2×45° 2×45° $\phi17$ | $\phi13$ $\phi9$ $\phi4$ 16 28 47 64 2×45° 2×45° $\phi17$ | 改进后与加工顺序一致,易于加工和测量 |
| 由实际存在的基面标注尺寸 | (a) (b) | (a) (b) | 改进后可简化工艺装备,易于加工和测量 |
| 形位公差与尺寸公差关系 | // 0.02 A; ▱ 0.03; 0.8; $50_{-0.015}^{0}$; 0.8; A | // 0.02 A; ▱ 0.015; 0.8; $50_{-0.03}^{0}$; 0.8; A | 形状公差和位置公差不能大于尺寸公差 |

## 6.5 机械加工工艺设计实例

通常情况下,同一类的零件其机械加工工艺方法比较相似。因此,要想了解和掌握零件的机械加工工艺方法,可以通过对典型零件机械加工过程的实例分析、总结经验、找出规律,采用类比的方法进行零件的机械加工工艺过程设计。

### 6.5.1 轴类零件机械加工工艺过程实例

1. 输出轴的机械加工工艺过程实例分析

输出轴的设计要求:输出轴的材料为40Cr,其结构形状、加工精度以及技术要求如图6.11所示。

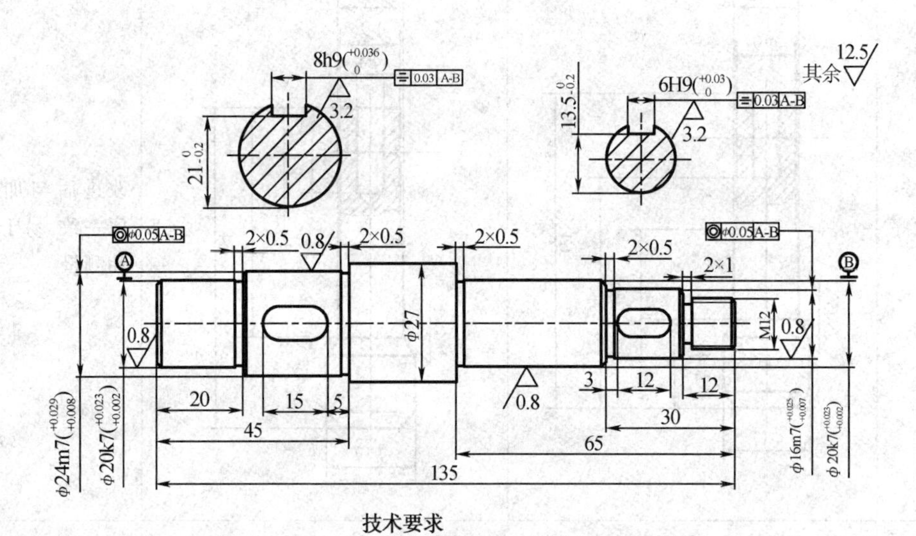


图 6.11 输出轴

输出轴的结构及技术要求分析:

从图6.11中可以看出,输出轴属于实心的阶梯轴,该轴主要由5个圆柱表面和一个螺纹表面组成,其中两个圆柱表面上分别带有一个键槽(键槽宽度分别为8h9和6 h9)。输出轴上有4个圆柱表面的尺寸精度要求达到IT7(它们分别是直径为$\phi$24m7、$\phi$16m7和两个直径为$\phi$20k7的外圆),表面粗糙度$R_a$值要求达到0.8 μm,查表6.14可知这4个圆柱表面需要精加工来完成,另外一个圆柱表面的尺寸精度要求为自由公差,表面粗糙度$R_a$值要求为12.5 μm,查表6.14可知这个圆柱表面可以通过粗加工来完成。该轴需要整体调质处理。

(1)单件小批量生产时的输出轴机械加工工艺过程设计

①毛坯选择

输出轴的生产类型是单件小批量生产,毛坯可选择圆棒料。

②定位基准确定

输出轴 $\phi24m7$ 和 $\phi16m7$ 两个圆柱的轴线对两个直径为 $\phi20k7$ 圆柱的两个基准轴线 A-B 有同轴度要求,即输出轴上的四个主要表面都和轴线相关,故选择在轴的两端加工中心孔作为定位精基准比较合适。由于这4个圆柱面加工精度要求较高,加工工序不能太少,且工件需经热处理,因此,中心孔应采用B型的。

③加工路线拟定

输出轴上主要加工表面有两个 $\phi20k7$ 的外圆柱表面和分别为 $\phi24m7$ 和 $\phi16m7$ 的外圆柱表面。它们加工的尺寸精度都是IT7,表面粗糙度 $R_a$ 值均为0.8 μm。

查表6.7可知,这4个外圆的加工方案均可采用:粗车—半精车—精车;粗车—半精车—磨。

由于输出轴的热处理要求为调质,应安排在粗车和半精车之间。输出轴的材料为40Cr,可以磨削加工,且结构又适合磨削加工,因此,最后确定这4个外圆柱表面的加工方案为:粗车—调质—半精车—磨。

根据输出轴主要表面的加工方案、加工方法和切削加工工序顺序的安排原则,输出轴加工顺序可确定如下:加工输出轴的端面及定位基准中心孔→粗加工各外圆→调质→半精加工两个 $\phi20k7$ 和 $\phi24m7$、$\phi16m7$ 的外圆表面,同时穿插加工各沟槽、倒角等→加工螺纹→加工键槽→精加工四个外圆。

输出轴的生产类型是单件小批,工序安排应尽量集中。

④机械加工工艺过程制定

通过上述的分析,可制定输出轴单件小批生产的机械加工工艺过程,如表6.17所示。

(2)成批生产时的输出轴机械加工工艺过程

①毛坯选择

输出轴的生产类型是成批生产,但由于输出轴各外圆柱表面的直径相差很小,因此,输出轴的毛坯类型可选择圆棒料。

②定位基准确定

根据输出轴的结构特点,输出轴在成批生产时,仍可采用单件小批量生产时的定位方式,即定位基准仍选择在轴的两端加工中心孔作为定位精基准,中心孔的类型为B型。

③加工路线拟定

输出轴的成批生产与单件小批量生产的加工路线基本相同,在加工的过程中所使用的设备、工艺装备等也没有多大区别。

输出轴的生产类型是成批生产,工序安排应适中。

④机械加工工艺过程制定

综上所述,可制定输出轴成批生产的机械加工工艺过程,如表6.18所示。

表 6.17 输出轴单件小批生产的机械加工工艺过程

| 工序号 | 工序名称 | 工序内容 | 工序简图 | 使用设备<br>刀辅量具 |
|---|---|---|---|---|
| 0 | 锯 | 下料 | 全部 25; φ30; 145 | 锯床<br>卷尺 |
| 1 | 车 | 1. 车端面见平；<br>2. 钻中心孔(B 型)；<br>3. 掉头，车另一端面；<br>4. 钻中心孔(B 型)<br>5. 粗车一端三个外圆；<br>6. 掉头，粗车另一端三个外圆 | 其余 12.5; 中心孔B 两端 3.2; 2; 135; 全部 12.5; 2; 3; φ22; φ26; φ27; 18; 43; 80; 2; 3; φ14; φ18; φ22; 10; 28; 63 | 车床<br>车刀<br>中心钻<br>游标卡尺 |

表 6.17(续)

| 工序号 | 工序名称 | 工序内容 | 工序简图 | 使用设备<br>刀辅量具 |
|---|---|---|---|---|
| 2 | 热处理 | 调质<br>220 ~ 240HBS | | |
| 3 | 车 | 1. 半精车一端两个外圆；<br>2. 切槽两个；<br>3. 倒角两个；<br>4. 掉头，半精车另一端三个外圆；<br>5. 切槽三个；<br>6. 倒角三个 | 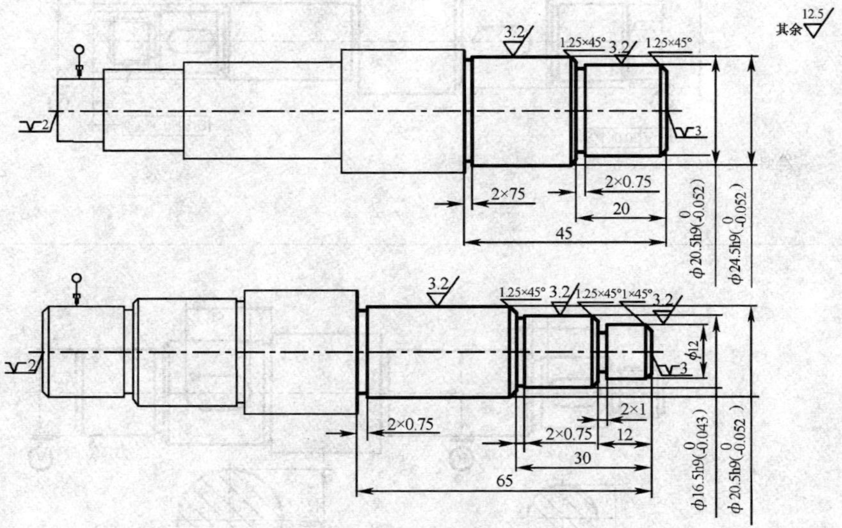 其余 12.5<br>3.2 1.25×45° 3.2 1.25×45° 3 2<br>2×75 2×0.75 20 45<br>$\phi 20.5h9(^{0}_{-0.052})$ $\phi 24.5h9(^{0}_{-0.052})$<br>3.2 1.25×45° 3.2 1.25×45° 1×45° 3.2 $\phi 12$ 3 2<br>2×0.75 2×1 2×0.75 12 30 65<br>$\phi 16.5h9(^{0}_{-0.043})$ $\phi 20.5h9(^{0}_{-0.052})$ | 车床<br>车刀<br>游标卡尺 |
| 4 | 车 | 车螺纹 | 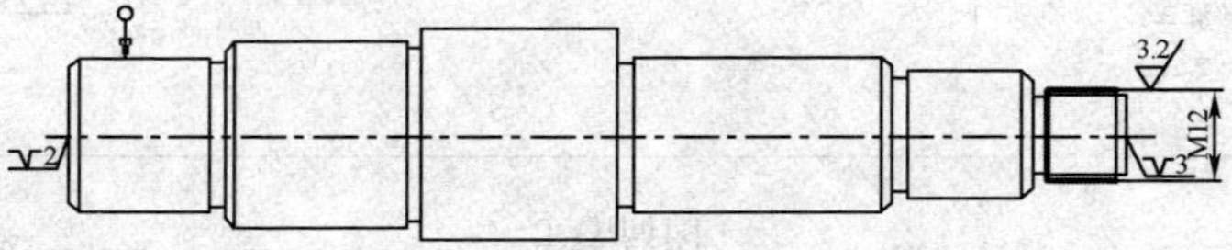 3.2 M12 3 2 | 车床<br>螺纹车刀<br>螺纹环规 |

表 6.17(续)

| 工序号 | 工序名称 | 工序内容 | 工序简图 | 使用设备<br>刀辅量具 |
|---|---|---|---|---|
| 5 | 铣 | 铣两个键槽 | 0.03 A-B<br>8H9($^{+0.036}_{0}$)<br>3.2<br>$21.25_{-0.2}^{0}$<br>0.03 A-B<br>6H9($^{+0.03}_{0}$)<br>$13.75_{-0.2}^{0}$<br>其余 12.5<br>A<br>B<br>φ<br>2<br>φ<br>3<br>15<br>5<br>3<br>12 | 铣床<br>键槽铣刀<br>游标卡尺 |
| 6 | 磨 | 磨四个外圆 | 全部 0.8<br>φ0.05 A-B<br>φ0.05 A-B<br>A<br>2<br>φ20k7($^{+0.023}_{+0.002}$)<br>φ16m7($^{+0.025}_{+0.007}$)<br>φ 20k7($^{+0.023}_{+0.002}$)<br>φ24m7($^{+0.029}_{+0.008}$) | 磨床<br>砂轮<br>游标卡尺<br>外径千分尺 |
| 7 | 检 | 检验 |  |  |

表 6.18 输出轴成批生产的机械加工工艺过程

| 工序号 | 工序名称 | 工序内容 | 工序简图 | 使用设备<br>刀辅量具 |
| --- | --- | --- | --- | --- |
| 0 | 锯 | 下料 | 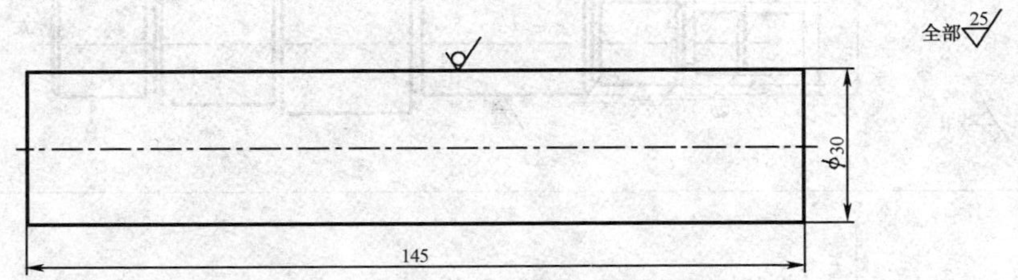 全部 25; φ30; 145 | 锯床<br>卷尺 |
| 1 | 车 | 1. 车端面见平；<br>2. 钻中心孔(B 型)；<br>3. 掉头，车另一端面；<br>4. 钻中心孔(B 型) | 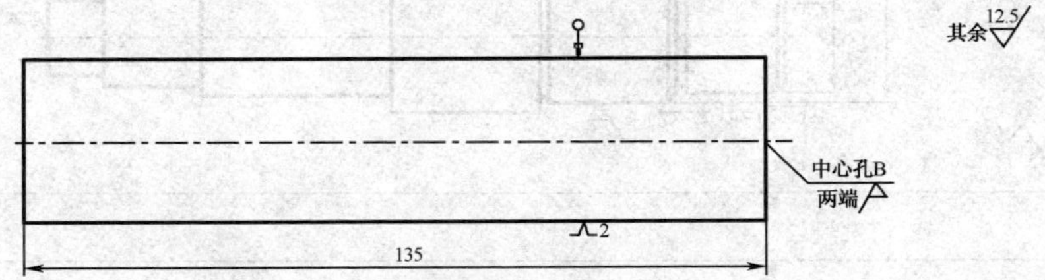 其余 12.5; 中心孔B 两端; 2; 135 | 车床<br>车刀<br>中心钻<br>游标卡尺 |
| 2 | 车 | 粗车三个外圆 | 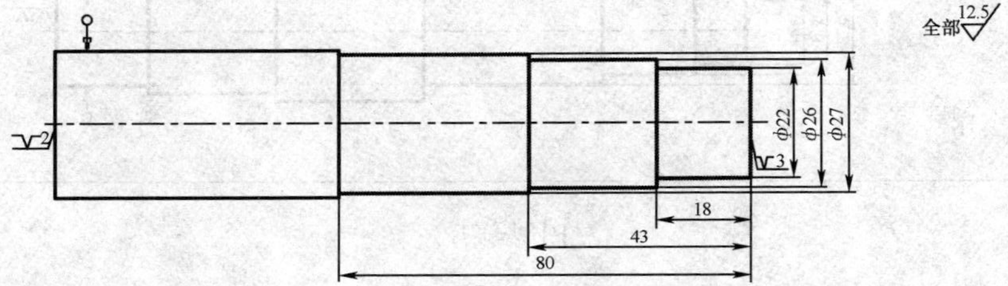 全部 12.5; 2; 3; φ22; φ26; φ27; 18; 43; 80 | 车床<br>车刀<br>游标卡尺 |

表 6.18(续)

| 工序号 | 工序名称 | 工序内容 | 工序简图 | 使用设备<br>刀辅量具 |
| --- | --- | --- | --- | --- |
| 3 | 车 | 粗车三个外圆 | 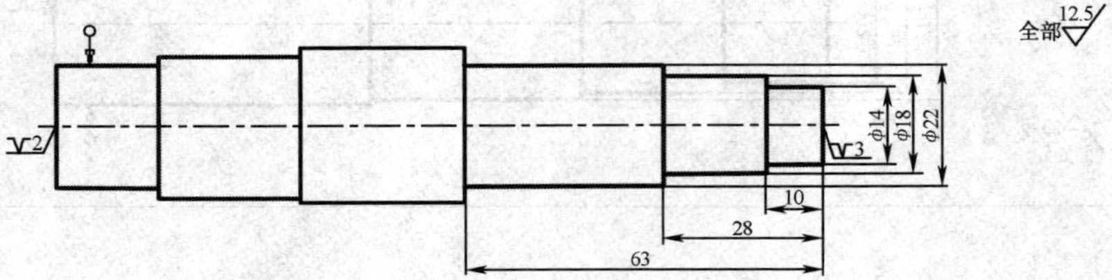 全部 12.5<br>φ14 φ18 φ22<br>3 2<br>10 28 63 | 车床<br>车刀<br>游标卡尺 |
| 4 | 热处理 | 调质 220 ~ 240HBS | | |
| 5 | 车 | 1. 半精车两个外圆;<br>2. 切槽两个;<br>3. 倒角两个; | 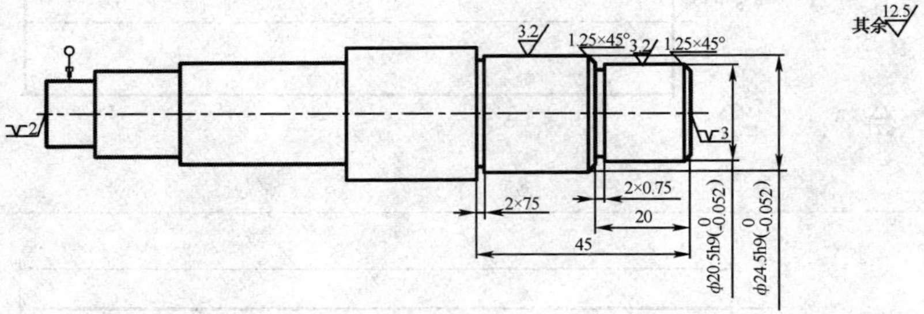 其余 12.5<br>3.2 1.25×45° 3.2 1.25×45°<br>2×0.75 20 2×75 45<br>$\phi 20.5h9(^{0}_{-0.052})$ $\phi 24.5h9(^{0}_{-0.052})$<br>3 2 | 车床<br>车刀<br>游标卡尺 |
| 6 | 车 | 1. 半精车三个外圆;<br>2. 切槽三个;<br>3. 倒角三个 | 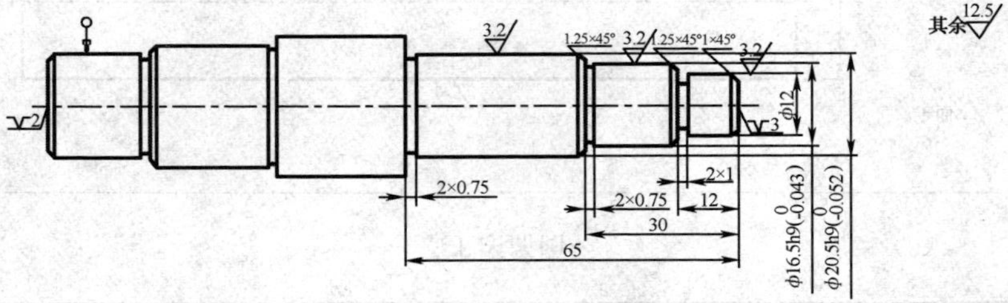 其余 12.5<br>3.2 1.25×45° 3.2 1.25×45° 1×45° 3.2<br>φ12<br>2×1 2×0.75 12 30 2×0.75 65<br>$\phi 16.5h9(^{0}_{-0.043})$ $\phi 20.5h9(^{0}_{-0.052})$<br>3 2 | 车床<br>车刀<br>游标卡尺 |

表 6.18(续)

| 工序号 | 工序名称 | 工序内容 | 工序简图 | 使用设备<br>刀辅量具 |
|---|---|---|---|---|
| 7 | 车 | 车螺纹 | 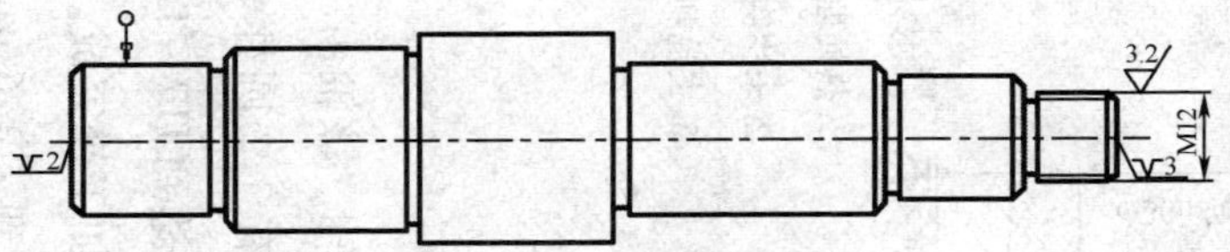  | 车床<br>螺纹车刀<br>螺纹环规 |
| 8 | 铣 | 铣两个键槽 | 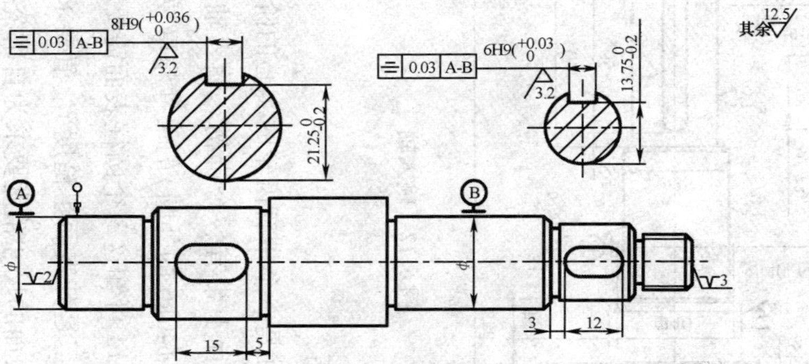  | 铣床<br>键槽铣刀<br>游标卡尺 |
| 9 | 磨 | 磨四个外圆 | 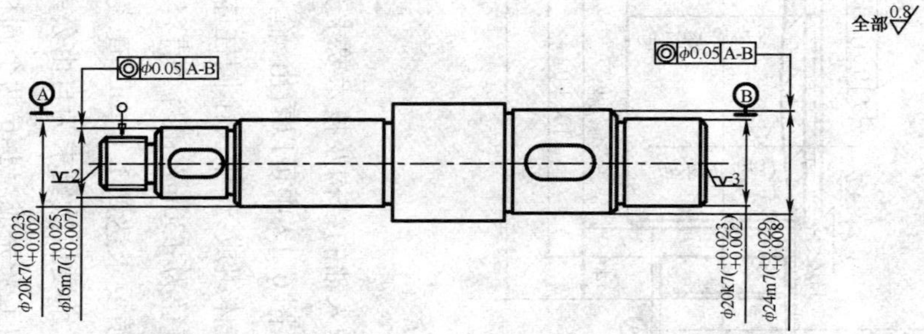  | 磨床<br>砂轮<br>游标卡尺<br>外径千分尺 |
| 10 | 检 | 检查 |  |  |

2. 输入轴的机械加工工艺过程实例分析

输入轴的设计要求：输入轴的材料为40Cr，其结构形状、加工精度以及技术要求如图6.12所示。

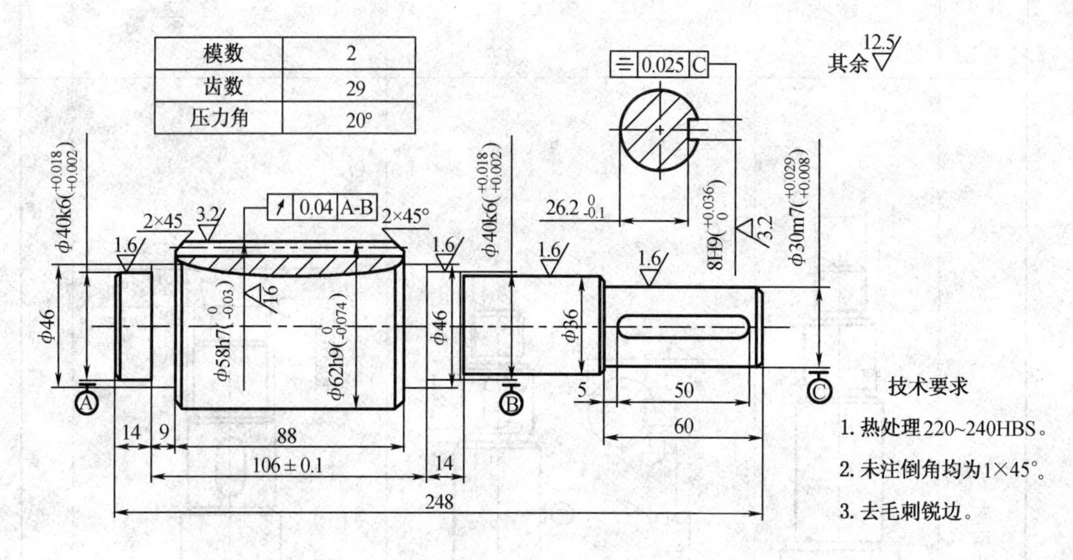


**图6.12　输入轴**

输入轴的结构及技术要求分析：

从图6.12中可以看出，输入轴是一个带有齿轮的实心的阶梯轴。该轴由一个齿轮和6个圆柱体组成，其中一个圆柱体表面上带有一个键槽。输入轴上有3个圆柱表面（它们分别是直径为$\phi$30m7和两个直径为$\phi$40k6的外圆）的尺寸精度要求达到IT7～IT6，表面粗糙度$R_a$值要求达到1.6 μm，查表6.14可知这3个圆柱表面需要精加工来完成。$\phi$36圆柱表面尺寸精度虽然要求为自由公差，但是其表面粗糙度$R_a$值要求达到了1.6 μm，因此，也需要精加工来完成。$\phi$46两个圆柱表面的尺寸精度要求为自由公差，表面粗糙度$R_a$值要求为12.5 μm，查表6.14可知这两个圆柱表面通过粗加工来完成。输入轴上的齿轮加工精度要求比较高，达到了IT7，粗糙度要求较低，达到了1.6 μm，查表6.11可知需要滚齿来加工。输出轴整体要求调质处理。

（1）单件小批生产时的输入轴机械加工工艺过程设计

①毛坯选择

输入轴的生产类型是单件小批生产，毛坯可选择圆棒料。

②定位基准确定

输入轴上的齿轮对两个$\phi$40k6圆柱的两个基准轴线A－B有径向跳动要求，选择在轴的两端加工中心孔作为定位精基准，可使得在加工两个$\phi$40k6圆柱表面和齿轮时能够有同一个基准，可保证齿面对两个$\phi$40k6圆柱轴线的跳动。由于这3个圆柱面加工精度要求较高，加工工序不能太少，且工件需经热处理，因此，中心孔应采用B型的。

③加工路线拟定

输入轴上主要加工表面有两个 $\phi$40k6 的外圆柱表面和一个 $\phi$30m7 的外圆柱表面。它们加工的尺寸精度在 IT7 ~ IT6，表面粗糙度 $R_a$ 值均为 1.6 μm。

查表 6.7 可知，$\phi$40k6 的两个外圆的加工方案可选择：粗车—半精车—粗磨—精磨；粗车—半精车—精车—金刚石车。$\phi$30m7 外圆的加工方案可选择：粗车—半精车—精车；粗车—半精车—磨。齿轮加工采用滚齿的方法。

由于输入轴的热处理要求为调质，应安排在粗车和半精车之间。输入轴的材料为 40Cr，可以磨削加工，且结构又适合磨削加工，因此，最后确定 $\phi$40k6 的两个外圆柱表面的加工方案为：粗车—调质—半精车—粗磨—精磨；$\phi$30m7 外圆柱表面的加工方案为：粗车—调质—半精车—磨。

根据输入轴主要表面的加工方案、加工方法和切削加工工序顺序的安排原则，输入轴加工顺序可确定如下：加工输入轴的端面及定位基准中心孔→粗加工各外圆→调质→半精加工 $\phi$40k6、$\phi$30m7 以及齿轮的外圆表面，同时穿插加工各沟槽、倒角等→加工键槽→加工齿轮的齿面→精加工四个外圆。

输入轴的生产类型是单件小批生产，工序应尽量集中。

④机械加工工艺过程制定

通过上述的分析，可制订输入轴单件小批生产的机械加工工艺过程，如表 6.19 所示。

(2)成批生产时的输入轴机械加工工艺过程设计

①毛坯选择

输入轴的生产类型是成批生产，由于输出轴各外圆柱表面的直径相差比较大，因此，输出轴的毛坯类型应选择自由锻件。

②定位基准确定

根据输入轴的结构特点，输入轴在成批生产时，仍可采用单件小批量生产时的定位方式，即定位基准仍选择在轴的两端加工中心孔作为定位精基准，中心孔的类型为 B 型。

③加工路线拟定

输入轴的成批生产与单件小批量生产的加工路线基本相同，在加工的过程中所使用的设备、工艺装备等也基本相同。

输入轴的生产类型是成批生产，工序安排应适中。

④机械加工工艺过程制定

综上所述，可制定输入轴成批生产的机械加工工艺过程，如表 6.20 所示。

**表 6.19　输入轴单件小批生产的机械加工工艺过程**

| 工序号 | 工序名称 | 工序内容 | 工序简图 | 使用设备<br>刀辅量具 |
|---|---|---|---|---|
| 0 | 锯 | 下料 | 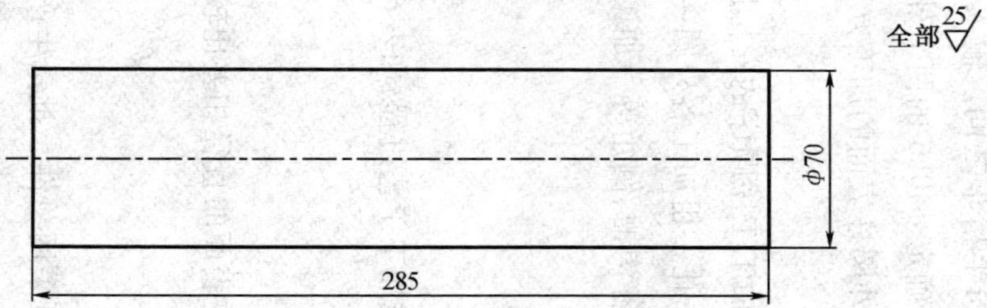 全部 25<br>φ70<br>285 | 锯床<br>卷尺 |
| 1 | 车 | 1. 车端面见平；<br>2. 钻中心孔；<br>3. 粗车三个外圆；<br>4. 掉头，车另一端面<br>5. 钻中心孔；<br>6. 粗车四个外圆 | 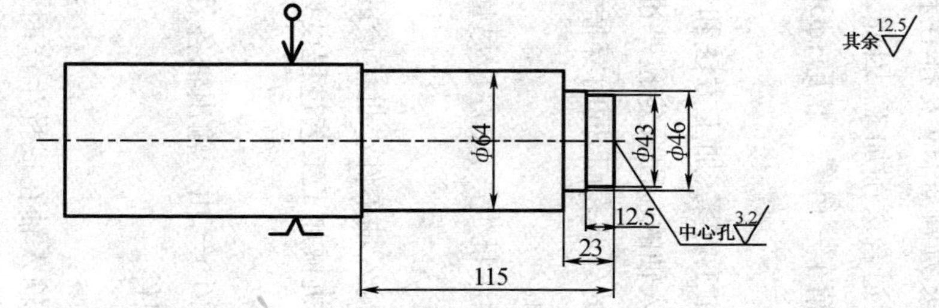 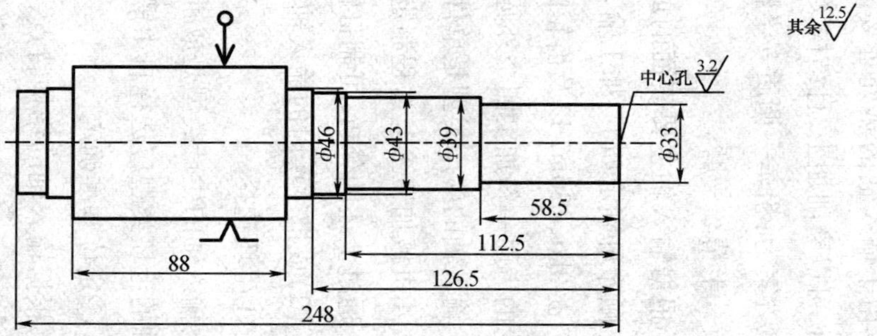 其余 12.5<br>φ64　φ43　φ46<br>12.5　中心孔 3.2<br>23<br>115<br>其余 12.5<br>中心孔 3.2<br>φ46　φ43　φ39　φ33<br>58.5<br>112.5<br>88<br>126.5<br>248 | 车床<br>中心钻<br>车刀<br>游标卡尺 |

表 6.19(续)

| 工序号 | 工序名称 | 工序内容 | 工序简图 | 使用设备<br>刀辅量具 |
|---|---|---|---|---|
| 2 | 热处理 | 调质<br>220～240HBS | | |
| 3 | 车 | 1. 半精车一端两个外圆；<br>2. 倒角(三处)；<br>3. 掉头，半精车另一端三个外圆；<br>4. 倒角(三处) | 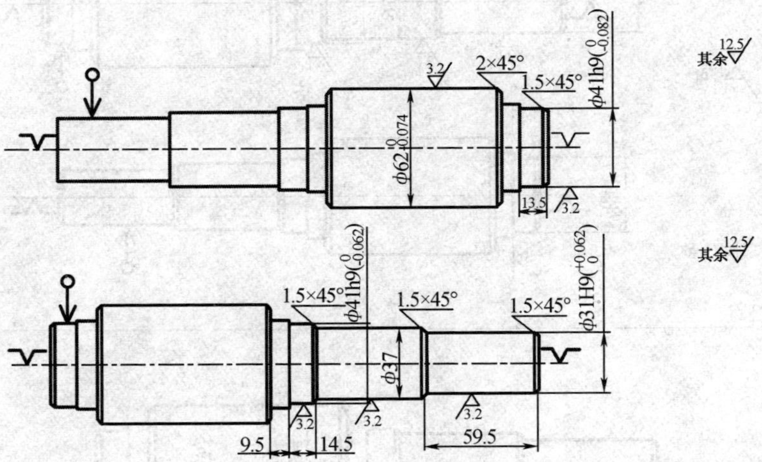 3.2 2×45° 1.5×45° $\phi41h9(^{0}_{-0.082})$ 其余 12.5 $\phi62^{0}_{-0.074}$ 13.5 3.2<br>其余 12.5 1.5×45° $\phi41h9(^{0}_{-0.062})$ 1.5×45° 1.5×45° $\phi31H9(^{+0.062}_{0})$ $\phi37$ 3.2 3.2 3.2 9.5 14.5 59.5 | 车床<br>车刀<br>游标卡尺 |
| 4 | 铣 | 铣键槽 | 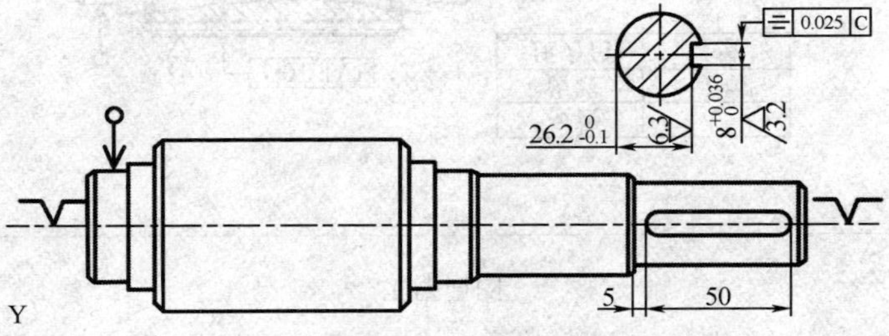 0.025 C 26.2 $^{0}_{-0.1}$ 6.3 $8^{+0.036}_{0}$ 3.2 5 50 Y | 立铣床<br>键槽铣刀<br>游标卡尺 |

**表 6.19(续)**

| 工序号 | 工序名称 | 工序内容 | 工序简图 | 使用设备<br>刀辅量具 |
|---|---|---|---|---|
| 5 | 滚 | 滚齿 | 3.2　0.04 A-B　1.6　$\phi58_{-0.03}^{0}$　$\phi62_{-0.074}^{0}$<br>模数 2<br>齿数 29<br>压力角 20° | 滚齿机床<br>滚齿刀 |
| 6 | 磨 | 1. 磨一个外圆；<br>2. 磨三个外圆 | 12.5　$\phi40_{+0.002}^{+0.018}$　1.6　14<br>1.6　1.6　1.6　$\phi40_{+0.002}^{+0.018}$　$\phi36$　9　14　60　$\phi30_{+0.008}^{+0.029}$<br>其余 12.5 | 磨床<br>砂轮<br>外径千分尺 |
| 7 | 检 | 检验 |  |  |

**表 6. 20　输入轴成批生产的机械加工工艺过程**

| 工序号 | 工序名称 | 工序内容 | 工序简图 | 使用设备<br>刀辅量具 |
| --- | --- | --- | --- | --- |
| 0 | 锻 | 锻毛坯 | 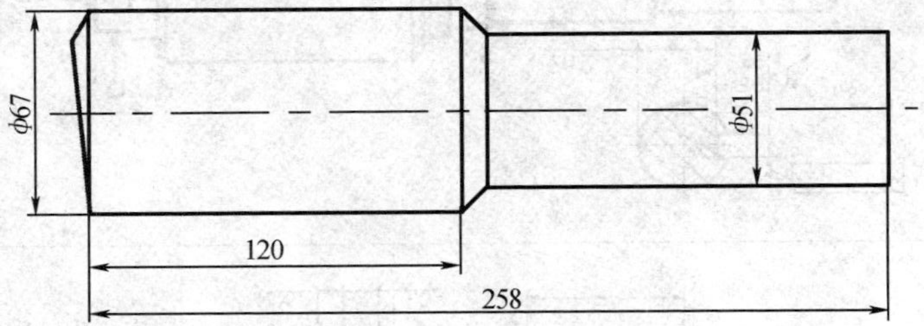 $\phi67$ $\phi51$ 120 258 | 空气锤 |
| 1 | 车 | 1. 车端面；<br>2. 钻中心孔；<br>3. 粗车三个外圆 | 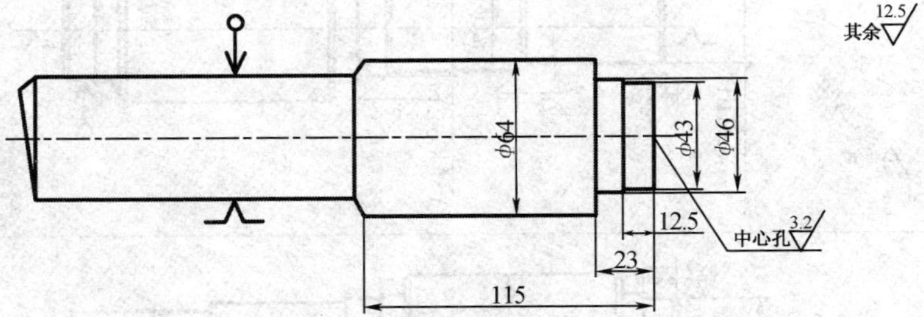 其余 12.5 $\phi64$ $\phi43$ $\phi46$ 12.5 中心孔 3.2 23 115 | 车床<br>中心钻<br>车刀<br>游标卡尺 |
| 2 | 车 | 1. 车端面；<br>2. 钻中心孔；<br>3. 粗车四个外圆 | 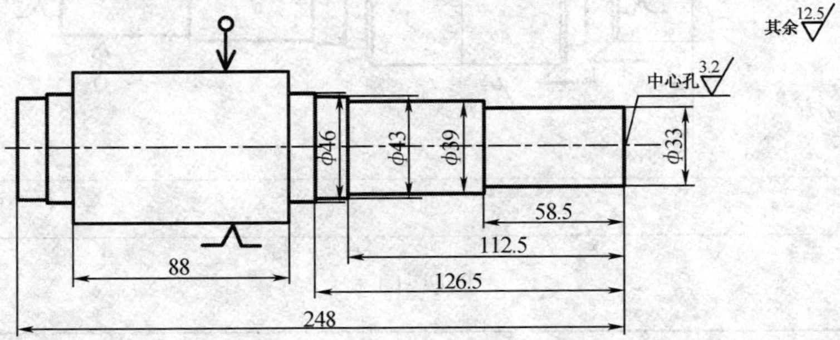 其余 12.5 中心孔 3.2 $\phi46$ $\phi43$ $\phi39$ $\phi33$ 58.5 112.5 126.5 88 248 | 车床<br>中心钻<br>车刀<br>游标卡尺 |

表 6.20(续)

| 工序号 | 工序名称 | 工序内容 | 工序简图 | 使用设备<br>刀辅量具 |
| --- | --- | --- | --- | --- |
| 3 | 热处理 | 调质 220～240HBS | | |
| 4 | 车 | 1. 半精车两个外圆；<br>2. 倒角(三处) | 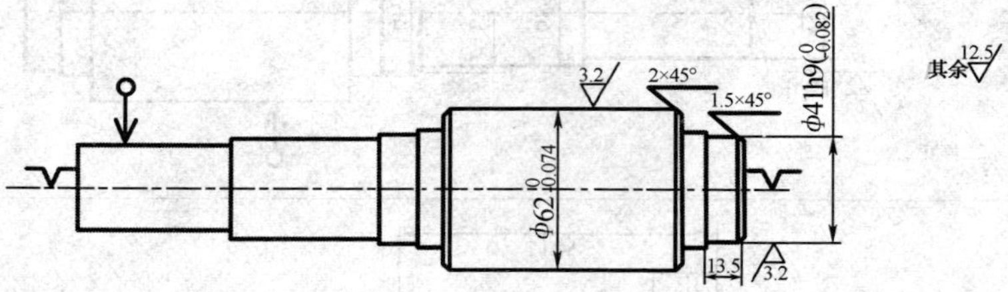 3.2　2×45°　1.5×45°　$\phi41h9(^{0}_{-0.082})$　其余 12.5<br>$\phi62^{0}_{-0.074}$　13.5　3.2 | 车床<br>车刀<br>游标卡尺 |
| 5 | 车 | 1. 半精车三个外圆；<br>2. 倒角(三处) | 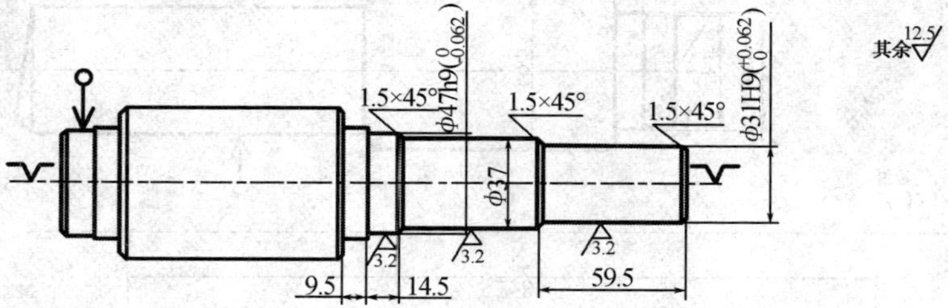 $\phi47h9(^{0}_{-0.062})$　$\phi31H9(^{+0.062}_{0})$　其余 12.5<br>1.5×45°　1.5×45°　1.5×45°<br>$\phi37$　3.2　3.2　3.2<br>9.5　14.5　59.5 | 车床<br>车刀<br>游标卡尺 |
| 6 | 铣 | 铣键槽 | 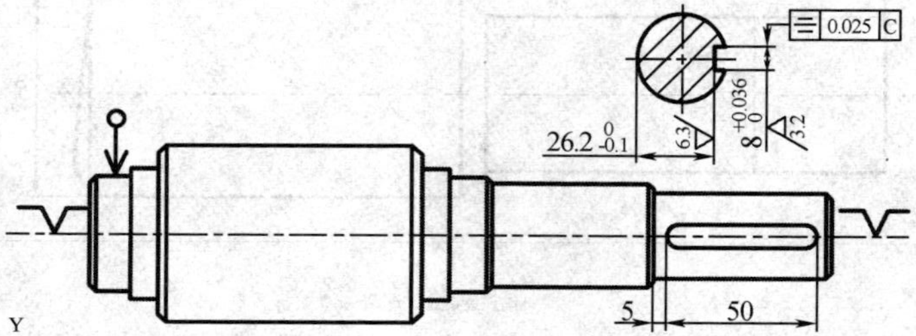 0.025 C<br>$8^{+0.036}_{0}$　3.2　6.3　$26.2^{0}_{-0.1}$<br>Y　5　50 | 立铣床<br>键槽铣刀<br>游标卡尺 |

**表 6.20(续)**

| 工序号 | 工序名称 | 工序内容 | 工序简图 | 使用设备<br>刀辅量具 |
| --- | --- | --- | --- | --- |
| 7 | 滚 | 滚齿 | 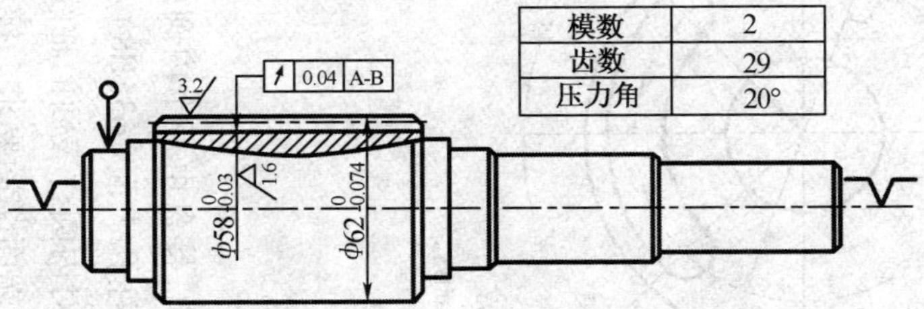 模数 2<br>齿数 29<br>压力角 20° | 滚齿机床<br>滚齿刀 |
| 8 | 磨 | 1. 磨一个外圆；<br>2. 磨三个外圆 | 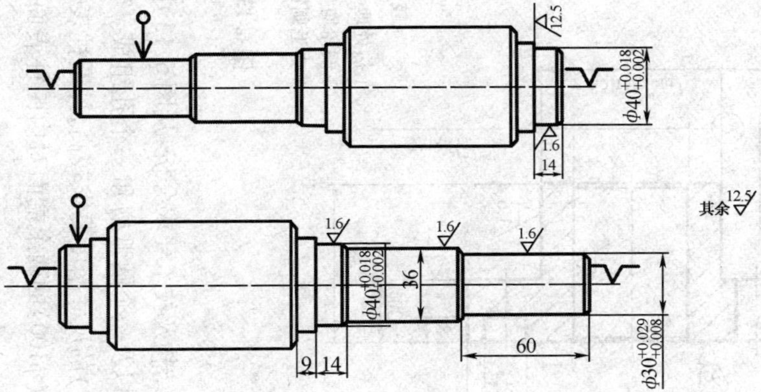  | 磨床<br>砂轮<br>外径千分尺 |
| 9 | 检 | 检查 |  |  |

### 6.5.2 盘套类零件机械加工工艺过程实例

1. 接盘的机械加工工艺过程实例分析

接盘的设计要求:接盘的材料为45钢,其结构形状、加工精度以及技术要求如图6.13所示。

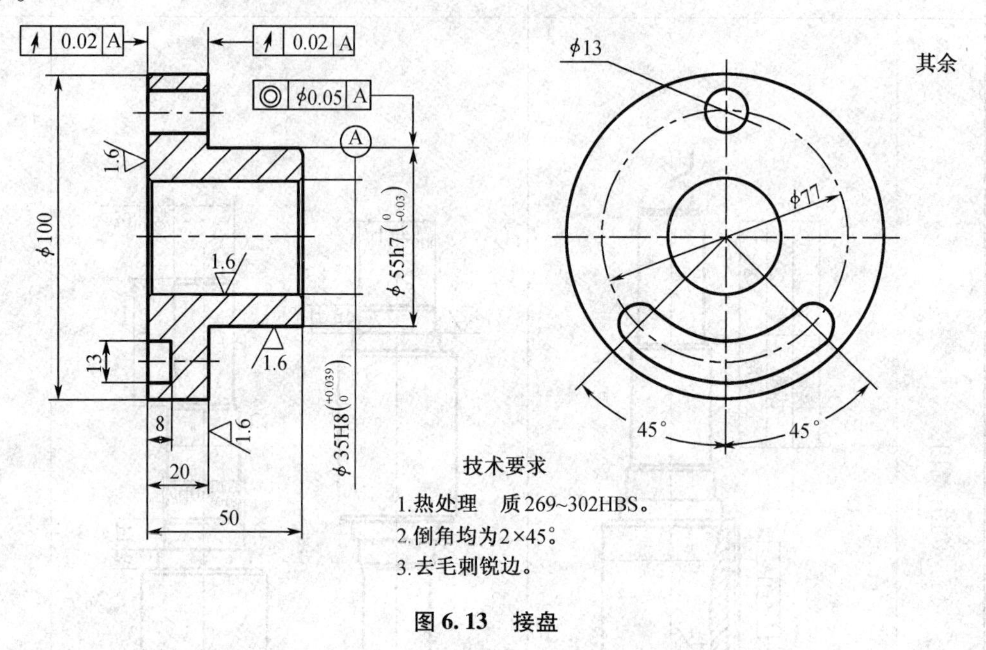


图6.13　接盘

接盘的结构及技术要求分析:从图6.13中可以看出,接盘由一个内圆柱孔表面和两个外圆柱表面以及一个圆弧槽和一个孔组成。其中内圆柱孔表面(φ35H8)和较小的外圆柱表面(φ55h7)的尺寸精度要求较高,外圆柱表面的轴线对内圆柱表面的轴线有同轴度要求,较大外圆柱(φ100)的两个端面对内圆柱表面的轴线有端面跳动要求。接盘整体要求调质处理。

(1)单件小批生产量时的接盘机械加工工艺过程

①毛坯选择

接盘的生产类型是单件小批生产,毛坯选择圆棒料比较合适。

②定位基准确定

从图6.13中可以看出,接盘上有四个表面的加工精度要求较高、表面粗糙度要求较低,这些表面不可能通过一次定位、装夹就能加工到图纸的要求。因此,这四个表面的加工需要彼此相互转换定位基准来完成。为了保证φ55h7外圆柱表面对的轴线φ35H8内圆柱孔表面的轴线有同轴度要求,φ100外圆柱的两个端面对φ35H8内圆柱表面的轴线有端面跳动要求,在单件小批生产中最后的精加工可采取"一刀活"的方式来完成,即用φ100外圆柱表面定位,先将φ35H8内圆柱表面、φ55h7外圆柱表面以及φ100外圆柱的一个端面先加工出来,然后以φ100外圆柱的精加工端面定位(加工一个支撑套)磨削φ100外圆柱的另一个端面。

③加工路线拟定

接盘上主要加工表面有φ35H8内圆柱表面和φ55h7外圆柱表面以及φ100外圆柱的两

个端面。内圆柱表面和外圆柱表面尺寸精度分别是 IT8 和 IT7,表面粗糙度 $R_a$ 值均为 1.6 μm,且它们之间有同轴度要求,$\phi$100 外圆柱的两个端面虽然没有尺寸精度要求,但表面粗糙度 $R_a$ 值均为 1.6 μm,且对 $\phi$35H8 内圆柱表面的轴线有跳动要求。

查表 6.8 可知,$\phi$35H8 内圆柱表面的加工方案可采用:钻(粗镗)—扩—铰;钻(粗镗)—半精镗—精镗(浮动镗);钻(粗镗)—半精镗—磨。查表 6.7 可知,$\phi$55h7 外圆柱表面的加工方案可采用:粗车—半精车—精车;粗车—半精车—粗磨。大外圆柱的两个端面的加工方案为:粗车—半精车—精车;粗车—半精车—粗磨。

考虑到接盘的具体结构、形位精度、生产类型、热处理以及定位基准的选择等,最后确定 $\phi$35H8 内圆柱表面的加工方案为:粗镗—调质—半精镗—精镗。$\phi$55h7 外圆柱表面的加工方案为:粗车—调质—半精车—精车。大外圆柱上的两个端面的加工方案为:粗车—调质—半精车—精车。

根据接盘各主要表面的加工方法和加工方案以及切削加工工序顺序的安排原则,接盘加工顺序为:粗车各表面→调质→半精车各表面及倒角→精车 $\phi$35H8 内圆柱表面、$\phi$55h7 外圆柱表面及 $\phi$100 外圆柱的一个端面→铣圆弧槽→钻孔→磨大端面。

接盘的生产类型是单件小批生产,工序安排应尽量集中。

④机械加工工艺过程制订

综上所述,可制定单件小批生产时,接盘的机械加工工艺过程,如表 6.21 所示。

**表 6.21 接盘单件小批生产的机械加工工艺过程**

| 工序号 | 工序名称 | 工序内容 | 工序简图 | 使用设备刀辅量具 |
|---|---|---|---|---|
| 0 | 锯 | 下料 | | 锯床<br>卷尺 |
| 1 | 车 | 1. 粗车端面见平;<br>2. 粗车外圆;<br>3. 掉头,粗车端面;<br>4. 粗车外圆及端面;<br>5. 钻孔、粗车内孔 | | 车床<br>麻花钻<br>车刀<br>游标卡尺 |
| 2 | 热 | 调质<br>196~302HBS | | |

表 6.21(续)

| 工序号 | 工序名称 | 工序内容 | 工序简图 | 使用设备<br>刀辅量具 |
|---|---|---|---|---|
| 3 | 车 | 1. 半精车大端面、小端面;<br>2. 半精车外圆;<br>3. 半精车内孔;<br>4. 倒角 2.5×45°<br>5. 掉头,半精车端面;<br>6. 半精车外圆;<br>7. 倒角 2.5×45° | 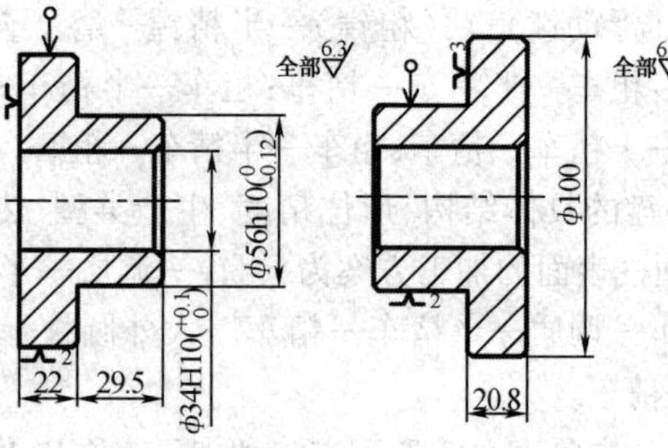 | 车床<br>车刀<br>游标卡尺 |
| 4 | 车 | 1. 精车端面;<br>2. 精车外圆;<br>3. 精车内孔 | 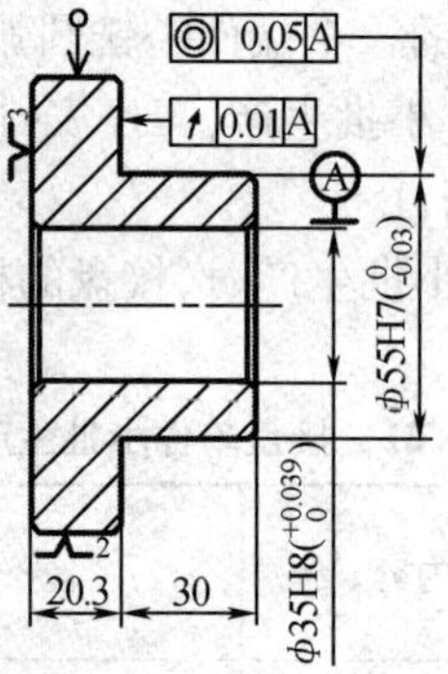 | 车床<br>车刀<br>游标卡尺<br>外径千分尺<br>内径百分表 |
| 5 | 铣 | 铣圆弧槽 | 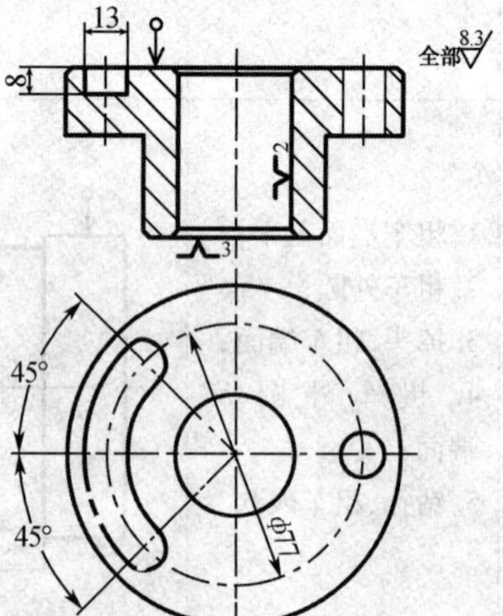 | 铣床<br>键槽铣刀<br>游标卡尺 |

表 6.21(续)

| 工序号 | 工序名称 | 工序内容 | 工序简图 | 使用设备<br>刀辅量具 |
| --- | --- | --- | --- | --- |
| 6 | 钳 | 钻孔 | 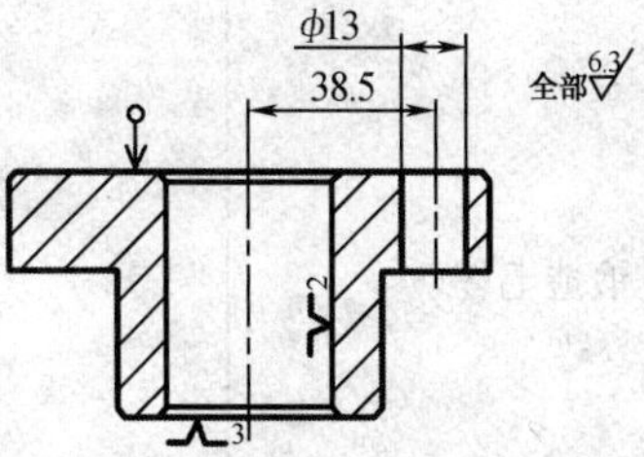 $\phi$13<br>38.5<br>全部 6.3<br>2<br>3 | 钻床<br>麻花钻<br>游标卡尺 |
| 7 | 磨 | 磨平面 | 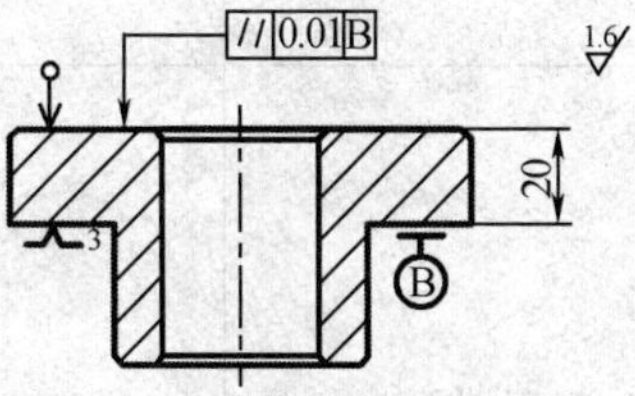 // 0.01 B<br>1.6<br>20<br>3<br>B | 磨床<br>砂轮<br>高度尺和<br>百分表 |
| 8 | 检查 | | | |

(2)成批生产时的接盘机械加工工艺过程

①毛坯选择

接盘的生产类型是成批生产,毛坯选择自由锻比较合适。

②定位基准确定

接盘成批生产和单件小批量生产的加工路线在精加工以前是一样的,定位基准选择和定位方式也一样,只是在精加工 $\phi$35H8 内圆柱表面、$\phi$55h7 外圆柱表面以及 $\phi$100 外圆柱的两个端面时定位基准和定位方式有所不同,即在精加工这四个表面时,可采取先加工 $\phi$35H8 内圆柱表面,然后以 $\phi$35H8 内圆柱表面为定位基准(用芯轴的定位方式)来加工其余的三个表面。

③加工路线拟定

接盘成批生产与单件小批量生产的加工路线在精加工以前基本相同,在加工的过程中所使用的设备、工艺装备等也基本相同,只是在精加工时有所变化,即先精加工 $\phi$35H8 内圆柱表面及 $\phi$100 外圆柱的一个端面,再精加工 $\phi$55h7 外圆柱表面以及 $\phi$100 外圆柱的另一个端面。

根据接盘各主要表面的加工方法和加工方案以及切削加工工序顺序的安排原则,接盘加工顺序为:粗车各表面→调质→半精车各表面及倒角→精车内圆柱表面及一个大端面→精车小外圆及一个大端面→铣圆弧槽→钻孔。

接盘的生产类型是成批生产,工序安排应适中。

④机械加工工艺过程制订

综上所述,可制订成批生产时,接盘的机械加工工艺过程,如表 6.22 所示。

**表 6.22　接盘成批生产的机械加工工艺过程**

| 工序号 | 工序名称 | 工序内容 | 工序简图 | 使用设备<br>刀辅量具 |
|---|---|---|---|---|
| 0 | 锻 | 锻造毛坯 | φ110<br>φ65<br>30<br>60 | 空气锤 |
| 1 | 车 | 1. 粗车端面；<br>2. 粗车外圆 | 全部 12.5<br>φ102<br>2<br>25 | 车床<br>车刀<br>游标卡尺 |
| 2 | 车 | 1. 粗车大端面、小端面；<br>2. 粗车外圆；<br>3. 钻孔、粗车内孔 | 全部 12.5<br>3<br>φ32<br>φ58<br>2<br>23　29.5 | 车床<br>车刀<br>麻花钻<br>游标卡尺 |
| 3 | 热 | 调质 196~302HBS | | |
| 4 | 车 | 1. 半精车端面；<br>2. 半精车外圆；<br>3. 倒角 2.5×45° | 全部 6.3<br>3<br>φ100<br>2<br>22 | 车床<br>车刀<br>游标卡尺 |

表 6.22(续)

| 工序号 | 工序名称 | 工序内容 | 工序简图 | 使用设备<br>刀辅量具 |
| --- | --- | --- | --- | --- |
| 5 | 车 | 1. 半精车大端面、小端面；<br>2. 半精车外圆；<br>3. 半精车内孔；<br>4. 倒角 2.5×45° | 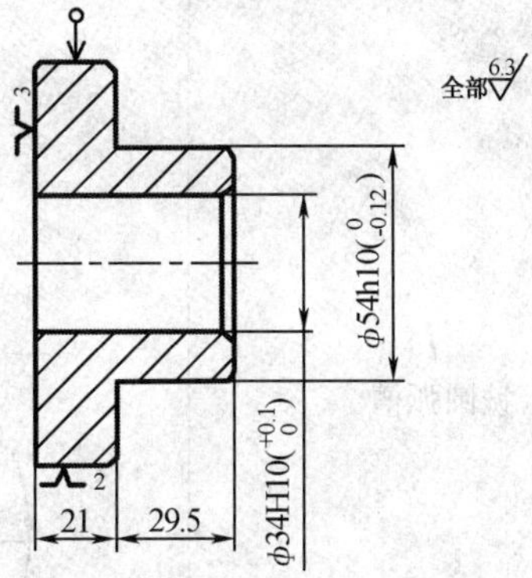 全部 6.3；$\phi54h10(^{0}_{-0.12})$；$\phi34H10(^{+0.1}_{0})$；21；29.5 | 车床<br>车刀<br>游标卡尺 |
| 6 | 车 | 1. 精车端面；<br>2. 精车内孔；<br>3. 倒角 2×45° | 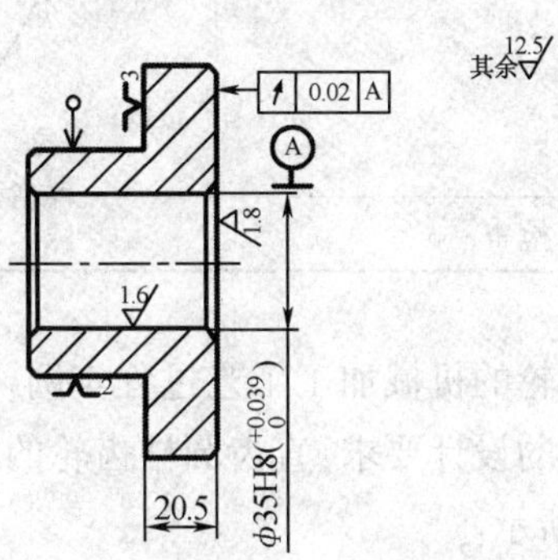 其余 12.5；0.02 A；A；1.8；1.6；$\phi35H8(^{+0.039}_{0})$；20.5 | 车床<br>车刀<br>游标卡尺<br>内径百分表 |
| 7 | 车 | 1. 精车端面；<br>2. 精车外圆 | 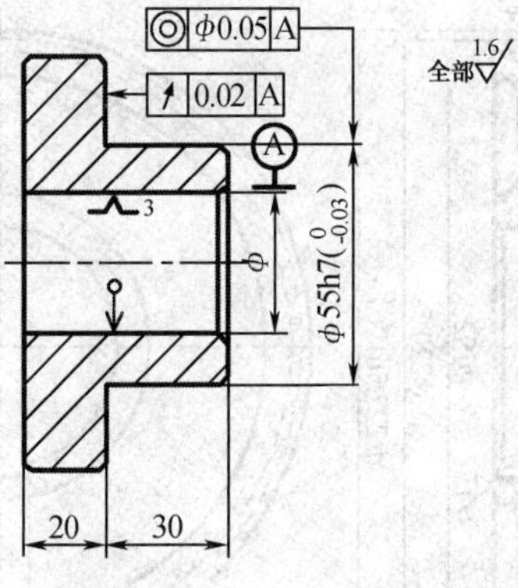 全部 1.6；◎ $\phi$0.05 A；0.02 A；A；$\phi55h7(^{0}_{-0.03})$；20；30 | 车床<br>芯轴<br>车刀<br>游标卡尺<br>外径千分尺 |
| 8 | 钳 | 钻孔 | 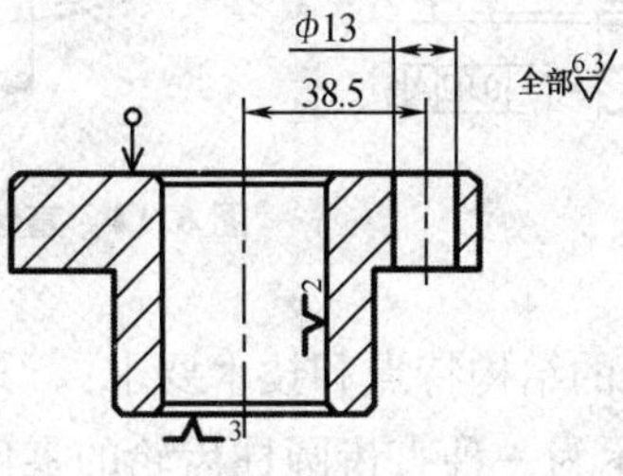 $\phi$13；38.5；全部 6.3 | 钻床<br>麻花钻<br>游标卡尺 |

**表 6.22　接盘成批生产的机械加工工艺过程**

| 工序号 | 工序名称 | 工序内容 | 工序简图 | 使用设备<br>刀辅量具 |
|---|---|---|---|---|
| 9 | 铣 | 铣圆弧槽 | 13　8　全部 6.3　2　3　45°　45°　φ77 | 铣床<br>键槽铣刀<br>游标卡尺 |
| 10 | 检 | 检查 | | |

3. 直齿圆柱齿轮的机械加工工艺过程实例

直齿圆柱齿轮的设计要求：直齿圆柱齿轮的材料为 40Cr，其结构形状、加工精度以及技术要求如图 6.14 所示。

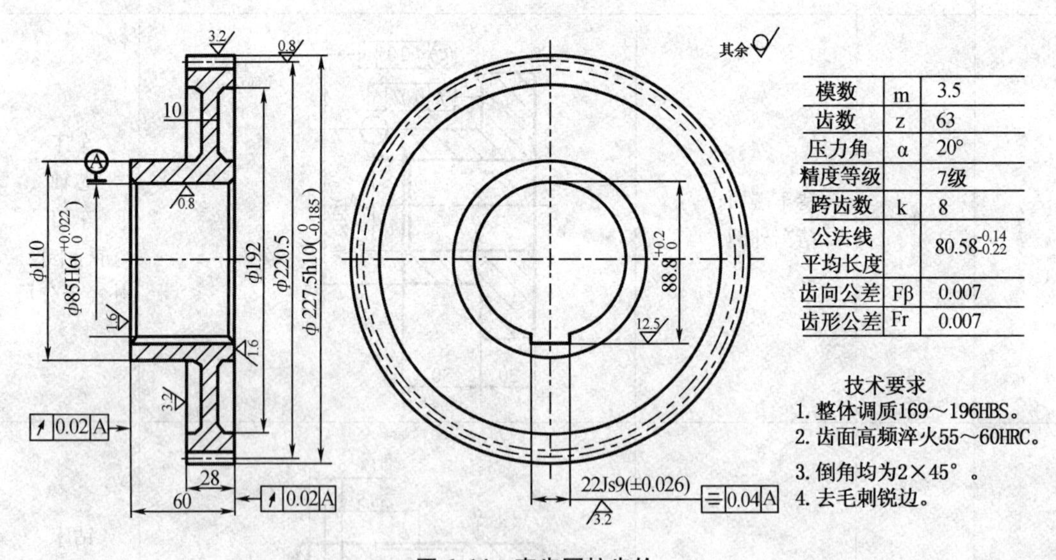


**图 6.14　直齿圆柱齿轮**

直齿圆柱齿轮的结构特点和技术要求：

如图 6.14 所示为一种直齿圆柱齿轮的零件图，零件的材料为 40Cr。由图中可知，该齿轮为单联齿轮，轮体类似于接盘，由一个孔和两个不等的外圆组成。它的内孔尺寸精度要求较高,公差等级为 IT6,表面粗糙度较低,$R_a$ 值为 0.8 μm,轮体两个端面对内圆的轴线有端面跳动要求,表面粗糙度 $R_a$ 值均为 1.6 μm。另外,该零件整体调质处理,齿面高频淬火。

直齿圆柱齿轮成批生产的机械加工工艺过程分析

(1)毛坯选择

直齿圆柱齿轮的生产类型是成批生产,毛坯选择模锻件。

(2)定位基准确定

齿轮的加工分两部分:即齿坯加工和齿形加工。齿坯加工同接盘加工类似,定位基准的选择可参考接盘的加工过程。齿轮齿形的加工,定位基准选择内孔和大端面。

(3)加工路线拟定

一般情况下,先加工齿坯后加工齿形。对齿坯来说,其主要表面为 $\phi$85H6 内孔和两个端面(有端面跳动要求的端面),内孔加工的直径尺寸精度是 IT6,表面粗糙度 $R_a$ 值为 0.8 μm,两个端面的端面跳动允差均为 0.02 mm,表面粗糙度 $R_a$ 值均为 1.6 μm。

按照前面介绍的接盘加工方法进行分析,稍加改动可得到齿坯的加工顺序为:粗车各表面→调质→半精车各表面及倒角→插键槽→磨内孔→磨小端面和大端面。

齿轮轮齿的加工精度等级为 7 级,齿面粗糙度 $R_a$ 值为 0.8 μm。查表 6.11 可知,该齿轮轮齿的加工方案为:插(滚)齿—磨齿。由于该齿轮齿面需要高频淬火,故齿轮轮齿的加工顺序为:滚(插)齿→齿面高频淬火→磨齿。

将齿轮的齿坯和轮齿的加工合在一起进行整合后得到齿轮的加工顺序为:粗车各表面→调质→半精车各表面及倒角→插键槽→滚齿→齿面高频淬火→磨内孔→磨小端面和大端面→磨齿。

直齿圆柱齿轮的生产类型是成批生产,工序安排应适中。

(4)机械加工工艺过程

综上所述,可制定齿轮的成批生产机械加工工艺过程,如表 6.23 所示。

**表 6.23 齿轮的机械加工工艺过程**

| 工序号 | 工序名称 | 工序内容 | 工序简图 | 使用设备刀辅量具 |
|---|---|---|---|---|
| 0 | 锻 | 锻造毛坯 | 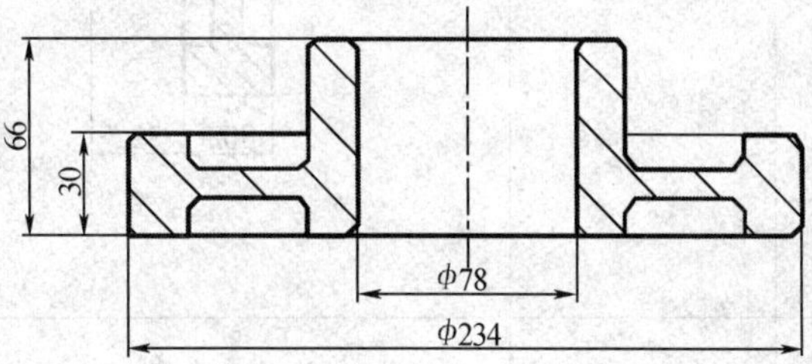 66; 30; $\phi$78; $\phi$234 | 空气锤 |

表 6.23(续)

| 工序号 | 工序名称 | 工序内容 | 工序简图 | 使用设备刀辅量具 |
| --- | --- | --- | --- | --- |
| 1 | 车 | 1. 粗车端面;<br>2. 粗车外圆 | 全部 12.5<br>φ228.5<br>2<br>34.5 | 车床<br>车刀<br>游标卡尺 |
| 2 | 车 | 1. 粗车大端面、小端面;<br>2. 粗车内孔 | 全部 12.5<br>φ182<br>3<br>2<br>30.5 32.5 | 车床<br>车刀<br>游标卡尺 |
| 3 | 热 | 调质处理<br>169～196HBS | | |

表 6.23(续)

| 工序号 | 工序名称 | 工序内容 | 工序简图 | 使用设备刀辅量具 |
| --- | --- | --- | --- | --- |
| 4 | 车 | 1. 半精车大端面;<br>2. 半精车外圆;<br>3. 倒角 | 其余 12.5; 3.2; 3.2; 2; 3; $\phi$ 227.5h10($^{0}_{-0.185}$); 29.5 | 车床<br>车刀<br>游标卡尺 |
| 5 | 车 | 1. 半精车大端面、小端面;<br>2. 倒角 | 其余 12.5; 3.2; 3.2; 3.2; $\phi$84.5H9($^{+0.087}_{0}$); 3; 2; 28.5; 32.5 | 车床<br>车刀<br>游标卡尺 |

表 6.23(续)

| 工序号 | 工序名称 | 工序内容 | 工序简图 | 使用设备刀辅量具 |
|---|---|---|---|---|
| 6 | 插 | 插键槽 | 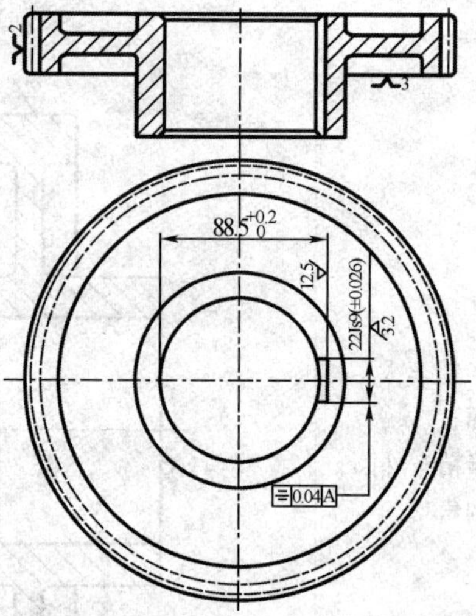88.5 +0.2 0<br>12.5<br>22JS9(±0.026)<br>3.2<br>0.04 A<br>2<br>3 | 插床<br>插刀<br>游标卡尺<br>量块 |
| 7 | 滚 | 滚齿 | 模数 m 3.5<br>齿数 z 63<br>压力角 α 20°<br>精度等级 7级<br>全部 12.5<br>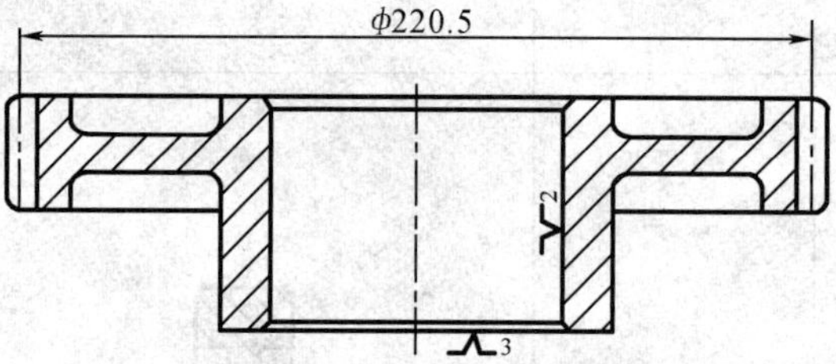φ220.5<br>2<br>3 | 滚床<br>滚齿专用夹具<br>滚刀<br>游标卡尺 |
| 8 | 热 | 齿面高频淬火<br>55～60HRC | | |
| 9 | 磨 | 磨内孔 | 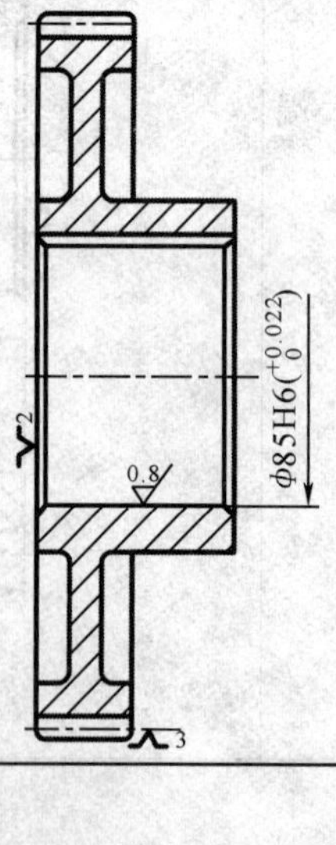φ85H6(+0.022 0)<br>0.8<br>2<br>3 | 磨床<br>砂轮<br>内经百分表 |

表 6.23(续)

| 工序号 | 工序名称 | 工序内容 | 工序简图 | 使用设备刀辅量具 |
|---|---|---|---|---|
| 10 | 磨 | 1. 磨大端面;<br>2. 磨小端面 | 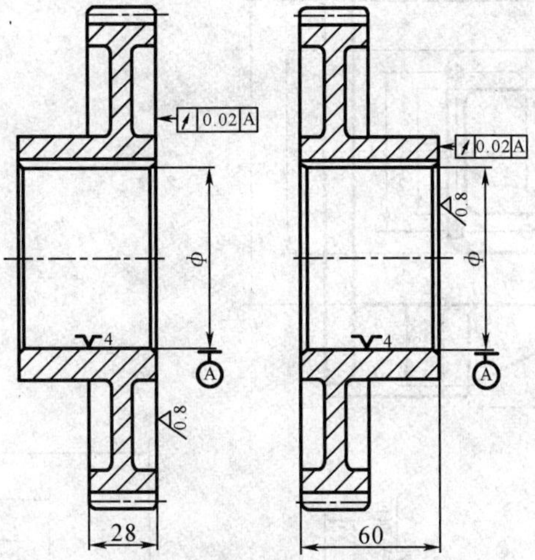 0.02 A; φ; A; 0.8; 4; 28; 60 | 磨床<br>砂轮<br>游标卡尺<br>磁力百分表 |
| 11 | 磨 | 磨齿 | 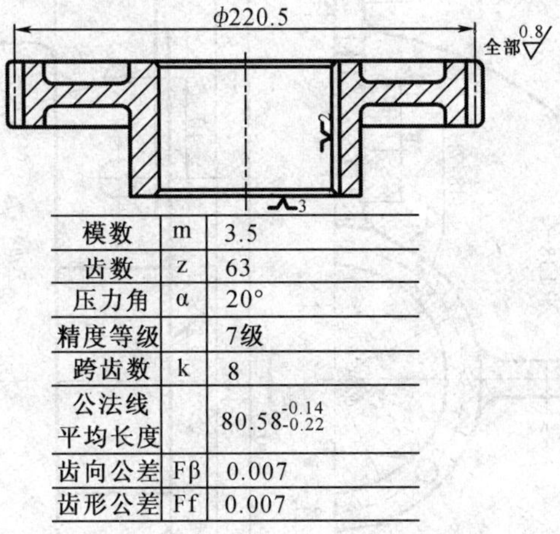 φ220.5; 全部 0.8; 3<br>模数 m 3.5<br>齿数 z 63<br>压力角 α 20°<br>精度等级 7级<br>跨齿数 k 8<br>公法线平均长度 $80.58^{-0.14}_{-0.22}$<br>齿向公差 Fβ 0.007<br>齿形公差 Ff 0.007 | 磨床<br>砂轮<br>公法线<br>千分尺<br>高度尺和<br>百分表 |
| 12 | 检 | 检查 | | |

### 6.5.3 支架箱体类零件机械加工工艺过程实例

1. 减速器壳体的机械加工工艺过程分析

减速器壳体的设计要求:减速器壳体的材料为 HT200,其结构形状、加工精度以及技术要求如图 6.15 所示。

减速器壳体的结构特点和技术要求分析:

减速器由减速器箱体和箱盖组成,图 6.15 为减速器箱盖的零件图,图 6.16 为减速器箱体零件图,其材质均为 HT200。由图中可知,壳体上有两组尺寸精度要求较高的轴承孔。孔的公差等级为 IT7,表面粗糙度 $R_a$ 值为 1.6 μm,另外,箱体底座、箱体与箱盖结合面形位精

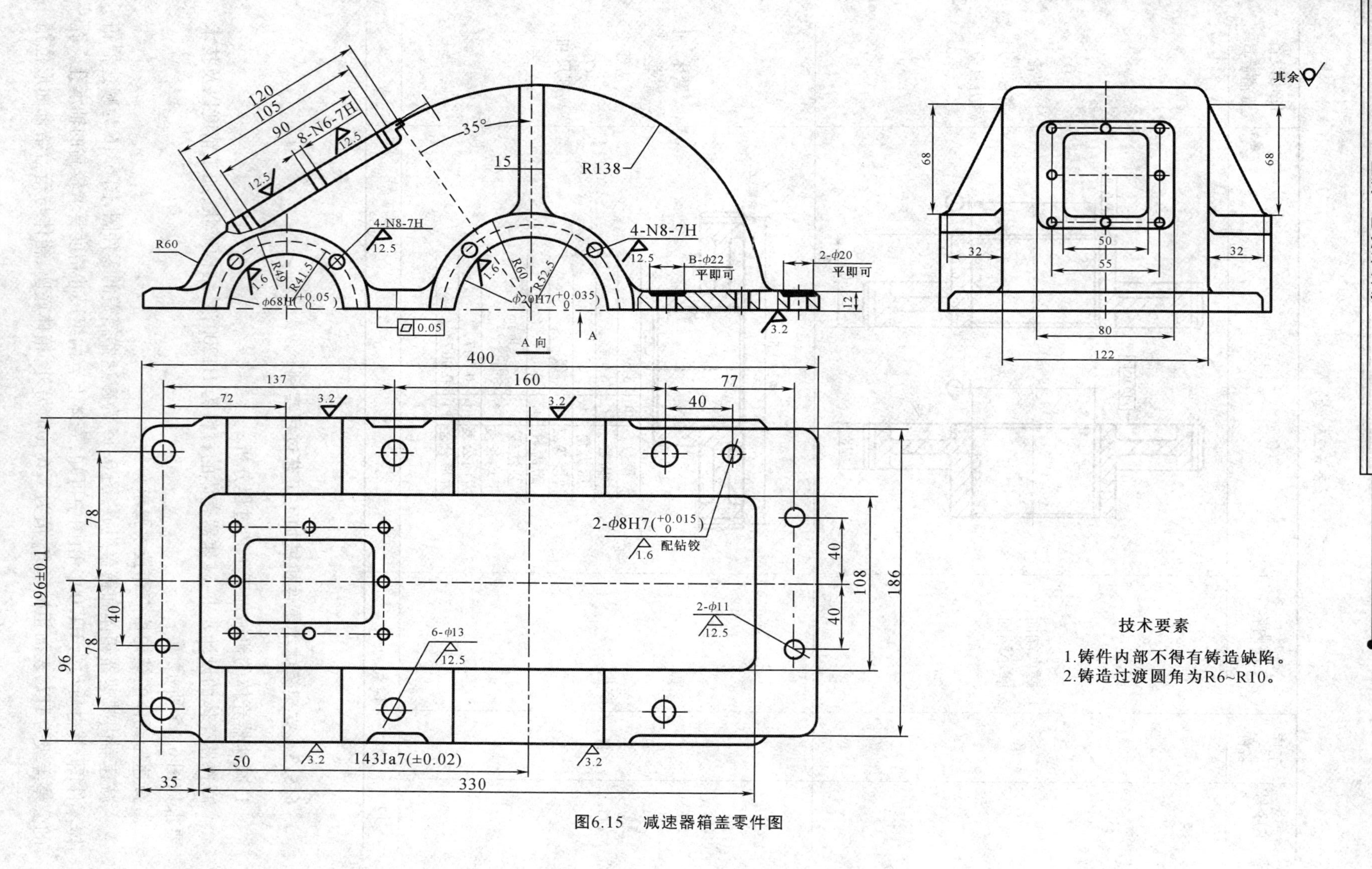


图6.15 减速器箱盖零件图

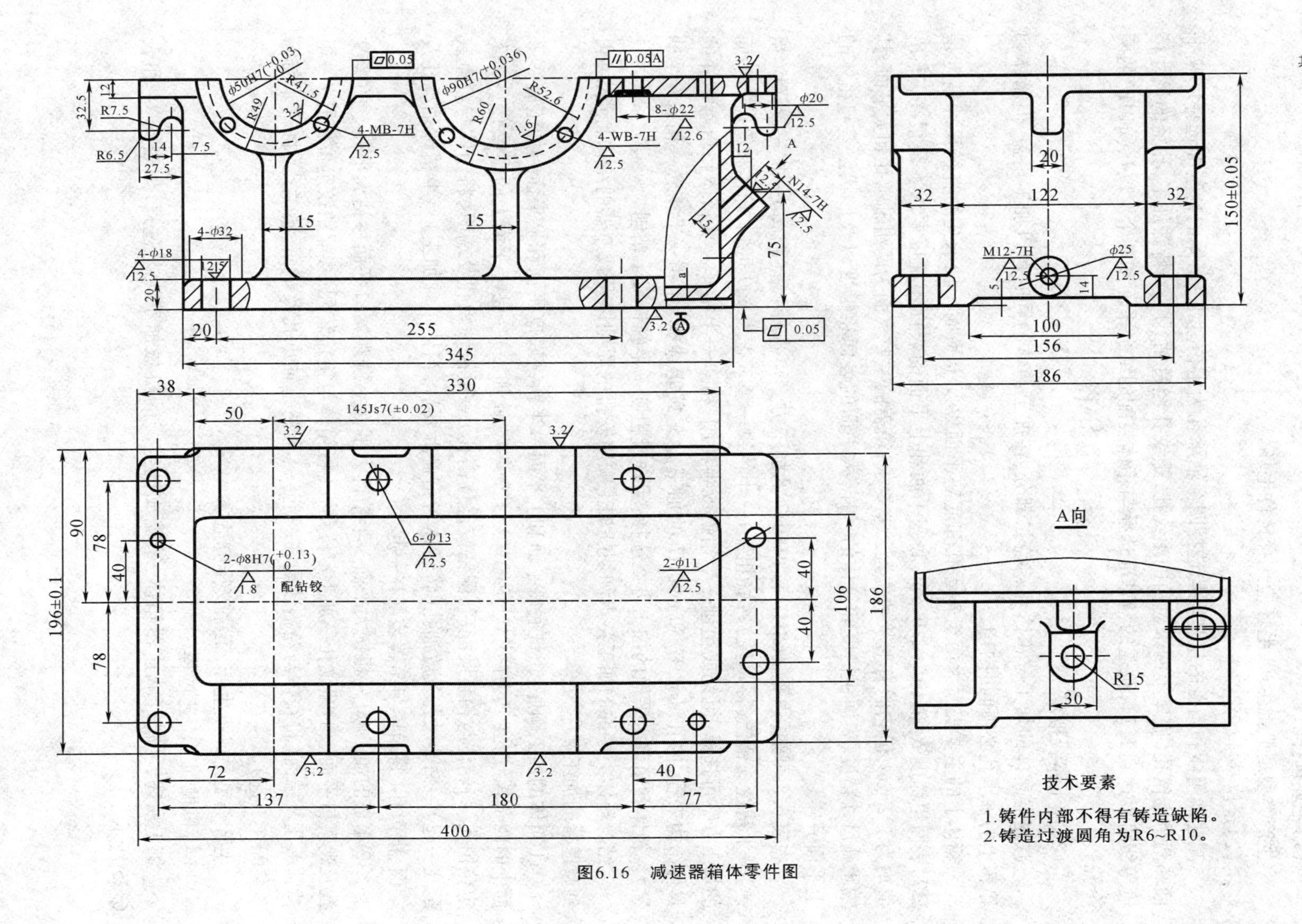


图6.16 减速器箱体零件图

度要求也比较高,表面粗糙度也较低。

成批生产时减速器壳体的机械加工工艺过程分析

(1)毛坯选择

生产类型是成批生产,毛坯应选择铸件毛坯。

(2)定位基准确定

减速器箱体和箱盖的粗基准均选择四个轴承孔为定位基准;箱体的精基准选择底座平面和两个定位孔(底座上两个对角的螺纹孔,螺纹孔经过钻、扩、铰特殊加工,孔径的尺寸精度等级可以达到IT7);箱盖的精基准选择与箱体装配的结合平面和两个定位孔(φ8H7的两个孔)。

(3)加工路线拟定

减速器壳体的加工分箱体和箱盖二部分,在加工箱体的同时可以加工箱盖,但箱体和箱盖上的轴承孔必须同时加工。

箱体上的主要表面为两组轴承孔和底座平面以及上平面。轴承孔的直径尺寸精度是IT7,表面粗糙度 $R_a$ 值均为1.6 μm,底座平面和上平面的表面粗糙度要求不是很高,其 $R_a$ 值均为3.2 μm,但它们有形状和位置公差要求;箱盖的主要表面为两组轴承孔和大平面,其轴承孔尺寸精度、表面粗糙度和箱体的一样,大平面的表面粗糙度以及形状公差与箱体的上平面一样。

查表6.8可知,内孔 $\phi$68H7 和 $\phi$90H7 的加工方案可选择:钻(粗镗)—扩—铰;钻(粗镗)—半精镗—精镗(浮动镗);钻(粗镗)—半精镗—磨。查表6.9可知,箱体和箱盖上平面的加工方案可选择:粗铣或粗刨—半精铣或半精刨;粗车—半精车。从箱体和箱盖零件的具体结构来看,内孔 $\phi$68H7 和 $\phi$90H7 的加工方案只能选择:粗镗—半精镗—精镗(浮动镗)。箱体和箱盖上平面的加工方案选择:粗铣或粗刨—半精铣或半精刨。

结合箱体类零件的加工特点和切削加工顺序安排的原则以及减速器的结构特点,可得到减速器的加工顺序为:

①箱体的加工顺序:粗铣底座平面和上平面→半精铣底座平面和上平面→加工底座平面上的四个螺纹孔(其中两个对角的螺纹孔钻、扩、铰加工)→钻上平面上的螺纹孔→加工定位销孔(将箱体与箱盖装配后,配钻铰定位销孔)→粗镗轴承孔及端面(将箱体与箱盖装配在一起)→钻油尺孔及放油孔(将箱体与箱盖拆开后,箱体单独加工)→半精镗轴承孔及端面、精镗孔(将箱体与箱盖装配在一起)。

②箱盖的加工顺序:粗铣大平面→半精铣大平面→铣观察口平面→钻大平面上的螺纹孔及观察口平面上的螺纹孔→加工定位销孔(将箱体与箱盖装配后,配钻铰定位销孔)→粗镗轴承孔及端面(将箱体与箱盖装配在一起)→半精镗轴承孔及端面、精镗孔(将箱体与箱盖装配在一起)。

生产类型是成批生产,工序安排应适中。

(4)机械加工工艺过程

综上所述,可制订减速器箱体、箱盖成批生产的机械加工工艺过程,如表6.24和表6.25所示。

表 6.24 减速器箱盖的机械加工工艺过程

| 工序号 | 工序名称 | 工序内容 | 工序简图 | 使用设备<br>刀辅量具 |
| --- | --- | --- | --- | --- |
| 0 | 铸 | 铸造 | | |
| 1 | 铣 | 粗、半精铣平面 | 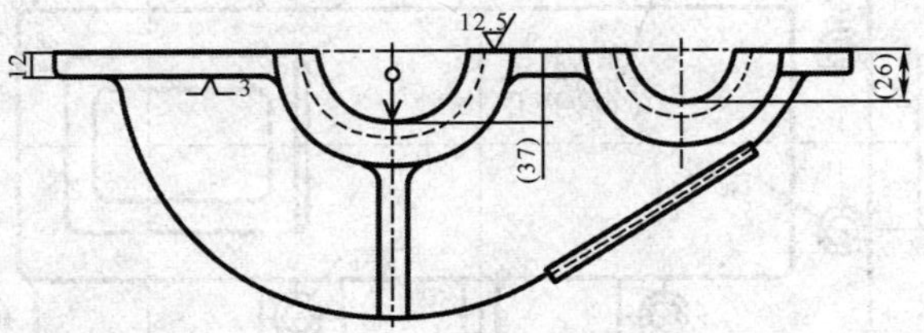 12.5<br>12<br>3<br>(37)<br>(26) | 铣床<br>铣床夹具<br>铣刀<br>游标卡尺 |
| 2 | 铣 | 铣观察口平面 | 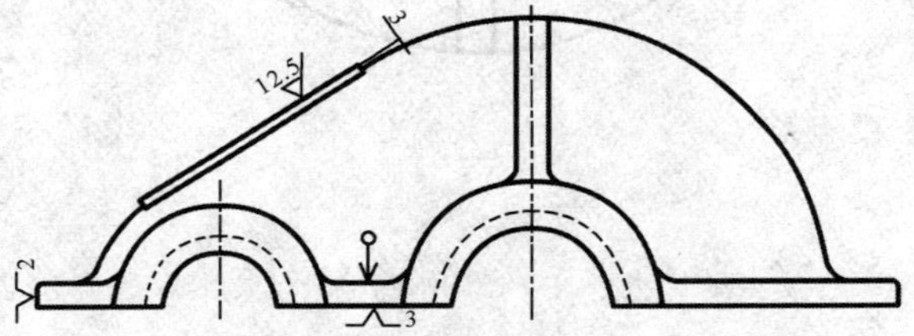 12.5<br>3<br>2<br>3 | 铣床<br>自制夹具<br>铣刀<br>游标卡尺 |

表 6.24(续)

| 工序号 | 工序名称 | 工序内容 | 工序简图 | 使用设备<br>刀辅量具 |
|---|---|---|---|---|
| 3 | 钳 | 1. 钻 4 个 $\phi13$ 孔,2 个 $\phi11$ 孔;<br>2. 锪 8 个面;<br>3. 钻、扩、铰 2 个 $\phi13$ 孔 | 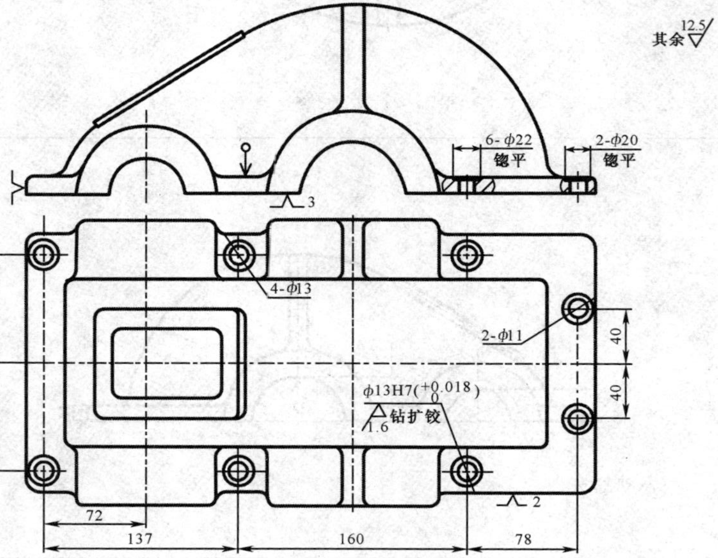 其余 12.5<br>6-$\phi22$ 锪平<br>2-$\phi20$ 锪平<br>4-$\phi13$<br>2-$\phi11$<br>$\phi13H7(^{+0.018}_{0})$ 钻扩铰 1.6<br>78 78 40 40 72 137 160 78 | 钻床<br>麻花钻<br>扩孔钻<br>铰刀<br>锪钻<br>游标卡尺<br>塞规 |

表 6.24(续)

| 工序号 | 工序名称 | 工序内容 | 工序简图 | 使用设备<br>刀辅量具 |
|---|---|---|---|---|
| 4 | 钳 | 钻孔、攻丝 | 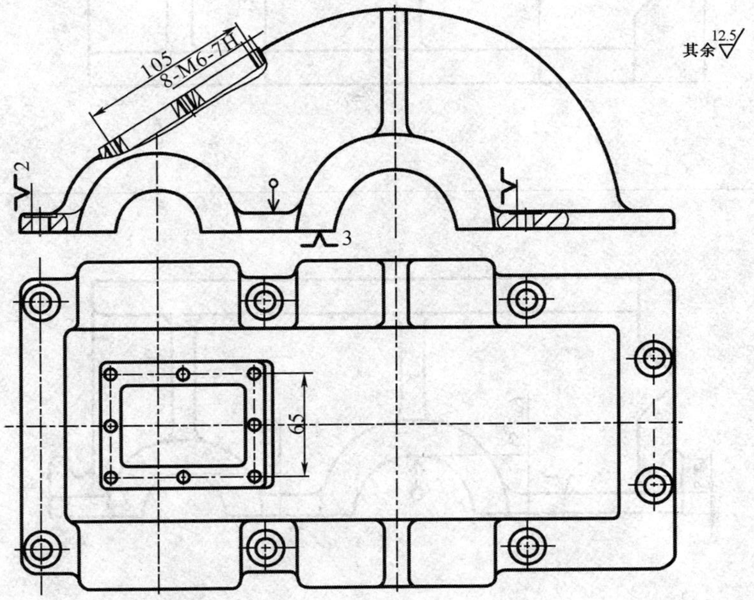 105<br>8-M6-7H<br>65<br>其余 12.5 | 钻床<br>麻花钻<br>游标卡尺 |

表 6.25　减速器箱体的机械加工工艺过程

| 工序号 | 工序名称 | 工序内容 | 工序简图 | 使用设备刀辅量具 |
|---|---|---|---|---|
| 0 | 铸 | 铸造毛坯 | | |
| 1 | 铣 | 粗铣平面 | 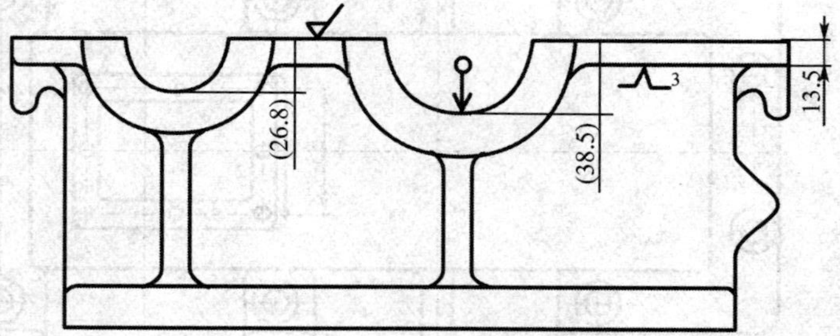 13.5　(38.5)　(26.8)　3 | 铣床<br>铣刀<br>自制夹具<br>游标卡尺 |
| 2 | 铣 | 粗铣平面 | 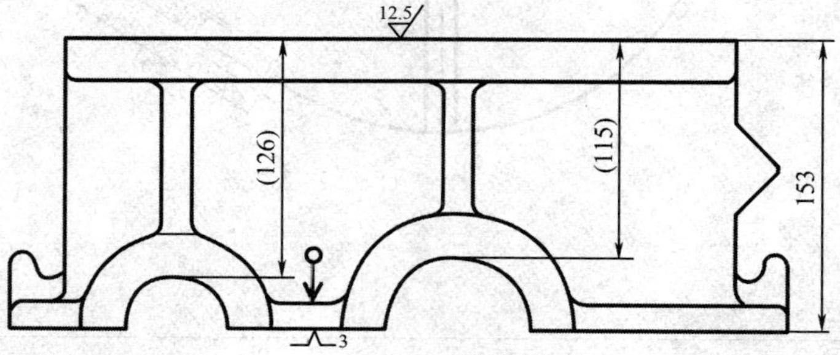 12.5　(126)　(115)　153　3 | 铣床<br>铣刀<br>游标卡尺 |

**表 6.25**(续)

| 工序号 | 工序名称 | 工序内容 | 工序简图 | 使用设备刀辅量具 |
|---|---|---|---|---|
| 3 | 铣 | 半精铣平面 | 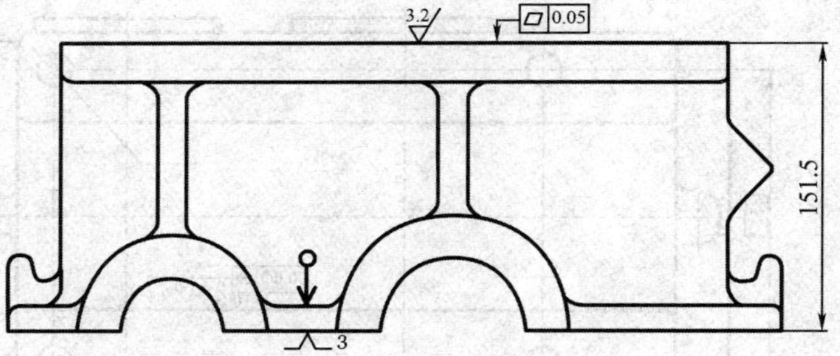 3.2 ⏥0.05 151.5 3 | 铣床<br>铣刀<br>游标卡尺 |
| 4 | 铣 | 半精铣平面 | 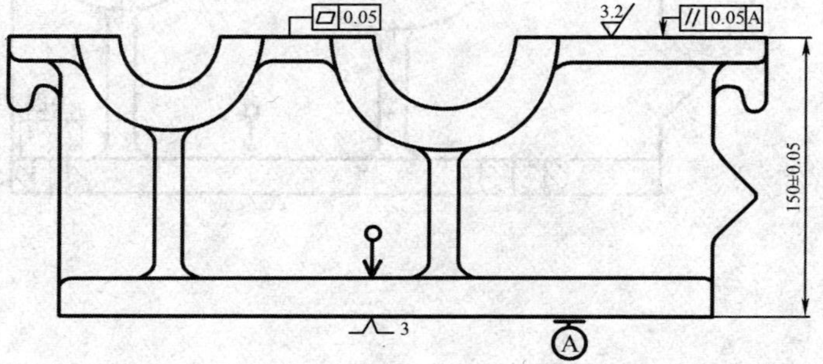 ⏥0.05 3.2 // 0.05 A 150±0.05 3 A | 铣床<br>铣刀<br>游标卡尺 |

**表 6.25（续）**

| 工序号 | 工序名称 | 工序内容 | 工序简图 | 使用设备<br>刀辅量具 |
|---|---|---|---|---|
| 5 | 钳 | 1. 钻 2 个孔；<br>2. 钻、扩、铰 2 个孔；<br>3. 锪 4 个面 | 全部 12.5<br>3<br>4-$\phi$32 锪平<br>20 255<br>2<br>2-$\phi 18^{+0.018}_{0}$ $\phi$0.05<br>1.6<br>2-$\phi$18<br>156 | 钻床<br>钻床夹具<br>麻花钻<br>扩孔钻<br>铰刀<br>锪钻<br>游标卡尺<br>塞规 |

表 6.25(续)

| 工序号 | 工序名称 | 工序内容 | 工序简图 | 使用设备刀辅量具 |
| --- | --- | --- | --- | --- |
| 6 | 铣 | 铣小面 | 全部 12.5; 12; 15; 75; 3; 2 | 铣床<br>铣床夹具<br>铣刀<br>游标卡尺 |
| 7 | 钳 | 1. 钻孔；<br>2. 忽面；<br>3. 攻丝 M12 × 1.5 - 7H | M12×1.5-7H; $\phi25$ 锪平; 3; M14-7H; 全角 12.5 | 钻床<br>钻床夹具<br>麻花钻<br>锪钻<br>丝锥<br>游标卡尺 |
| 8 | | 1. 钻孔；<br>2. 攻丝<br>M14 - 7H | | |

**表 6.25**(续)

| 工序号 | 工序名称 | 工序内容 | 工序简图 | 使用设备刀辅量具 |
| --- | --- | --- | --- | --- |
| 9 | 钳 | 1. 钻 8 个孔;<br>2.. 锪 8 个面 | 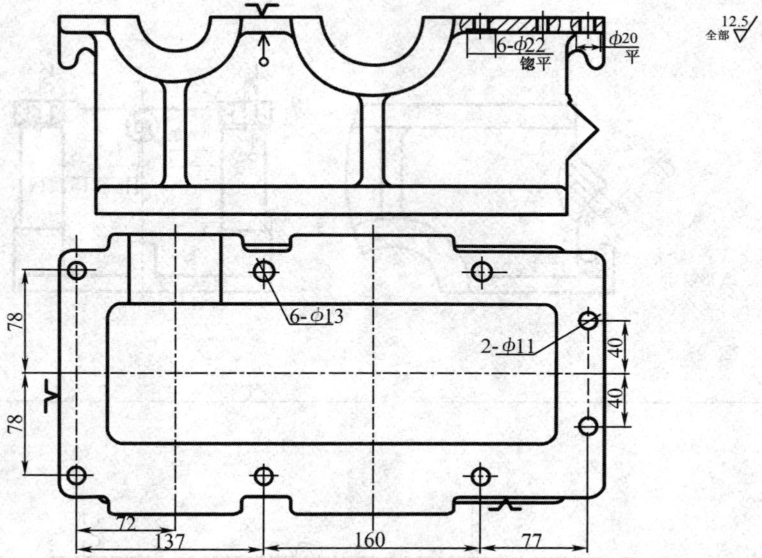  | 钻床<br>钻床夹具<br>麻花钻<br>锪钻<br>游标卡尺 |
| 10 | 钳 | 1. 将箱体与箱盖合在一起,调整到正确位置后用螺栓、螺母拧紧;<br>2. 配钻铰孔;<br>3. 安装定位销 | 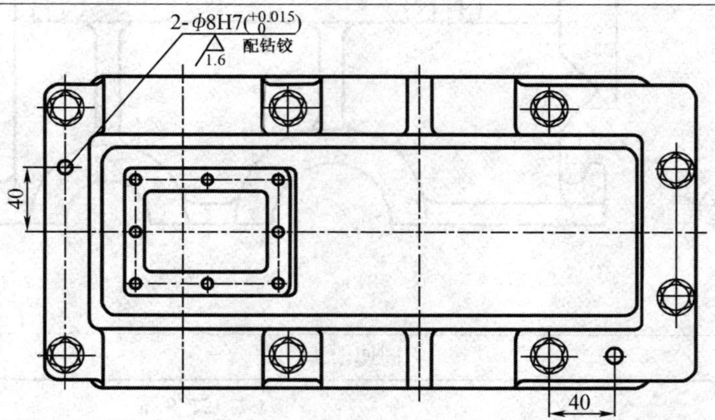  | 钻床<br>麻花钻<br>铰刀<br>塞规 |

表 6.25(续)

| 工序号 | 工序名称 | 工序内容 | 工序简图 | 使用设备刀辅量具 |
| --- | --- | --- | --- | --- |
| 11 | 镗 | 1. 镗一端 2 个孔及端面;<br>2. 镗另一端面 | $\phi68^{+0.03}_{0}$ // 0.04 AB 1.6; $\phi90^{+0.035}_{0}$ // 0.04 A 1.6; B; 其余 3.2; 145±0.02; 2; 3; A; 98; 196±0.1 | 镗床<br>镗床夹具<br>镗刀<br>游标卡尺<br>内径百分表 |
| 12 | 检 | 检查 | | |

2. 支座的机械加工工艺过程分析

支座的设计要求：支座的材料为 HT200，其结构形状、加工精度以及技术要求如图 6.17 所示。

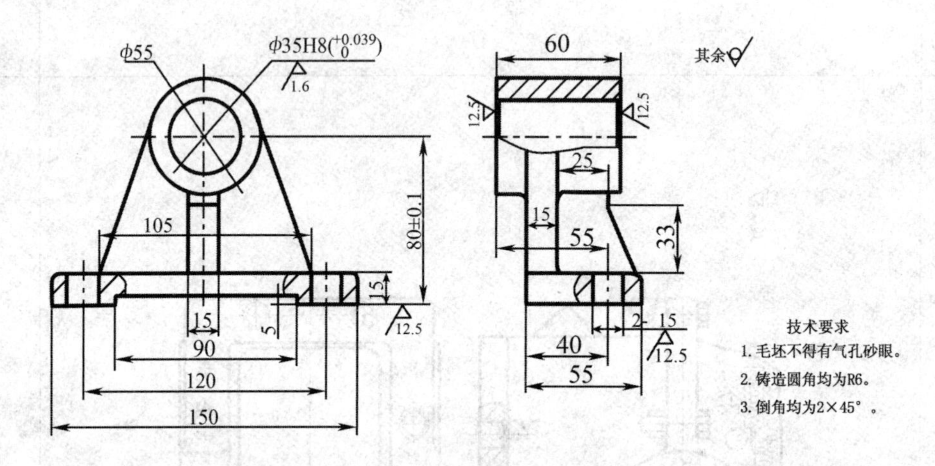


**图 6.17　支座**

支座的结构特点和技术要求分析：

如图 6.17 所示为一种支座的零件图，零件的材料为 HT200。由图中可知，该零件为一单孔支座，它是由一个内孔、一个底座和支承结构以及两个孔组成。其中内孔表面尺寸精度较高，公差等级为 IT8，表面粗糙度 $R_a$ 值均为 1.6 μm，内孔轴线对底座平面有一定的尺寸精度要求。

支座成批生产时的机械加工工艺过程分析

(1)毛坯选择

生产类型是成批生产，采用铸造毛坯。

(2)定位基准确定

支座的加工和箱体的加工比较相近，所以，该零件第一道工序的加工，以孔为定位粗基准加工底座平面，再以平面为定位精基准加工孔。

(3)加工路线拟定

支座的主要加工表面是 φ35H8 内孔。内孔的尺寸精度是 IT8，表面粗糙度 $R_a$ 值为 1.6 μm。

查表 6.8 可知，φ35H8 内孔的加工方案为：钻(粗镗)—扩—铰；钻(粗镗)—半精镗—精镗(浮动镗)；钻(粗镗)—半精镗—磨。从支座的结构可以确定 φ35H8 内孔的加工方案为粗车—半精车—精车较为合适。

根据支座内孔的加工方法和加工方案以及切削加工工序顺序的安排原则，该零件的加工顺序为：粗铣底座平面→钻扩铰两个孔→铣两个端面→粗、半精、精车内孔。

生产类型是成批生产，工序安排应适中。

(4)机械加工工艺过程

综上所述，可制定支座成批生产的机械加工工艺过程，如表 6.26 所示。

表 6.26 支座成批生产的机械加工工艺过程

| 工序号 | 工序名称 | 工序内容 | 工序简图 | 使用设备<br>刀辅量具 |
| --- | --- | --- | --- | --- |
| 0 | 铸 | 铸造毛坯 | | |
| 1 | 铣 | 铣底平面 | 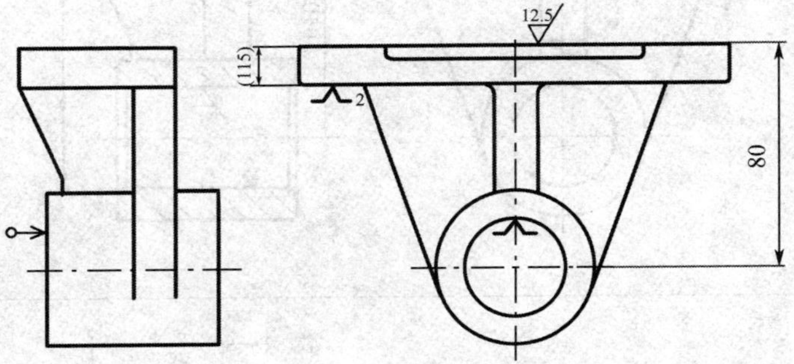 12.5<br>(115)<br>2<br>80 | 铣床<br>端铣刀<br>游标卡尺 |
| 2 | 钳 | 钻、扩、铰孔 | 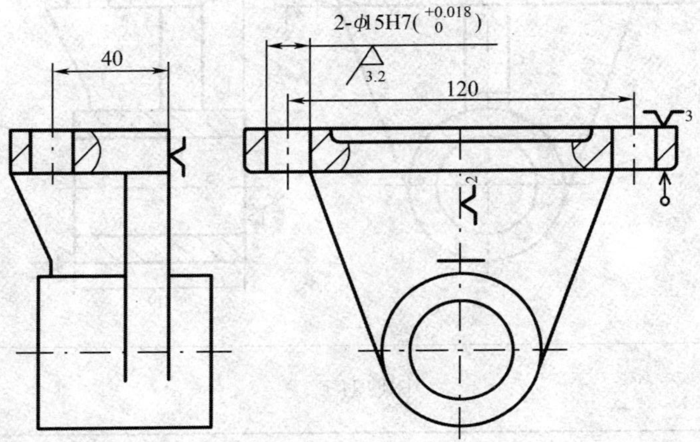 40<br>2-$\phi 15H7(^{+0.018}_{0})$<br>3.2<br>120<br>3<br>2 | 钻床<br>麻花钻<br>扩孔钻<br>铰刀<br>游标卡尺<br>塞规 |

**表 6.26(续)**

| 工序号 | 工序名称 | 工序内容 | 工序简图 | 使用设备<br>刀辅量具 |
|---|---|---|---|---|
| 3 | 铣 | 铣两端面 | 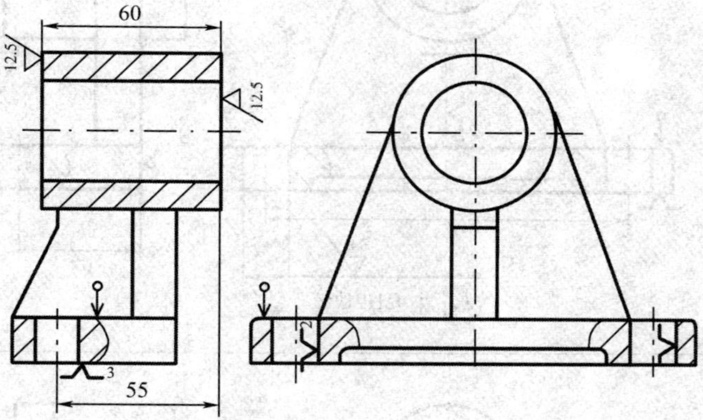 60, 55, 12.5, 3, 2 | 铣床<br>三面刃铣刀<br>游标卡尺 |
| 4 | 车 | 1. 车内孔;<br>2. 倒角 | 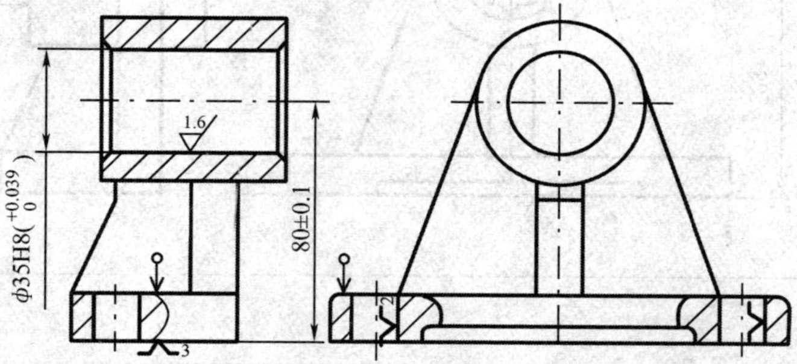 $\phi35H8(^{+0.039}_{0})$, 80±0.1, 1.6, 3, 2 | 车床<br>车刀<br>内径千分尺<br>游标卡尺 |
| 5 | 检 | 检查 | | |

# 参 考 文 献

[1] 中华人民共和国国家质量监督检验检疫总局,中国国家标准化管理委员会. GB/T 1800.1—2009 产品几何技术规范(GPS):极限与配合[S].北京:标准出版社,2009.

[2] 中华人民共和国国家质量监督检验检疫总局,中国国家标准化管理委员会. GB/T 1182—2008 产品几何技术规范(GPS):几何公差[S].北京:标准出版社,2008.

[3] 中华人民共和国国家质量监督检验检疫总局,中国国家标准化管理委员会. GB/T 1031—2009 产品几何技术规范(GPS):形状、方向、位置和跳动公差[S].北京:标准出版社,2009.

[4] 国家质量技术监督局. GB/T 6414—1999 铸件尺寸公差与加工余量[S].北京:标准出版社,1999.

[5] 韩永杰,佟永祥.工程实践[M].哈尔滨:哈尔滨工程大学出版社,2012.

[6] 傅水根.机械制造工艺基础[M].北京:清华大学出版社,1998.

[7] 任正义.机械制造工艺基础[M]. 北京:高等教育出版社,2010.

[8] 江树勇.材料成形技术基础[M]. 北京:高等教育出版社,2010.

[9] 祁家騄.机械制造工艺基础[M].哈尔滨:哈尔滨工程大学出版社,2003.

[10] 邓文英.金属工艺学(上册)[M].北京:人民教育出版社,1981.

[11] 邓文英.金属工艺学(下册)[M].第4版.北京:高等教育出版社,2005.

[12] 张建勋.现代焊接生产与管理[M].北京:机械工业出版社,2005.

[13] 王国凡.钢结构焊接制造[M].北京:化学工业出版社,2004.

[14] 陈裕川.现代焊接生产实用手册[K].北京:机械工业出版社,2005.

[15] 刘友和.金工工艺设计[M].广州:华南理工大学出版社,1991.

[16] 叶荣茂.铸造工艺设计简明手册[K].北京:机械工业出版社,1997.

[17] 铸造工程师手册编写组.铸造工程师手册[K].北京:机械工业出版社,1997.

[18] 任正义.材料成形工艺基础[M]. 哈尔滨:哈尔滨工程大学出版社,2004.